养猪

家庭农场致富指南

肖冠华　编著

化学工业出版社
·北京·

图书在版编目（CIP）数据

养猪家庭农场致富指南 / 肖冠华编著 .—北京：化学工业出版社，2023.1
ISBN 978-7-122-42498-3

Ⅰ.①养… Ⅱ.①肖… Ⅲ.①养猪学 - 指南 Ⅳ.① S828-62

中国版本图书馆 CIP 数据核字（2022）第 208278 号

责任编辑：邵桂林　　文字编辑：朱丽秀　药欣荣
责任校对：张茜越　　装帧设计：韩　飞

出版发行：化学工业出版社
（北京市东城区青年湖南街 13 号　邮政编码 100011）
印　　装：三河市航远印刷有限公司
850mm×1168mm　1/32　印张 $10^3/_4$　字数 289 千字
2024 年 3 月北京第 1 版第 1 次印刷

购书咨询：010-64518888　　售后服务：010-64518899
网　　址：http: //www.cip.com.cn
凡购买本书，如有缺损质量问题，本社销售中心负责调换。

定　　价：75.00 元　　版权所有　违者必究

前言

PREFACE

生猪产业一直是我国畜牧业的支柱产业，生猪饲养产值占国内畜禽（猪牛羊禽）饲养总产值比例最大。与此同时，规模化养殖水平的提升，有效地促进了我国生猪养殖效率的提高。生猪养殖的专业化进程也在不断加快，人工智能（AI）技术等开始应用于生猪养殖领域，传统的生猪养殖难以适应新时代要求。未来，除了传统的繁育到育肥猪出栏一体化的养殖模式外，“种猪培育→仔猪哺育→育肥饲养”的专业化分工协作比例将不断增加。此外，适度的规模经营可有效克服养猪业生产的瓶颈，提升产品的安全性，提高经营效益，实现规模化养殖与效益并行。

家庭农场是全球最为主要的农业经营方式之一，在现代农业发展中发挥了至关重要的作用，各国普遍对家庭农场发展特别重视。作为农业的微观组织形式，家庭农场在欧美等发达国家已有几百年的发展历史，坚持以家庭经营为基础是世界农业发展的普遍做法。

2008 年，党的十七届三中全会所作的决定当中提出，有条件的地方可以发展专业大户、家庭农场、农民专业合作社等规模经营主体，这是我国首次把家庭农场写入中央文件。

2013 年，中央一号文件进一步把家庭农场明确为新型农业经营主体的重要形式，并要求通过新增农业补贴倾斜、鼓励和支持土地流入、加大奖励和培训力度等措施，扶持家庭农场发展。

2019 年，中农发〔2019〕16 号《关于实施家庭农场培育计划的指导意见》中明确，加快培育出一大批规模适度、生产集约、管理先进、效益明显的家庭农场。

2020 年，中央一号文件中明确提出“发展富民乡村产业”“重点培育家庭农场、农民合作社等新型农业经营主体”。

2020 年 3 月，农业农村部印发了《新型农业经营主体和服务主体高质量发展规划（2020—2022 年）》，对包括家庭农场在内的新型农业经营主体和服务主体的高质量发展作出了具体规划。

家庭农场作为新型农业经营主体，有利于推广科技，提升农业生产效率，实现专业化生产，促进农业增产和农民增收。家庭农场相较于规模化养殖场也具有很多优势。家庭农场的劳动者主要是农场主本人及其家庭成员，这种以血缘关系为纽带构成的经济组织，其成员之间具有天然的亲和性。家庭成员的利益一致，内部动力高度一致，可以不计工时，无需付出额外的外部监督成本，可以有效克服“投机取巧、偷懒耍滑”等机会主义行为。同时，家庭成员在性别、年龄、体质和技能上的差别，有利于取长补短，实现科学分工，因此这一模式特别适用于农业生产和提高生产效率。特别是对从事养殖业的家庭农场更有利，有利于调动家庭成员的积极性、主动性，使家庭成员在饲养管理上更有责任心、更加细心和更有耐心，也使得经营成本更低等。国际经验与国内现实都表明，家庭农场是发展现代农业重要的经营主体，将是未来主流的农业经营方式之一。

由于家庭农场经营的专业性和实战性都非常强，涉及的种养方面知识和技能非常多，这就要求家庭农场主及其成员具备较强的专业技术，可以说专业程度决定其成败，投资越大，专业要求越高。同时，随着农业供给侧结构性改革的推进，农业结构的不断调整以及农村劳动力的转移，新型职业农民成为从事农业生产的主力军，而新型职业农民的素质直接关乎农业的现代化和产业结构性调整的成效。加强对新型职业农民的职业培育，对全面拓展新型农民的知识范围和专业技术水平，推进农业供给侧结构性改革，转变农业发展方式，助力乡村全面振兴具有重要意义。

为顺应养猪产业的不断升级和家庭农场健康发展的需要，本书针对养猪家庭农场经营者应该掌握的重点知识和基本技能，对养猪家庭农场的兴办、猪场建设与环境控制、饲养品种的确定与繁殖、饲料保障、猪的饲养管理、疾病防治和家庭农场的经营管理等家庭农场经营过程中涉及的一系列知识，详细地进行了介绍。这些实用的技能，既符合家庭农场经营管理的需要，也符合新型职业农民培训的需要，为家庭农场更好地实现适度规模经营，取得良好的经济效益和社会效益助力。

本书在编写过程中，参考借鉴了国内外一些养殖专家和养殖实践者实用的观点和做法，在此对他们表示诚挚的感谢！由于作者水平有限，书中有些做法和体会难免有不妥之处，敬请批评指正。

编著者

2023 年 3 月

目录

CONTENTS

视频目录

第一章 家庭农场概述

一、家庭农场的概念

家庭农场，一个起源于欧美的舶来词；在中国，它类似于种养大户的升级版。通常定义为：以家庭成员为主要劳动力，以家庭为基本经营单元，从事农业规模化、标准化、集约化生产经营，是现代农业的主要经营方式。

家庭农场具有家庭经营、适度规模、市场化经营、企业化管理四个显著特征，农场主是所有者、劳动者和经营者的统一体。家庭农场是实行自主经营、自我积累、自我发展、自负盈亏和科学管理的企业化经济实体。家庭农场区别于自给自足的小农经济的根本特征，就是以市场交换为目的，进行专业化的商品生产，而非满足自身需求。家庭农场与合作社的区别在于家庭农场可以成为合作社的成员，合作社是农业家庭经营者（可以是家庭农场主、专业大户，也可以是兼业农户）的联合。

从世界范围看，家庭农场是当今世界农业生产中最有效率、最可靠的生产经营方式之一，目前已经实现农业现代化的西方发达国家，普遍采取的都是家庭农场生产经营方式，并且在21世纪的今天，其重要性正在被重新发现和认识。

从我国国内情况看，20世纪80年代初期我国农村经济体制改革实行的家庭联产承包责任制，使我国农业生产重新采取了农户家庭生产经营这一最传统也是最有生命力的组织形式，极大地解放和发展了农业生产力。然而，家庭联产承包责任制这种“均田到户”的农地产权配置方式，形成了严重超小型、高度分散的土地经营格局，已越来越成为我国农业经济发展的障碍。在坚持和完善农村家庭承包经营制度的框架下，创新农业生产经营组织体制，推进农地适度规模经营，是加快推进农业现代化的客观需要，符合农业生产关系要调整适应农业生产力发展的客观规律要求。而家庭农场生产经营方式因其技术、制度及组织路径的便利性，成为土地集体所有制下推进农地适度规模经营的一种有效的实现形式，是家庭承包经营制的“升级版”。与西方发达国家以土地私有制为基础的家庭农场生产经营方式不同，我国的家庭农场生产经营方式是在土地集体所有制下从农村家庭承包经营方式的基础上发展而来的，因而有其自身的特点。我国的家庭农场是有中国特色的家庭农场，是土地集体所有制下推进农地适度规模经营的重要实现形式，是推进中国特色农业现代化的重要载体，也是破解“三农”问题的重要抓手。

家庭农场的概念自提出以来，一直受到党中央的高度重视，政府为家庭农场的快速发展提供了强有力的政策支持和制度保障，其具有广阔的发展前景和良好的未来。截至2018年底，全国家庭农场达到近60万家，其中县级以上示范家庭农场达8.3万家。全国家庭农场经营土地面积达1.62亿亩。家庭农场的经营范围逐步走向多元化，从粮经结合，到种养结合，再到种养加一体化，一、二、三产业融合发展，经济实力不断增强。

二、养猪家庭农场的经营类型

（一）单一生产型家庭农场

单一生产型家庭农场是指单纯以养猪为主的生产型家庭农场，以饲养种猪、繁殖仔猪及育肥猪为核心，以出售二元母猪、断奶仔猪、育肥猪为主要经济来源的经营模式。适合产销衔接稳定、养猪设施和养殖技术良好、周转资金充足的规模化养猪的家庭农场。

（二）产加销一体型家庭农场

产加销一体型家庭农场是指家庭农场自身将本场养殖的猪加工成食品对外进行销售的经营模式，即生产产品、加工产品和销售产品都由自己来做，省掉了很多中间环节，使利润更加集中在自己手中（图 1-1）。

图1-1　产加销一体型家庭农场示意图

产加销一体型家庭农场，以市场为导向，充分尊重市场发展的客观规律。依靠农业科技化、机械化、规模化、集约化、产业化等方式，延伸经营链，提高和增加家庭农场经营过程中的附加价值。

如某家庭农场饲养金华两头乌猪，然后将出栏的育肥猪直接加工成著名的食品——金华火腿，通过开设网店、建立专卖店或在大型商超设专柜等直销方式进行销售。此模式产业链较长，对养殖场地、品种、技术及食品加工都有较高要求。适合既有养殖能力，又有加工能力的经营能力较强的家庭农场采用。

（三）种养结合型家庭农场

种养结合型家庭农场是指将种植业和养殖业有机结合的一种生态农业模式。即将畜禽养殖产生的粪便有机物作为有机肥的基础，为养殖业提供有机肥来源；同时，种植业生产的作物又能够给畜禽养殖提供食源。该模式能够充分将物质和能量在动植物之间进行转换及良好循环，既解决了畜禽养殖的环保问题，又为生产安全放心食品提供了饲料保障，做到了农业生产的良性循环（图 1-2）。

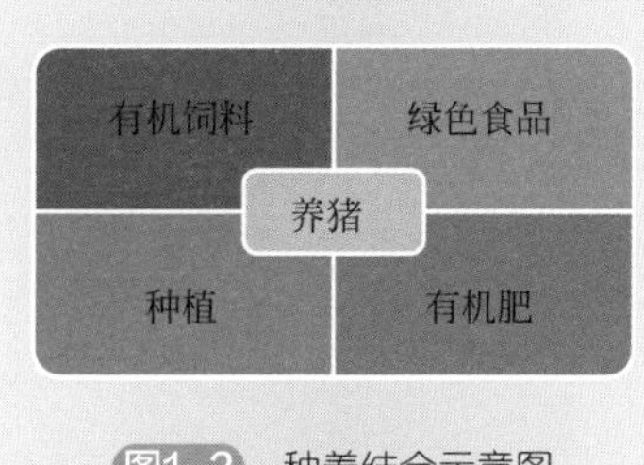

图1-2 种养结合示意图

如粮 - 猪种养模式。此模式是按照猪的营养需要及所需饲料原料品种和数量要求，配置相应耕地种植。猪所需要的玉米、小麦、大豆、牧草等优质饲料原料，在种植过程中不施化肥，只施猪排出的粪便经加工处理成的有机肥；收获的饲料原料再加工成自己农场养猪所需的配合饲料。此模式能够保证猪所用的饲料符合生产无公害食品所需饲料的要求，因此生产的猪肉可达到无公害食品标准。

当然，种养结合型家庭农场的种植，既可以是利用养殖畜禽粪便种植的粮食作物，也可以是利用畜禽粪便种植的非粮食作物，如蔬菜、果树、茶树、葡萄等。其主要是围绕畜禽粪便的资源化利用，应用畜禽粪便沼气工程技术、畜禽粪便高温好氧堆肥技术、有机肥加工技术、配套设施农业生产技术、畜禽标准化生态养殖技术、特色林果种植技术，构建“畜禽粪便—沼气工程—燃料—沼渣、沼液—果（菜）”“畜禽粪便—有机肥—果（菜）”产业链。

种养结合型家庭农场模式属于循环农业的范畴，可以实现农业资源的最合理和最大化利用，实现经济效益、社会效益和生态效益的统一，降低种养业的经营风险。适合既有种植技术，又有养殖技术的家庭农场采用。同时对农场主的素质和经营管理能力，以及农场的经济实力都有较高的要求。

（四）公司主导型家庭农场

公司主导型家庭农场是指家庭农场在自主经营、自负盈亏的基础上，与当地龙头企业合作，龙头企业统一制定生产规划和生产标准，以优惠价格向家庭农场提供种苗、农业生产资料及技术服务，并以高于市场的价格回收农产品。家庭农场按照龙头企业的生产要求进行畜禽生产，产出的畜禽产品直接由龙头企业按合同规定的品种、时间、数量、质量和价格出售（图 1-3）。家庭农场利用场地和人工等优势，龙头企业利用资金、技术、信息、品牌、销售等优势。一方面，降低了家庭农场的经营风险和销售成本；另一方面，龙头企业解决了大量用工、大量需要养殖场地的问题，减少了生产的直接投入。在合理分工的前提下，相互之间配合，获得各自领域的效益。

图1-3 公司主导型家庭农场模式

一般家庭农场负责提供饲养场地、畜禽舍、人工、周转资金等。龙头企业一般实行统一提供畜禽品种、统一生产标准、统一饲养标准、统一技术培训、统一饲料配方、统一市场销售的六统一。有的还实行统一供应良种、统一供应饲料、统一防病治病等。

龙头企业与家庭农场的合作，以企业为组织单元，采用新型产业化组织方式，以产业链延伸为特征，以科技支撑为依托，通过订单、代养、赊销、包销、托管等形式，与家庭农场开展养殖合作。家庭农场通过合同、契约、股份制等形式与龙头企业连成互利互惠的产业纽带，实现降低生产成本、降低经营风险、优化资源配置、提高经济效益的目的。

此模式减少了家庭农场的经营风险和销售成本，家庭农场专心养好猪就行。如果本地区有信誉良好的龙头企业，那么家庭农场适合采用此模式。

（五）合作社（协会）主导型家庭农场

合作社（协会）主导型家庭农场是指家庭农场自愿加入当地养殖专业合作社或养殖协会，在养殖专业合作社或养殖协会的组织、引导和带领下，进行畜禽专业化生产和产业化经营，产出的畜禽产品由养殖专业合作社或养殖协会负责统一对外销售。一般家庭农场负责提供饲养场地、畜禽舍、人工和周转资金等，通过加入合作社获得国家的政策支持。同时，又可享受来自合作社的利益分成。养殖专业合作社或养殖协会主要承担协调和服务的功能，在组织家庭农场生产过程中实行统一提供优良品种、统一技术指导、统一饲料供应、统一饲养标准、统一产品销售的五统一。同时，注册自己的商标和创立畜禽产品品牌，有的还建立养殖风险补偿资金，对因不可抗拒因素造成的损失进行补偿。有的养殖专业合作社或养殖协会还引入公司或龙头企业，实行“合作社＋公司（龙头企业）＋家庭农场”发展模式。

在美国，一个家庭农场要同时加入4～5家合作社；欧洲一些国家将家庭农场纳入了以合作社为核心的产业链系统，例如，荷兰的以适度规模家庭农场为基础的“合作社一体化产业链组织模式”。在该种产业链组织模式中，家庭农场是该组织模式的基础，是农业生产的基本单位；合作社是该组织模式的核心和主导，其存在价值是全力保障社员家庭农场的经济利益；公司的作用是收购、加工和销售家庭农场所生产的农产品，以提高农产品附加值。家庭农场、合作社和公司三者组成了以股权为纽带的产业链一体化利益共同体，形成了相互支撑、相互制约、内部自律的“铁三角”关系。国外家庭农场发展的经验表明，与合作社合作是家庭农场成功运营、健康快速发展的重要原因，也是确保家庭农场利益的重要保障。养殖专业合作社或养殖协会将家庭农场经营过程中涉及的畜禽养殖、屠宰加工、销售渠道、技术服务、融资保险、信息资源等方面有机地衔接，实现资源的优势整合、优化配置和利益互补，化解家庭农场小生产与大市场的矛盾，解决家庭农场标准化生产、食品安全和适度规模化问题，使家庭农场获得更强大的市场力量、更多的市场权利，降低养殖生产的成本，增加养殖效益。

如果本地区有较强实力的专业合作社和养殖协会，那么家庭农场适合采用此模式。

（六）观光型家庭农场

观光型家庭农场是指家庭农场利用周围生态农业和乡村景观，在做好适度规模种养生产经营的条件下，开展各类观光旅游业务，借此销售农场的畜禽产品。观光型家庭农场将自己养殖的具有特殊风味的地方品种猪肉和种植的瓜果、蔬菜，通过体验种养殖、采摘、餐饮、旅游纪念品等形式销售给游客。这种集规模化养猪、休闲农业和乡村旅游于一体的经营方式，既满足了消费者的新鲜、安全、绿色、健康饮食心理，又提高了畜禽产品的商品价值，增加了农场收益。此模式适合城郊或城市周边、交通便利、环境优美、种养殖设施完善、特色养猪和餐饮住宿条件良好的家庭农场采用，对自然资源、农场规划、养殖技术、经营和营销能力、经济实力等都有较高的要求。

三、当前我国家庭农场的发展现状

（一）家庭农场主体地位不明确

家庭农场是我国新型农业经营主体之一，家庭农场立法的缺失制约了家庭农场的培育和发展。现有的民事主体制度不能适应家庭农场培育和发展的需求。家庭农场在法律层面的定义不清晰，导致其登记注册制度、税收优惠、农业保险等政策及配套措施缺乏，融资及涉农贷款无法解决，而且家庭农场抵御自然灾害的能力差，这些都制约着家庭农场的发展。

应当明确家庭农场为新型非法人组织的民事主体地位，这是家庭农场从事规模化、集约化、商品化农业生产，参与市场活动的前提条件。家庭农场的市场主体地位的明确也为其与其他市场主体进行交易、竞争等市场活动打下良好的基础。

（二）农村土地流转程度低

目前我国的农村土地制度尚不完善，导致很多地区农地产权不清晰；而且农村存在过剩的劳动力，他们无法彻底转移土地经营权，进一步限制了土地的流转速度和规模。其具体体现在四个方面：其一是土地的产权体系不够明确，土地具体归属于哪一级也没有具体明确的规定，制度的缺陷导致土地所有权的混乱。由于土地不能明确归属于所有者，这样造成了在土地流转过程中无法界定交易双方的权益，双方应享受的权利和义务也无法合理协调，使得土地在流转过程中出现了诸多的权益纷争，加大了土地流转难度，也对土地资源合理优化配置产生了不利影响。其二是土地承包经营权权能残缺，即使我国已出台《中华人民共和国民法典》，对土地承包经营权进行相应的法律规范，但是从目前农村土地承包经营的大环境来看，其没有体现出法律法规在现实中的作用，土地的承包经营权不能用于抵押，使得土地的物权性质表现出残缺的一面。其三是农民惜地意识较强，土地流转租期普遍较短，稳定性不足，家庭农场规模难以稳定；同时土地流转不规范不合理，难以获得相对稳定的集中连片土地，影响了农业投资及家庭农场的推广。其四是不少农民缺乏相关的法律意识，充分利用使用权并获取经济效益的愿望还不强烈，土地流转没有正式协议或合同，容易发生纠纷，土地流转后农民的权益得不到有效保障。

（三）资金缺乏问题突出

家庭农场前期需要大量资金的投入，土地租赁、畜禽舍建设、养殖设备、种畜禽引进、农机购置等均需大量资金。而且家庭农场的运营和规模扩张亦需相当数量的资金，这对于农民来说是无形中的障碍。

目前，家庭农场资金的投入来源于家庭农场开办者人生财富的积累、亲友的借款和民间借贷。而农业经营效益低、收益慢，家庭农场又没有可供抵押的资产，使其很难从银行得到生产经营所需的贷款，即使能从银行得到贷款，也存在额度小、缺乏抵押物、授信担保难、手续繁杂等问题。这对于家庭农场前期的发展较为不利，除沿海发达地区家庭农场能够通过这些渠道凑足发展资金外，其他地区都不同程度地存在生产资金缺乏的问题。

（四）经营方式落后

家庭农场是对现有单一、分散农业经营模式的突破和推进，农民必须从原有的家长式的传统小农经营意识中解脱出来，建立现代化经营理念。其要运用价格、成本、利润等经济杠杆进行投入、产出及效益等经济核算。

家庭农场的经营方式落后表现在缺乏长远规划，不懂得适度规模经营，没有掌握市场运行规律，不能实时掌握市场信息，对市场不敏感，接受新技术和新的经营理念慢，没有自己的特色和优势产品等。如多数家庭农场都是看见别人养殖或种植什么挣钱了，也跟着种植或养殖，盲目跟风就会打破市场供求均衡，进而导致家庭农场的亏损。家庭农场作为一个组织，要逐步实现由传统式的组织方式向现代企业式家庭农场的转化。

（五）经营者缺乏科学种养技术

家庭农场劳动者是典型的职业农民。作为家庭农场的组织管理者，除了需要掌握农产品生产技能，更需要有一定的管理技能，如进行产品生产决策的能力，与其他市场主体进行谈判的技能以及市场开拓的技能。即使现行“家庭农场＋龙头企业”或“家庭农场＋合作社”模式对家庭农场的组织能力要求较低，但是也需要掌握科学的种养技术和一定的销售能力。同时，由于采用这种模式家庭农场生产环节的利润相对较低，家庭农场要取得更大的经济效益就不是单纯的“养（种）得好”的问题。家庭农场未来依赖于附加值发展壮大，而附加值的增加需要技术的改良和应用，更需专业的种养技术。

目前许多年轻人特别是文化程度较高的人，不愿意从事农业生产。多数家庭农场经营者学历以高中以下为多，最新的科技成果也无法在农村得到及时推广，这些现实情况影响和制约了家庭农场决策能力和市场拓展能力的发展，成为我国家庭农场发展的严峻挑战。

第二章 家庭农场的兴办

一、兴办养猪家庭农场的基础条件

做任何事情都要具备一定的条件，只有具备了充分且必要的条件以后再行动，成功的概率才大一些。否则，如果准备不充分，甚至连最基础的条件都不具备就盲目上马，极容易导致失败。家庭农场的兴办也是一样，家庭农场的成员要事先对兴办所需的条件和自身实力进行充分的考察、咨询、分析和论证，找出自身的优势和劣势，对兴办家庭农场需要具备的条件、已经具备的条件、不具备的条件，有一个准确、客观、全面的评估和判断，最终确定是否适合兴办，以及兴办哪一类家庭农场。下面所列的八个方面，是兴办家庭农场前就要确定的基础条件。

（一）确定经营类型

兴办家庭农场首先要确定经营的类型。目前我国家庭农场的经营类型有单一生产型家庭农场、产加销一体型家庭农场、种养结合型家庭农场、公司主导型家庭农场、合作社（协会）

主导型家庭农场和观光型家庭农场六种。这六种类型各有其适应的条件，家庭农场在兴办前要根据所处地区的自然资源、种养殖能力、加工销售能力和经济实力等综合确定兴办哪一类型的家庭农场。

如果家庭农场所处地区只有适合养殖用的场地，没有种植用场地，能够做好粪污无害化处理，同时饲料保障和销售渠道稳定，交通又相对便利，可以兴办单一生产型家庭农场。如果家庭农场既有养殖能力，同时又有将猪肉加工成特色食品的技术能力和条件，如加工成火腿、腊肉等，并有销售能力，可以考虑兴办产加销一体型家庭农场，通过直接加工成食品后销售，延伸产业链，提高和增加家庭农场经营过程中的附加价值。

种养结合型家庭农场是非常有前途的一种模式，将种植业和养殖业有机结合，走循环农业、生态农业的良性发展之路，可以实现农业资源的最合理和最大化利用，实现经济效益、社会效益和生态效益的统一，降低种养业的经营风险。如果家庭农场所在地既有适合养殖用的场地，又有种植用场地，而畜禽污染处理环保压力大，可以重点考虑这种模式。特别是以生产无公害食品、绿色食品和有机食品为主要方式的家庭农场，由于种植环节可以按照生产无公害食品、绿色食品和有机食品所需饲料原料的要求组织生产和加工，在生猪养殖环节也可以按照无公害食品、绿色食品和有机食品饲养要求，做到整个养殖环节安全可控，是比较理想的生产方式。

对于有养殖所需的场地，能自行建设规模化养猪场，又具有养殖技术，具备规模化生猪养殖条件的，如果自有周转资金有限，而所在地区又有大型龙头企业的，可以兴办公司主导型家庭农场。与大型公司合作养猪，既减少了家庭农场的经营风险和销售成本，又解决了龙头企业大量用工、需要大量养殖场地的问题。

如果所在地没有大型龙头企业，而当地的养猪专业合作社或养猪协会又办得比较好，可以兴办合作社（协会）主导型家庭农场。如果农场主具有一定的工作能力，也可以带头成立养猪专业合作社或养猪协会，带领其他养殖场（户）共同养猪致富。

如果要兴办家庭农场的地方是城郊或城市的周边，交通便利，同时有山有水，环境优美，有适合生态放养的山林和生态养猪设施条件，以及绿色食品种植场地的，兴办者又有资金实力、养殖技术和营销能力的，可以兴办以生态养猪和绿色蔬菜瓜果种植为核心的，融采摘、餐饮、旅游观光为一体的观光型家庭农场。

需要注意的是，以上介绍的只是目前常见的养殖类家庭农场经营的几种类型。在家庭农场实际经营过程中还有很多好的做法值得我们学习和借鉴，而且以后还会有许多创新和发展。

小贴士：

家庭农场在确定采用哪种经营类型的时候应坚持因地制宜的原则，没有哪一种经营模式是最好的，应选择那种能充分发挥自身优势和利用地域资源优势的经营模式，少走弯路，适合自己的就是最好的经营模式。

（二）确定生产规模

确定养猪家庭农场的生产规模应坚持适度的原则。适度规模经营来源于规模经济，指的是在既有条件下，适度扩大生产经营单位的规模，使畜禽养殖规模、土地耕种规模、资本、劳动力等生产要素配置趋向合理，以达到最佳经营效益的活动。

对家庭农场来讲，到底多大的养殖规模和多大的土地面积算适度规模，要根据家庭农场的要素投入、养殖和种植技术、家庭农场经营类型、经济效益、家庭农场所处地区综合确定。

主要考虑的因素有：家庭农场类型、资金、当地自然条件、气候、经济社会发展进度、技术推广应用、机械化和设施化水平、劳动力状况、社会化服务水平等，还要受到家庭农场经营者主观上对机会成本的考量、家庭农场经营者的经营意愿（能力）的影响，还受到当地农村劳动力转移速度与数量、土地流转速度与数量、乡村内生环境、农民分化程度、农业保险市场以及信贷市场等外部因素的约束。

确定猪场的饲养规模，应遵循以下三个原则。一是平衡原则。饲料供给量与猪群饲养量相平衡，避免料多猪少或猪多料少两种情况发生。具体地说是各个月份供应的饲料种类、饲料数量与各月份的猪群结构及饲料需要量相平衡，避免出现季节性饲料不足的现象。二是充分利用原则。各种生产要素都要合理地加以利用。应当以最少的生产要素的耗费，如猪舍、资金、劳动力等，获得最大经济效益的生产规模，即最大程度地利用现有的生产条件。三是以销定产原则。生产的目标应与销售的目标相一致，生产计划应为销售计划服务，坚持以销定产，避免以产定销。要以盈利为目标，以销售额为结果，以生产为手段，合理安排各个阶段的规模和任务。

如单一型家庭农场，只涉及生猪养殖，不涉及种植，只考虑养殖方面的规模即可。而种养结合型家庭农场，除了考虑养殖规模，还要考虑种植规模。养殖类家庭农场，以目前的三口之家所能承受的工作量为标准，主要依据养殖品种的规模来确定家庭农场的适度规模。而实行种养结合的家庭农场，需要以家庭农场能承受的种养殖两方面的规模来通盘考虑。确定与养殖规模相配套的种植规模时，应根据养殖所需消耗饲料的数量、土地种植作物产量、机械化程度等确定种植的土地面积。对于实行生态放养猪的家庭农场，应以每头猪所需放养场地面积为基准，以及结合家庭农场自身经营能力确定饲养猪的数量。

对于小规模的养猪家庭农场，条件较好的，以饲养基础母猪 50 ～ 100 头，年出栏育肥猪 900 ～ 2000 头的规模为宜；条件一般的，以年出栏育肥猪 300 ～ 500 头的规模为宜。这样的养猪规模，在劳动力方面，家庭农场可利用自家劳动力，不会因为增加劳动力而提高养猪成本；在饲料方面，可以自己批量购买饲料原料、自己配制饲料，从而节约饲料成本；在饲养管理方面，饲养户可以通过参加短期培训班或自学各种养猪知识，方便、灵活地采用科学化的饲养管理模式，从而提高养猪水平，缩短饲养周期，提高养猪的总体效益。同时还可以采取“滚雪球”的办法，由小到大逐步发展。

对于中、大型规模化养猪家庭农场，中型规模养猪家庭农场基础母猪数在200头以上，年出栏商品猪在2500头以上；大型规模养猪家庭农场应以年出栏育肥猪1万头的规模为宜。在目前社会化服务体系不十分完善的情况下，这样的养猪规模可使养猪生产中可能出现的资金缺乏、饲料供应、饲养管理、疫病防治、产品销售、粪尿处理等问题相对比较容易解决些。

如果猪场采用自动投料、机械清粪、环境自动控制等先进的养殖设施，养殖的数量可以增加。如网易丁磊的未央猪场6个人管理2万头猪，而完全采用人工去承担饲养管理工作的话，一般1个人只能管理种猪50头或者育肥猪300头左右，差距非常大。

小贴士：

经济学理论告诉我们：规模才能产生效益，规模越大效益越大，但规模达到一个临界点后其效益随着规模增长呈反方向下降。这就要求找到规模的具体临界点，而这个临界点就是适度规模。适度规模经营是指在一定的环境和适合的社会经济条件下，各生产要素（土地、劳动力、资金、设备、经营管理、信息等）的最优组合和有效运行，取得最佳的经济效益。在不同的生产力发展水平下，养殖规模经营的适应值不同，一定的规模经营产生一定的规模效益。

（三）确定饲养工艺

家庭农场养猪首先要确定饲养工艺流程，因为饲养工艺流程决定猪场的规划布局以及设施建设等问题。也就是说，饲养工艺流程决定猪场要怎样建设、建设哪些设施、设施怎样布局等。确定了饲养工艺流程，就确定了要建设哪类猪舍、建设哪些附属设施、猪舍和附属设施占多大面积、猪舍和附属设施如何布局等具体建设事宜。

现代化养猪要求采用分段饲养“全进全出”的饲养工艺流程来组织日常生产，即在同一时间将同处于同一生长发育或繁殖阶段的猪全部移进或移出某一栏舍。就是根据猪的不同生理阶段，采用工业流水生产线的方式，将处于同一生理阶段的猪放在同一个类型的猪舍或猪栏内，并给予符合该生长阶段的营养和管理方法。“全进全出”的饲养工艺流程不但可以有效地、有计划地组织生产，而且可以充分利用养殖技术和养猪设备，提高生产效率和猪舍利用率，在减少疾病的相互传播、提高猪群的健康水平以及设备的保养维修方面具有重要的现实意义。

猪场为了实现“全进全出”的饲养工艺流程，在建场的时候就要制定一套完整的、适合该场实际的饲养工艺流程。常见的工艺流程包括多段式饲养工艺流程和多点式饲养工艺流程，其中多段式饲养工艺流程强调的是分几个阶段饲养生猪，而多点式饲养工艺流程重点强调各个阶段的生产地点要保持一定的安全距离，相对独立，防止猪群之间相互传染疾病。

1. 多段式饲养工艺流程

（1）三段式饲养工艺流程　三段式饲养工艺流程分为空怀及妊娠期、哺乳期和生长育肥期（图 2-1）。根据该饲养工艺流程，猪场需要三种猪舍，即母猪舍、分娩舍（产房）、育肥猪舍。后备母猪、公猪、空怀母猪、妊娠母猪等均可以在母猪舍内饲养，规模大、条件好、公猪数量多的猪场，可以建设公猪舍把公猪单独分出来饲养，但并不影响三段式饲养工艺要求。

图2-1　三段式饲养工艺流程示意图

母猪产仔以及哺乳仔猪，一直到仔猪断奶，然后将母猪赶回母猪舍这段时间，母猪和新出生的仔猪均在分娩舍（产房）内饲养。有的猪场采取仔猪断奶时，先将母猪赶回母猪舍，仔猪继续在产床上饲养 7 天的方式。仔猪断奶以后直至育肥出栏这段时间，均在育肥猪舍饲养。

优点：三段饲养二次转群，生产工艺流程比较简单，它适用于规模较小的养猪企业，简单、转群次数少、猪舍类型少、节约维修费用等。

（2）四段式饲养工艺流程　四段式饲养工艺流程分为空怀及妊娠期、哺乳期、仔猪保育期和生长育肥期（图 2-2）。在三段式饲养工艺流程中，将仔猪保育阶段独立出来，在保育舍内饲养一段时间后再转出，转到育肥猪舍育肥后出售。猪场需要建设保育猪舍，仔猪断奶后进入保育猪舍，而不是像三段式饲养工艺流程那样直接进入育肥猪舍。四段饲养三次转群工艺流程，保育期一般持续到第 10 周，猪的体重达 25 千克，转入生长育肥舍。

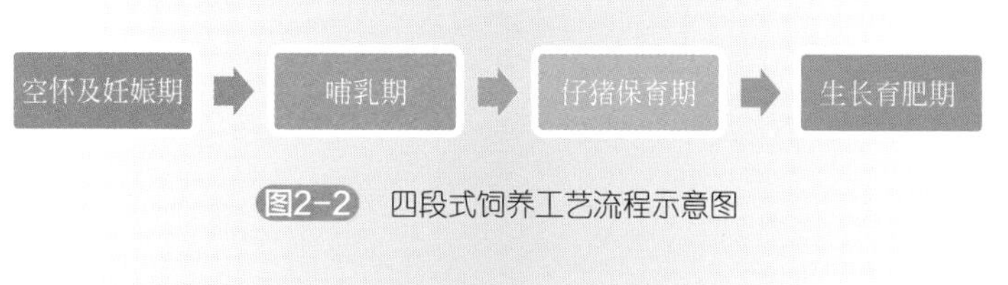

图2-2 四段式饲养工艺流程示意图

优点：因为断奶仔猪比生长育肥猪对环境条件要求高，这样便于采取措施提高成活率。

（3）五段式饲养工艺流程　五段式饲养工艺流程分为空怀配种期、妊娠期、哺乳期、仔猪保育期和生长育肥期（图 2-3）。五段饲养四次转群与四段式饲养工艺流程相比，是把空怀待配母猪和妊娠母猪分开，单独组群。空怀母猪配种后观察 21 天，确定妊娠转入妊娠舍饲养至产前 7 天转入分娩哺乳舍。猪场需要建设空怀母猪舍和妊娠母猪舍。将原来饲养在一个猪舍的空怀母猪和妊娠母猪分开，这样后备母猪和空怀母猪饲养在空怀母猪舍，妊娠母猪饲养在妊娠母猪舍。

图2-3 五段式饲养工艺流程示意图

优点：断奶母猪复膘快、发情集中、便于发情鉴定，容易把握适时配种。

（4）六段式饲养工艺流程　六段式饲养工艺流程分为空怀配种期、妊娠期、哺乳期、仔猪保育期、生长期和育肥期（图2-4）。

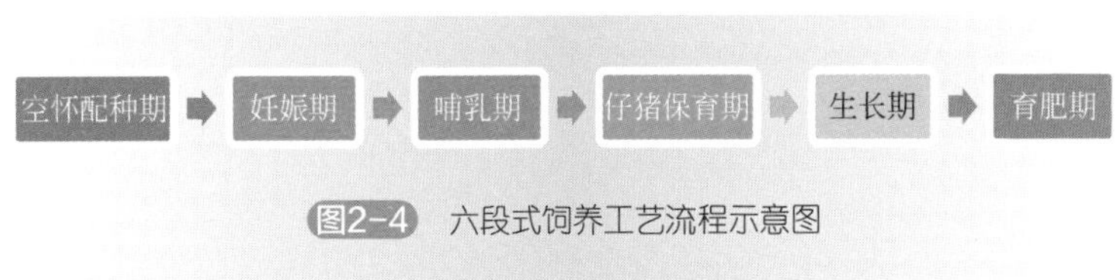

图2-4　六段式饲养工艺流程示意图

六段饲养五次转群与五段式饲养工艺流程相比，是将生长育肥期分成生长期和育肥期。仔猪从出生到出栏经过哺乳、保育、生长、育肥四段。猪场需要建设生长猪舍，将经过保育期的仔猪放进生长猪舍内饲养一段时间，然后再进入育肥舍饲养直至出栏。

优点：可以最大程度地满足其生长发育的营养、环境管理的不同需求，充分发挥其生长潜力，提高养猪效率。

2. 多点式饲养工艺流程

因为猪病的传播主要是猪与猪之间传播，特别是母猪传给仔猪。多点式饲养工艺就是在仔猪失去母源抗体保护之前转移到与母猪（分娩舍）具有一定距离的单独区域隔离饲养，减少与母猪接触。多点式生产方式包括两点式生产和三点式生产，要求仔猪要实行早期断奶，点与点之间要有一定的距离（各点之间相距500米以上），生产管理相对独立，真正起到隔离的作用，并严格执行生物安全制度。

（1）两点式生产　两点式生产工艺的配种妊娠、分娩哺乳均在繁殖场完成，仔猪断奶后保育、育肥均在保育育肥场完成（图2-5）。两点式生产将全场分成两个区，即种猪区（公猪、人工授精站、后备猪、母猪和哺乳仔猪）和保育育肥区（断奶仔猪、生长育肥猪）。两区之间相隔较远距离，相对独立，各自隔离，生产流动由繁殖区生产的断奶仔猪转入生长育成（育肥）区培育、饲养，直至出栏（出售）。其目的是维持猪群健康水平、降低疾病带来的风险和去除疾病（病源）。

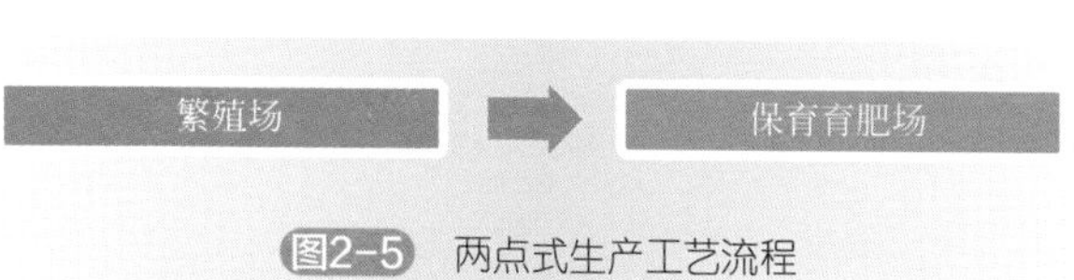

图2-5 两点式生产工艺流程

（2）三点式生产 三点式生产工艺的配种妊娠、分娩哺乳均在繁殖场完成，仔猪断奶后转到保育场饲养，保育结束后转到育肥场完成育肥（图2-6）。将全场分成三个区，即种猪区（公猪、人工授精站、后备猪、母猪和哺乳仔猪）、保育区（断奶仔猪）和生长育肥区（生长育肥猪）。各区之间相隔较远距离，相对独立，各自隔离，生产流动由繁殖区生产的断奶仔猪转入仔猪保育区，经过饲养6～7周，仔猪到9周龄后，再转入生长育肥区饲养，直至出栏（出售）。

图2-6 三点式生产工艺流程

三点式生产工艺隔离防疫较好，猪群转群时一般采用猪群转运车进行。但是如果饲养规模较小，采用三点式饲养工艺浪费场地面积且效率低，体现不出三点式饲养工艺的优势。如果猪场规模为10万头以上，可以将三点式饲养的三个区变为三个场，每个场内按照单元分区。10万头猪场，可以建立种公猪站，7天有252头母猪分娩哺乳，需要6个单元，则泌乳母猪可以单独分区。如果规模特别大，可以以场为单位实行“全进全出”，有利于防疫和管理，可以避免猪场过于集中给环境控制和废弃物处理带来负担。

多段式饲养工艺的猪舍布局要按照由上风向到下风向排列，各类猪舍的顺序为：公猪舍、空怀妊娠母猪舍、哺乳猪舍、保育猪舍、生长育肥猪舍。两排猪舍前后间距应大于8米，左右间距应大于5米。这样猪场建设就能满足“全进全出”的饲养工艺要求。多点式饲养工艺的猪舍排列也可参照多段式饲养工艺的排列要求进行。

小贴士：

家庭农场要结合自身规模、资金实力和技术实力选择适合自己的饲养工艺流程，然后根据饲养工艺流程确定应该建设的猪舍类型、附属配套设施，以及各舍、区之间的规划布局。

（四）资金筹措

家庭农场养猪需要的资金很多，这一点投资兴办者在兴办前一定要有心理准备。养猪场地的购买或租赁、猪舍建筑及配套设施建设、购置养猪设备、购买种猪、购买饲料、防疫、人员工资、水费、电费等，都需要大量的资金作保障。

从猪场的兴办进度上看，在猪场前期建设至正式投产运行，直到能对外出售生猪这段时间，都是资金的净投入阶段。据有关资料介绍，建设一个年出栏2000头育肥猪的规模化猪场，建设猪舍等设施大约需要185万元，购买种猪需要25万元，种猪引进后至能够出售育肥猪的14个月之内，需要持续不断地投入饲料、人工费、水电费、药品防疫费等费用，这部分流动资金至少30万元，这还是在猪场一切运行都正常的情况下的支出，也可以说是在猪场实现盈利前这一段时间需要准备的资金。

中国有句谚语，“家财万贯，带毛的不算”。说的是即使你饲养的家禽家畜再多，一夜之间也可能全死光。这其中折射出人们对养殖业风险控制的担忧。如猪场内部出现管理差或者暴发大规模疫情，猪场的支出会增加得更多。或者外部生猪市场出现大幅波动，猪价大跌，养猪行业整体处于亏损状态时，还要有充足的资金才能够度过价格低谷期。这些资金都要提前准备好，现用现筹集不一定来得及。此时如果没有足够的资金支持，猪场将难以经营下去。这方面的教训非常多，应引起家庭农场主的足够重视。为了保证猪场资金不影响运营，必须保证资金充足。

1. 自有资金

在投资建场前自己就有充足的资金是首选。俗话说：谁有也不如自己有。自有资金用来养猪也是最稳妥的方式，这就要求投资者做好猪场的整体建设规划和预算，然后按照总预算额加上一定比例的风险资金，足额准备好兴办资金，并做到专款专用。资金不充足哪怕不建设，也不能因缺资金导致半途而废。对于以前没有养猪经验或者刚刚进入养猪行业的投资者来说，最好采用滚雪球的方式适度规模发展。切不可贪大求全，规模比能力大，驾驭不了猪场的经营。

2. 亲戚朋友借款

需要在建场前落实具体数额，并签订借款协议，约定还款时间和还款方式。因为是亲戚朋友，感情的因素起决定性作用，是一种帮助性质的借款，但要以保证借款的本金安全为主，借款利息低于银行贷款的利息为宜，可以约定如果猪场盈利了，适当提高利息数额，并尽量多付一些。如果经营不善，以还本金为主，还款时间也要适当延长，这样是比较合理的借款方式。这里值得农场主注意的是，根据作者掌握的情况，猪场要远离高利贷，因为这种借贷方式对于养殖业不适合，风险太大，特别是经营能力差的猪场无论何时都不宜通过借高利贷经营猪场。养猪场要以自有资金为基础，有 10 万块钱的资金，就养 10 万块钱的猪，不要有 10 万块钱，去养需要 50 万流动资金的猪，否则你养猪挣的钱，还不上借贷的钱，就全毁了。

3. 银行贷款

尽管银行贷款的利息较低，但对养猪场来说是比较难的借款方式，因为养猪场具有许多先天的限制条件。从猪场资产的形成来看，猪场本身投资很大，但见不到可以抵押的东西，比如猪场用地多属于承包租赁、猪舍建筑无法取得房屋产权证，不像我们在市区买套商品房，能够作抵押。于是出现在农村投资百万建个养猪场，却不能用来抵押的现象。而且许多中小养猪场本身的财务制度也不规范，还停留在以前小作坊的经营方式上，资金结算多是通过现金直接进行的。而银行要借钱给猪场，要掌握猪场的现金流、物流和信息流，同时银行还要了解猪场情况，才会借钱给你。而猪场这种经营方式很难满足银行的要求，信息不对称，在银行就借不到钱。所以，猪场的经营管理必须规范有序，诚信经营，适度规模养殖，还要使资金流、物流、信息流对称。可见，良好的管理既是猪场经营管理的需要，也是猪场良性发展的基础条件。

4. 网络借贷

网络借贷是指个体和个体之间通过互联网平台实现的直接借贷。它是互联网金融行业中的子类。网贷平台数量近两年在国内迅速增长。

2017 年中央一号文件继续聚焦农业领域，支持农村互联网金融的发展，提出了鼓励金融机构利用互联网技术，为农业经营主体提供小额存贷款、支付结算和保险等金融服务。同时，由于农业强烈的刚需属性又保证了其必要性，农产品价格虽有浮动但波动不大，农产品一定的周期性又赋予了其稳定长线投资的特点，生态农业、农村金融已经成为中国农业发展的新蓝海。

5. 产权式养猪

产权式养猪是指投资人享有生猪的所有权，养殖企业受委托负责饲养管理的一种商业交易新模式。具体交易规则是：饲养企业将其正在饲养的小猪出售给投资人，交易价格中包含了小猪价、出栏前的饲养管理费以及企业合理利润；投资人支付交易价款购买小猪并获得小猪的所有权；饲养企业承担继续饲养小猪的义务，并承诺在约定的出栏日达到预定的体重；投资人则承担生猪出栏日的市场价格波动风险；在约定的出栏日，投资人可以选择提取其购买的生猪，也可以选择按照出栏日的市场价格与养殖企业结算。

6. 公司 + 农户

公司 + 农户是指规模养猪场与实力雄厚的公司合作，由大公司提供仔猪、饲料、兽药及服务保障，规模猪场提供场地和人工，为公司代养育肥猪，等育肥猪出栏后交由合作的公司，规模猪场每头育肥猪收取一定的饲养费用。或者在生猪出售后除去养殖户领取的仔猪、饲料、药物等成本后，剩余的利润由养殖户与公司按一定的比例进行分红。这种方式可以有效地解决规模猪场有场地无资金的问题，风险较小，收入不高但较稳定。这方面做得比较好、也较成熟的公司很多，如温氏、正大、大北农集团等，采用“公司＋农户”养猪模式，实现了企业、农户双赢，使养猪农户走上了致富之路。

7. 猪场托管

猪场托管模式通常是指托管企业与被托管猪场双方经过相互了解后达成托管意向，订立托管合同，约定双方在猪场经营管理上的职责分工，明确相应的经济和技术目标，确定托管费及利润分成等。

托管企业选择合适的托管猪场后，双方订立合同，约定双方的经济目标；通过前者具备的现代管理理论，利用其拥有的技术、人才等资源，采用统一的模块化精细管理方式，对猪场实行程序化管理和绩效考核，从而实现猪场生产和管理水平提升。适合猪场建设好以后，缺少运营资金和饲养管理技术的猪场。

8. 众筹养猪

众筹养猪是近几年兴起的一种养猪经营模式，发起人为养猪场、互联网理财平台或其他提供众筹服务的企业或组织等，跟投人为消费者或投资者，以自然人和团体为主，平台为互联网、微信、手机 APP 等平台。如比较知名的网易考拉海购众筹、京东众筹和小米众筹，还有一些由发起人自建的微信、手机 APP 等众筹平台。

众筹养猪的一般流程为：养猪场自己发起或者由发起人选定猪场，确定众筹的条件，如猪的品种、认筹价格、数量、生产期限、销售供应方式或回报等。然后由众筹平台发布、消费者认领、履约等阶段完成整个众筹过程。如襄阳的“众筹猪”，认筹方式是养殖中心选取 3 个月左右的猪，供消费者认筹，每头 2999 元。可以选择“单只认筹”或“整栏认筹”两种认筹方式，参与领养。养殖基地对消费者做出五大承诺：全程皆以农作物五谷粗粮喂养，保证每头猪都有 10 个月的生长周期，绝无药残激素造就低胆固醇，农村无污染圈牧混合饲养，原生态绿色食品肉质更加醇香甜美。养殖中心保证消费者在春节前可以随意取货，只要一个电话，屠宰、冷冻好的鲜猪肉就能快递上门。再比如某众筹平台上可供投资认养的产品有三种：养殖 35 天的保育猪（从小猪断奶到 15 千克左右出栏作为育肥仔猪销售）；养殖 60 天的后备二元母猪（从 15 千克的仔猪养到 50 千克的二元母猪，出栏后作为繁育种猪销售）；养殖 135 天的怀孕母猪（从妊娠到产仔断奶）。投资时长比较灵活，可长期可短期。

众筹猪项目，可以帮助消费者找到可靠的采买订购对象，品尝到最新鲜最安全的食材，也为养殖农户解决了农产品难销难卖和创业资金不足的问题，从而实现了合作双赢。

小贴士：

无论采用何种筹集资金的方式，猪场的前期建设资金还是要投资者自己准备好的。俗话说：没有梧桐树引不来金凤凰。连猪舍都没有，谁会相信你是养猪的，只和别人谈理想是远远不够的，空手套白狼更不可取。

在决定采用借外力实现养猪赚钱的时候，要事先有预案，选择最经济的借款方式，还要保证这些方式能够实现，要留有伸缩空间，绝不能落空。

（五）场地与土地

养猪需要建设各类猪舍、饲料储存和加工用房、人员办公和生活用房、消毒间、水房、锅炉房等生产和生活用房，以及装猪台和废弃物无害化处理场所等。如果实行生态化放养的猪场，还需要有与之相配套的放养山地。实行种养结合的猪场，还需要种植本场所需饲料的农田等，这些都需要占用一定的土地作为保障。养猪场用地也是投资兴办猪场必备的条件之一。

《全国土地分类》和《关于养殖占地如何处理的请示》规定：养殖用地属于农业用地，其上建造养殖用房不属于改变土地用途的行为，占用基本农田以外的耕地从事养殖业不再按照建设用地或者临时用地进行审批。应当充分尊重土地承包人的生产经营自主权，只要不破坏耕地的耕作层，不破坏耕种植条件，土地承包人可以自主决定将耕地用于养殖业。

自然资源部、农业农村部《关于设施农业用地管理有关问题的通知》（自然资规〔2019〕4号）规定：设施农业用地包括农业生产中直接用于作物种植和畜禽水产养殖的设施用地。其中，畜禽水产养殖设施用地包括养殖生产及直接关联的粪污处置、检验检疫等设施用地，不包括屠宰和肉类加工场所用地等。

设施农业属于农业内部结构调整，可以使用一般耕地，不需落实占补平衡。养殖设施原则上不得使用永久基本农田，涉及少量永久基本农田确实难以避让的，允许使用但必须补划。

设施农业用地不再使用的，必须恢复原用途。设施农业用地被非农建设占用的，应依法办理建设用地审批手续，原地类为耕地的，应落实占补平衡。

各类设施农业用地规模由各省（区、市）自然资源主管部门会同农业农村主管部门根据生产规模和建设标准合理确定。其中，看护房执行“大棚房”问题专项清理整治整改标准，养殖设施允许建设多层建筑。

市、县自然资源主管部门会同农业农村主管部门负责设施农业用地日常管理。国家、省级自然资源主管部门和农业农村主管部门负责通过各种技术手段进行设施农业用地监管。设施农业用地由农村集体经济组织或经营者向乡镇政府备案，乡镇政府定期汇总情况后汇交至县级自然资源主管部门。涉及补划永久基本农田的，须经县级自然资源主管部门同意后方可动工建设。

尽管国家有关部门的政策非常明确地支持养殖用地需要。但是，根据国家有关规定，规模化养猪场必须先通过用地申请，用地符合乡镇土地利用总规划，办理租用或征用手续，还要取得环境评价报告书和动物防疫条件合格证（图2-7）等。如今畜禽养殖的环保压力巨大，全国各地都划定了禁养区和限养区，选一块合适的养猪场地并不容易。

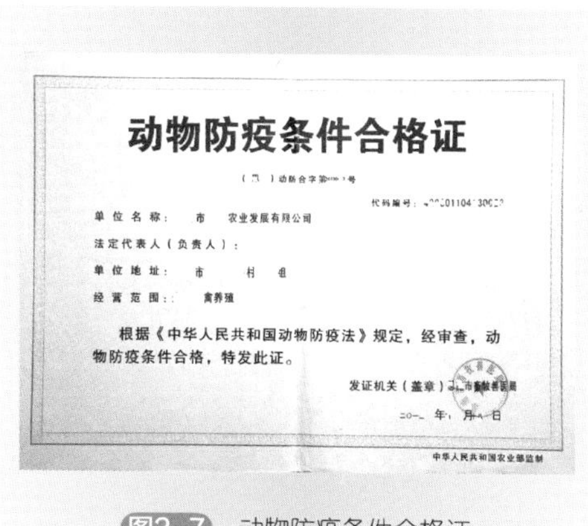
动物防疫条件合格证

单位名称： 市 农业发展有限公司

法定代表人（负责人）：

单位地址： 市 村 组

经营范围： 禽养殖

根据《中华人民共和国动物防疫法》规定，经审查，动物防疫条件合格，特发此证。

发证机关（盖章）

年 月 日

中华人民共和国农业部监制

图2-7　动物防疫条件合格证

因此，在猪场用地上要做到以下三点。

1. 面积与养猪规模配套

规模化养猪场需要占用的养殖场地较大，在建场规划时要本着既要满足当前养殖用地的需要，同时还要为以后的发展留有可拓展空间的原则。根据《规模猪场建设》（GB/T 17824.1—2008）规定，100头基础母猪规模的猪场，建设用地面积不得低于5336平方米（8亩）。300头基础母猪规模的猪场，建设用地面积不得低于13340平方米（20亩）。600头基础母猪规模的猪场，建设用地面积不得低于26680平方米（40亩）。这是集约化养猪条件下占地面积的要求，为了以后发展的需要，还要再加上一定的可预留或可扩展的用地。

如果猪场实行生态养猪或者种养结合模式养猪，除了以上所需占地面积以外，还需要山地、林地等放养场地或者饲料、饲草种植用地。生态养猪所需山地、林地的面积要结合山地或林地的自然资源状况如物产、水力、森林植被、实际可利用面积等确定，在资金条件允许的情况下，要尽可能多地占用一些面积。饲草饲料用地面积要根据饲养猪的数量和饲草饲料地的亩产量综合确定。

2. 饲料资源合理

为了减少养殖成本，猪场要采取以利用当地饲料资源为主的策略。饲料资源主要是指当地产饲料的主要原料如玉米、小麦、豆粕等要丰富，尽量避免主要原料经过长途运输，增加饲料成本，从而增加了养猪成本。尤其是实行生态放养的猪场，对当地自然资源的依赖程度更高，可以说，猪场所在地如果没有可利用的饲料资源，就不能投资兴办生态放养的猪场。

3. 可长期使用

投资兴办者一定要在所有用地手续齐全后方可动工兴建，以保证猪场长期稳定地运行，切不可轻率上马。否则，猪场的发展将面临诸多麻烦事。

小贴士:

在投资兴办前要做好养猪场用地的规划、考察和确权工作。为了减少土地纠纷，猪场要与土地的所有者、承包者当面确认所属地块边界，查看《土地承包合同》及土地承包经营权证（图2-8）、林权证（图2-9）等相关手续，与所在地村民委员会、乡镇土地管理所、林业站等有关土地、林地主管部门和组织确认手续的合法性，在权属明晰、合法有效的前提下，提前办理好土地和林地租赁、土地流转等一切手续，保证猪场建设的顺利进行。

图2-8 土地承包经营权证

图2-9 林权证

（六）饲养技术保障

养猪是一门技术，是一门学问，科学技术是第一生产力。想要养得好，靠养猪发家致富，不掌握养殖技术，没有丰富的养殖经验是断然不行的。可以说养殖技术是养猪成功的保障。

1. 掌握技术的必要性

工欲善其事，必先利其器。干什么事情都需要掌握一定的方法和技术，掌握技术可以提高工作效率，使我们少走弯路或者不走弯路，养猪也是如此。

养猪需要很多专业的技术，绝不是盖个猪舍、喂点饲料、给点水，保证猪不风吹雨淋、饿不着、渴不着那么简单。如猪体内营养物质代谢强度与环境温度直接相关，环境温度每变化 10℃，营养物质代谢强度将提高 2 倍。因此，环境温度过高或过低均增加维持需要。无论猪处于哪个生长阶段，其在适温区内能量的平衡和生产性能均处于最佳状态。成年猪的适宜温度为 10 ～ 20℃，温度高于 20℃，猪的食欲减退，甚至发生中暑。低于 10℃以后，猪就会增加采食量，这样增加的饲料不会用来生长，而是用于维持体温，浪费了大量饲料。这就涉及如何将猪舍的温度控制在适宜的温度范围内，也就是温度控制技术。而温度控制技术包括猪舍设计建设、温度调节设备配备、温度调节程序等技术。通常在建设猪舍时要建设保温隔热的猪舍，这是先决条件，否则，要调节到猪适宜的温度范围内，会浪费很多的能源，甚至会出现再好的设备也调节不到适宜范围内的情况。同时，好的猪舍还要配备温度调节设备，如增温需要地暖、热风炉、电热板、红外线灯等设备，降温需要风机、湿帘、滴水喷雾等设备。并制定相应的温度调节程序，确定温度调节设备什么时候开启、开启哪些设备和开启多长时间。

猪饿不着，是猪饲养管理的最低要求，而满足不同猪的营养需要才是最终目的。饲料配制上应根据猪的品种与生长阶段不同的营养需要，配制相应的全价配合饲料，以满足猪的生产需要。这其中有很高的技术含量，如果供应的配合饲料与实际要求的营养需要不符，猪的生产就会受到严重影响，母猪因营养不足或营养过剩均会导致不发情、仔猪和育肥猪生长缓慢等。不同的季节也需要对饲料进行调整，如夏季温度高时猪的采食量下降，此时需要调整饲料的浓度，以满足猪的营养需要。

给猪只提供饮水同样是一门技术。水对猪的作用非常大，水在猪只生长过程中起到运输体内的各种营养物质及代谢废物，充当猪体内化学反应的媒介物质，维持猪体内的电解质平衡，充当猪体内的润滑剂，维持体温等作用。水是猪只营养成分中不可或缺的重要部分，水的供给量和质量决定了猪只的生长发育状况。如果猪场在水的供应上出现问题，会给生产带来非常大的影响。猪缺水 5%时会感到不适，缺水 10%时猪的生理会出现失调反常，缺水 20%时会危及猪的生命。

要满足猪只的饮水需要，猪场首先要保证猪只饮用水的质量符合《无公害食品 畜禽饮用水水质》（NY 5027—2008）的要求，其次是根据猪只品种及个体大小、饲料的类型及饲喂方式、季节温度的变化等调整供水量。有关研究表明，母猪产后7天饮水量与同期仔猪的增重显著相关（初生仔猪体重的70%是水分，母猪的奶81%是水分）。

以上只是养猪技术的一小部分，还有很多技术是养猪必不可少的，这些技术决定着猪场养殖的成败。

2. 需要掌握的技术

现代规模养猪生产是以应用现代养猪生产技术、设施设备、管理为基础，专业化、职业化员工参与为特点的规模化、标准化、高水平、高效率的养猪生产方式。规模养猪需要掌握的技术很多，建场规划选址、猪舍及附属设施设计建设、品种选择、饲料配制、猪群饲养管理、繁殖、环境控制、防病治病、废弃物无害化处理、营销等养猪的各个方面，都离不开技术的支撑，要根据办场的进度逐步运用。如在猪场选址规划时，要掌握猪场选址的要求、各类猪舍及附属设施的规划布局。在正式开工建设时，要用到猪舍样式结构及建筑材料的选择，养殖设备的类型选择、样式选择、配备数量、安装要求等技术。猪舍建设好以后，就要涉及猪品种选择、种猪的引进方式、种猪的挑选、饲料配制等技术。种猪引进场以后，要涉及隔离观察饲养、疾病预防、药物保健、饲料营养、日常消毒等技术。经过一段时间的隔离观察，确认引进的种猪无病后，正式进入种猪舍进行饲养，公猪与母猪要采用不同的栏舍及饲料分别进行饲养管理。接下来就涉及种猪繁育技术了，包括发情鉴定、配种管理、人工授精、妊娠管理、营养调控、疾病预防、环境控制等一系列技术。母猪分娩以后，要对母猪和仔猪分别进行管理，母猪管理包括产科疾病预防、泌乳管理、营养调控等，仔猪管理包括吃初乳、断脐带、剪牙、断尾、补铁补硒、防母猪压、温度控制、疾病预防、教槽料诱食、早期断奶等技术。仔猪断奶以后，母猪要进入空怀母猪舍，进行下一个繁殖周期，发情鉴定、配种、妊娠、分娩、哺乳等。早期断奶仔猪进入保育阶段，进行日粮过渡、疾病预防、环境调控等，经过35天左右的保育阶段后，进入生长猪阶段，进行育肥直至出栏。

这里只是介绍了养猪涉及的技术，其中每个阶段还包含很多技术没有展开介绍，如发酵床养猪、废弃物无害化处理、沼气生产、猪场数据管理、多点式生产、云养殖、分阶段饲养等技术，都需要猪场经营管理人员掌握和熟练运用。

3. 技术的来源

一是聘用懂技术会管理的专业人员。很多猪场的投资人都是养猪的外行，对如何养猪一知半解，如果单纯依靠自己的能力很难胜任规模猪场的管理工作，需要借助外力来实现猪场的高效管理。因此，雇用懂技术会管理的专业人才是首选，雇用的人员最好是畜牧兽医专业毕业的，有丰富的规模猪场实际管理经验，吃苦耐劳，以场为家，具有奉献精神。

二是聘请有关科技人员做顾问。如果不能聘用到合适的专业技术人员，同时本场的饲养员有一定的饲养经验和执行力，可以聘请农业院校、科研院所、各级兽医防疫部门的权威专家做顾问，请他们定期进场查找问题、指导生产、解决生产难题等。

三是使用免费资源。如今各大饲料公司和兽药生产企业都有负责售后技术服务的人员，这些人员中有很多人的养殖技术比较全面，特别是疾病的治疗技术较好，遇到弄不懂或不明白的问题可以及时向这些人请教。可以同他们建立联系，遇到问题及时通过电话、电子邮件、微信、登门等方式向他们求教。必要的时候可以请他们来场现场指导，请他们做示范，同时给全场的养殖人员上课，传授饲养管理方面的知识。

四是技术培训。技术培训的方式很多，如建立学习制度，购买养猪方面的书籍。养猪方面的书籍很多，可以根据本场员工的技术水平，选择相应的养猪技术书籍来学习。采用互联网学习和交流也是技术培训的好方法。互联网的普及极大地方便了人们获取信息和知识，人们可以通过网络方便地进行学习和交流，及时掌握养猪动态。互联网上涉及养猪内容的网站很多，养猪方面的新闻发布得也比较及时。但涉及养殖知识的原创内容不是很多，多数都是摘录或转载报纸和刊物的内容，内容重复率很高，学习时可以选择中国畜牧业协会、中国畜牧兽医学会等权威机构或学会的网站。还可以让技术人员多参加有关的知识讲座和会议，扩大视野，交流养殖心得，掌握前沿的养殖方法和经营管理理念。

（七）人员分工

家庭农场是以家庭成员为主要劳动力，这就决定了家庭农场的所有养猪工作都要以家庭成员为主来完成。通常家庭成员有 3 人，即父母和一名子女，家庭农场养猪要根据家庭成员的个人特点进行科学合理的分工。

一般父母的文化水平较子女低，接受新技术能力也相对较低，但他们平时在家多饲养一些鸡、鸭、鹅、猪等，已经习惯了畜禽养殖和农活，只要不是特别反感的话，一般对畜禽饲养都积累了一些经验，有责任心，对猪有爱心和耐心，可承担养猪场的体力工作及饲养工作。子女一般都受过初中以上教育，有的还受过中等以上职业教育，文化水平较高，接受能力强，对外界了解较多，可承担猪场的技术工作。但子女有年轻浮躁、耐力不足，特别对脏、苦、累的养殖工作不感兴趣的问题，需要家长加以引导。

猪场的工作分工为：父亲负责饲料保障，包括饲料的采购运输和饲料加工、粪污处理、对外联络等；母亲负责产房工作，包括母猪分娩接产、哺乳仔猪护理，还可以承担猪舍环境控制工作等；子女负责技术工作，包括配种、消毒、防疫、电脑操作和网络销售等。

对规模较大的家庭农场养猪场，仅依靠家庭成员完成不了所有工作的，那么在哪一方面工作任务重，就雇用哪一方面的人，来协助家庭成员完成养猪工作。如雇用一名饲养员或者技术员。也可以将饲料保障、防疫、配种、粪污处理等工作交由专业公司去做，让家庭成员把主要精力放在饲养管理和猪场经营上。

（八）满足环保要求

规模养猪场在环境保护方面，要按照畜禽养殖有关环保方面的规定，进行选址、规划、建设和生产运行，做到猪场的生产不对周围环境造成污染，同时也不受到周围环境污染的侵害和威胁。只有做到这样，猪场才能够得以建设和长期发展，而不符合环保要求的猪场是没有生存空间的。

1. 选址要符合环保要求

规模化养猪场环保问题是建场规划时首先要解决好的问题。猪场选址要符合所在地区畜牧业发展规划、畜禽养殖污染防治规划，满足动物防疫条件，并进行环境影响评价。《畜禽规模养殖污染防治条例》第十一条规定：禁止在饮用水水源保护区，风景名胜区；自然保护区的核心区和缓冲区；城镇居民区、文化教育科学研究区等人口集中区域；法律、法规规定的其他禁止养殖区域等区域内建设畜禽养殖场、养殖小区。第十二条规定：新建、改建、扩建畜禽养殖场、养殖小区，应当符合畜牧业发展规划、畜禽养殖污染防治规划，满足动物防疫条件，并进行环境影响评价。对环境可能造成重大影响的大型畜禽养殖场、养殖小区，应当编制环境影响报告书；其他畜禽养殖场、养殖小区应当填报环境影响登记表。大型畜禽养殖场、养殖小区的管理目录，由国务院环境保护主管部门商国务院农牧主管部门确定。除了以上的规定，考虑到以后猪场的发展，还要避开限养区。

2. 完善配套的环保设施

选址完成后，猪场还要设计好生产工艺流程，确定适合本猪场的粪污处理模式。目前，规模化猪场粪污处理的模式主要有“三分离一净化”、生产有机肥料、微生物发酵床、沼气工程和“种养结合、农牧循环”等五种模式。

“三分离一净化”模式。“三分离”即“雨污分离、干湿分离、固液分离”，“一净化”即“污水生物净化、达标排放”。一是在畜禽舍与贮粪池之间设置排污管道排放污液，畜禽舍四周设置明沟排放雨水，实行“雨污分离”；二是将猪场干清粪清理至圈外干粪贮粪池，实行“干湿分离”，然后再集中收集到防渗、防漏、防溢、防雨的贮粪场，或堆积发酵后直接用于农田施肥，或出售给有机肥厂；三是使用固液分离机和格栅、筛网等机械、物理的方法，实行“固液分离”，减轻污水处理压力；四是污水通过沉淀、过滤，将有形物质再次分离，然后通过污水处理设备，进行高效生化处理，尾水再进入生态塘净化后，达标排放。这种模式是控制粪污总量，实现粪污“减量化”最有效、最经济的方法，适用于中小规模养殖户。

生产有机肥料模式。好氧堆肥发酵是目前利用畜禽粪便生产有机肥的主要模式。畜禽粪便进入加工车间后，根据其含水率适当加入谷糠、碎农作物秸秆、干粪等有机物调节水分和碳氮比，增加通气性，接入专用微生物菌种和酶制剂，以促进发酵过程正常进行。并配备专用设备，进行均质、发酵、翻抛、干燥。对大型养殖场可自建有机肥厂，对养殖户数多、规模小、密度大、消纳地紧张的畜禽高密度养殖区，可建专门有机肥厂，将粪污统一收集、集中处理。

微生物发酵床模式。一是内置式发酵床养殖。主要用于发酵床养猪。选择碎秸秆、锯木屑、稻壳等通透性和吸水性较好的原料作垫料，垫料可反复利用 3 ～ 5 年；饲养密度根据个体大小、环境温度确定，育肥猪一般 2 ～ 4 头 / 米 ^{2} 为宜。二是外置式发酵床粪污降解。在畜禽舍外建造发酵床，用于畜禽粪污发酵降解。根据养殖规模确定床体大小，商品猪 0.2 ～ 0.3 头 / 米 ^{2}，宽 4 ～ 6 米、深 40 ～ 60 厘米。用稻壳、碎农作物秸秆加适量米糠做载体，每 2 ～ 3 天添加一次粪污，每天旋翻机旋翻 2 ～ 4 次载体。消纳地紧张的中小规模养殖场（户）均可采用该模式。

沼气工程模式。将污水排入沼气池中，通过厌氧菌发酵，降解粪污中颗粒状的无机物、有机物，产生的沼气可作为能源用于发电、照明和燃料。沼渣和干粪可直接出售或用于生产有机复合肥；出水既可进入自然处理系统（氧化塘或土地处理系统等），也可直接作肥料用于农田施肥。

“种养结合、农牧循环”模式。将畜禽粪便作为有机肥施于农田，生长的农作物产品及副产品作为畜禽饲料，这种“种养结合、农牧循环”模式，有利于种植业与养殖业有机结合，是实行畜禽粪便“资源化、生态化”利用的最佳模式。养殖场根据粪污产生情况，在周边签订配套农田，实现畜禽养殖与农田种植直接对接。一是粪污直接还田。将畜禽粪污收集于贮粪池中堆沤发酵，于施肥季节作有机肥施于农田。二是“畜—沼—种”种养循环。通过沼气工程对粪污进行厌氧发酵，沼气作能源用于照明、发电，沼渣用于生产有机肥，沼液用于农田施肥。

规模猪场根据本场实际情况选择适合于本场的粪污处理模式后，再根据所选择模式的要求，设计和建设与生产能力相配套、相适应的粪污无害化处理设施。当然，如果猪场所在地有专门从事畜禽粪便处置的处理中心，也可将本场的畜禽粪便和（或）粪水交由处理中心实行专业化收集和运输，进行集中处理和综合利用。

总之，猪场要按照《畜禽规模养殖污染防治条例》《环保法》《水十条》等法规的要求，在猪场建设时严格执行环保“三同时”制度（防治环境污染和生态破坏的设施，必须与主体工程同时设计、同时施工、同时投产使用的制度，简称“三同时”制度）。

3. 保障环保设施良好运行的机制

猪场在生产中保障粪污处理设施的良好运行，除了制定严格的生产制度和落实责任制外，还要在兽药和饲料及饲料添加剂的使用上做好工作。如在生产过程中不滥用兽药和添加剂，有效控制微量元素添加剂的使用量，严格禁止使用对人体有害的兽药和添加剂，提倡使用益生素、酶制剂、天然中草药等。严格执行兽药和添加剂停药期的规定。使用高效、低毒、广谱的消毒药物，尽可能少用或不用对环境易造成污染的消毒药物，如强酸、强碱等。在配制饲料时要综合考虑猪的生产性能、环境污染和资源利用情况，采用“理想蛋白质模式”平衡饲料中的各种营养成分，有效地提高饲料转化率，减少粪便中氮的排出量，以实现养殖过程清洁化、粪污处理资源化、产品利用生态化的总要求。

小贴士：

专家认为，基于我国畜禽养殖小规模、大群体与工厂化养殖并存的特点，坚持能源化利用和肥料化利用相结合，以肥料化利用为基础、能源化利用为补充，同步推进畜禽养殖废弃物资源化利用，是解决畜禽养殖污染问题的根本途径。

二、家庭农场的认定与登记

目前，我国家庭农场的认定与登记尚没有统一的标准，均是按照《农业部关于促进家庭农场发展的指导意见》（农经发〔2014〕1号）的要求，由各省、自治区、直辖市及所属地区自行出台相应的登记管理办法。因此，兴办家庭农场前，要充分了解所在省及地区的家庭农场认定条件。图2-10为家庭农场资格认定书。

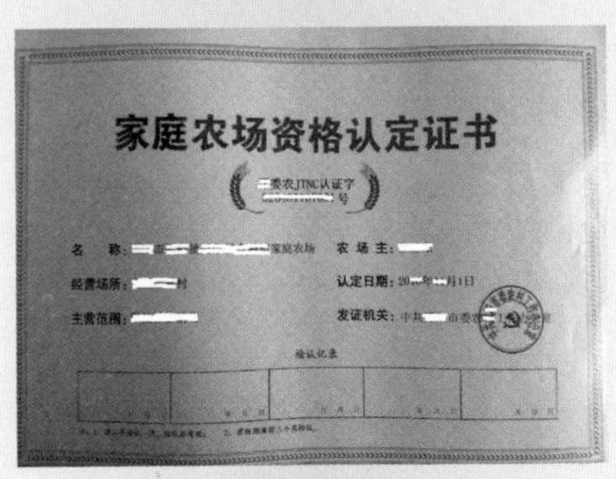

图2-10　家庭农场资格认定证书

（一）认定条件

申请家庭农场认定，各地对具备条件的要求大体相同，如必须是农民户籍、以家庭成员为主要劳动力、依法获得的土地、适度规模、生产经营活动有完整的财务收支核算等条件。但是，因地域条件及经济发展状况的差异，认定的条件也略有不同，需要根据本地要求的条件办理。

（二）认定程序

各省对家庭农场认定的一般程序基本一致，经过申报、初审、审核、评审、公示、颁证和备案等七个步骤。

1. 申报

农户向所在乡镇人民政府（街道办事处）提出家庭农场认定申请，并提供以下材料原件和复印件。

（1）认定申请书

附：家庭农场认定申请书（仅供参考）

申　请

县农业农村局：

我叫×××，家住××镇××村×组，家有×口人，有劳动能力×人，全家人一直以生猪养殖为主，取得了很可观的经济收入。同时也掌握了科学养猪的技术和积累了丰富的猪场经营管理经验。

我本人现有猪舍×栋，面积×××平方米，年出栏生猪1000头。猪场用地×××亩（其中自有承包村集体土地××亩，流转期限在10年的土地××亩），具有正规合法的农村土地承包经营权证和《农村土地承包经营权流转合同》等经营土地证明。用于种植的土地相对集中连片，土壤肥沃，适宜于种植有机饲料原料，生产的有机饲料原料可满足本场有机猪的生产需要。因此我决定申办养猪家庭农场，扩大生产规模，并对周边其他养猪户起示范带动作用。

此致

敬礼

申请人：××

××年××月××日

（2）申请人身份证

（3）农户基本情况（从业人员情况、生产类别、规模、技术装备、经营情况等）

附：家庭农场认定申请表（仅供参考）

家庭农场认定申请表

填报日期：　年　月　日

申请人姓名		详细地址			
性别		身份证号码		年龄	
籍贯			学历/技能/特长		
家庭从业人数			联系电话		
生产规模			其中连片面积		
年产值			纯收入		
产业类型			主要产品		
基本经营情况					

续表

村（居）民委员会意见		乡镇（街道）审核意见	
县级农业行政主管部门评审意见			
备案情况			

（4）土地承包、《土地流转合同》或承包经营权证书等证明材料

附：土地流转合同范本

土地流转合同范本

甲方（流出方）：____________

乙方（流入方）：____________

双方同意对甲方享有承包经营权、使用权的土地在有效期限内进行流转，根据《中华人民共和国合同法》《中华人民共和国农村土地承包法》《农村土地承包经营权流转管理办法》及其他有关法律法规的规定，本着公正、平等、自愿、互利、有偿的原则，经充分协商，订立本合同。

一、流转标的

甲方同意将其承包经营的位于__________县（市）__________乡（镇）__________村______组______亩土地的承包经营权流转给乙方从事__________________生产经营。

二、流转土地方式、用途

甲方采用以下土地转包、出租的方式将其承包经营的土地流转给乙方经营。

乙方不得改变流转土地用途，用于非农生产，合同双方约定________________。

三、土地承包经营权流转的期限和起止日期

双方约定土地承包经营权流转期限为____年，从______年_____月_____日起，至_________年______月_____日止，期限不得超过承包土地的期限。

四、流转土地的种类、面积、等级、位置

甲方将承包的耕地______亩流转给乙方，该土地位于__________________________________。

五、流转价款、补偿费用及支付方式、时间

合同双方约定，土地流转费用以现金（实物）支付。乙方同意每年

____月_____日前分_____次，按______元/亩或实物_____公斤/亩，合计________元流转价款支付给甲方。

六、土地交付、收回的时间与方式

甲方应于________年_____月______日前将流转土地交付乙方。乙方应于________年_____月_____日前将流转土地交回甲方。

交付、交回方式为_____________。并由双方指定的第三人__________予以监证。

七、甲方的权利和义务

（一）按照合同规定收取土地流转费和补偿费用，按照合同约定的期限交付、收回流转的土地。

（二）协助和督促乙方按合同行使土地经营权，合理、环保正常使用土地，协助解决该土地在使用中产生的用水、用电、道路、边界及其他方面的纠纷，不得干预乙方正常的生产经营活动。

（三）不得将该土地在合同规定的期限内再流转。

八、乙方的权利和义务

（一）按合同约定流转的土地具有在国家法律、法规和政策允许范围内，从事生产经营活动的自主生产经营权，经营决策权，产品收益、处置权。

（二）按照合同规定按时足额交纳土地流转费用及补偿费用，不得擅自改变流转土地用途，不得使其荒芜，不得对土地、水源进行毁灭性、破坏性、伤害性的操作和生产。履约期间不能依法保护，造成损失的，乙方自行承担责任。

（三）未经甲方同意或终止合同，土地不得擅自流转。

九、合同的变更和解除

有下列情况之一者，本合同可以变更或解除。

（一）经当事人双方协商一致，又不损害国家、集体和个人利益的；

（二）订立合同所依据的国家政策发生重大调整和变化的；

（三）一方违约，使合同无法履行的；

（四）乙方丧失经营能力使合同不能履行的；

（五）因不可抗力使合同无法履行的。

十、违约责任

（一）甲方不按合同规定时间向乙方交付流转土地，或不完全交付流转土地，应向乙方支付违约金________元。

（二）甲方违约干预乙方生产经营，擅自变更或解除合同，给乙方造成损失的，由甲方承担赔偿责任，应支付乙方赔偿金 ________ 元。

（三）乙方不按合同规定时间向甲方交回流转土地，或不完全交回流转土地，应向甲方支付违约金 ________ 元。

（四）乙方违背合同规定，给甲方造成损失的，由乙方承担赔偿责任，向甲方偿付赔偿金 ________ 元。

（五）乙方有下列情况之一者，甲方有权收回土地经营权。

1. 不按合同规定用途使用土地的；

2. 对土地、水源进行毁灭性、破坏性、伤害性的操作和生产，荒芜土地的，破坏地上附着物的；

3. 不按时交纳土地流转费的。

十一、特别约定

（一）本合同在土地流转过程中，如遇国家征用或农业基础设施使用该土地时，双方应无条件服从，并约定按以下第 ________ 种方式获取国家征用土地补偿费和地上种苗、构筑物补偿费。

1. 甲方收取；

2. 乙方收取；

3. 双方各自收取 ________%；

4. 甲方收取土地补偿费，乙方收取地上种苗、构筑物补偿费。

（二）本合同履约期间，不因集体经济组织的分立、合并，负责人变更，双方法定代表人变更而变更或解除。

（三）本合同终止，原土地上新建附着构筑物，双方同意按以下第 ________ 种方式处理。

1. 归甲方所有，甲方不作补偿；

2. 归甲方所有，甲方合理补偿乙方 ________ 元；

3. 由乙方按时拆除，恢复原貌，甲方不作补偿。

（四）国家征用土地，乡（镇）土地流转管理部门、村集体经济组织、村委会收回原土地重新分配使用，本合同终止。土地收回重新分配给甲方或新承包经营人使用后，乙方应重新签订土地流转合同。

十二、争议的解决方式

在履行本合同过程中发生的争议，由双方协商解决，也可由辖区的工商行政管理部门调解；协商或调解不成的，按下列第 ________ 种方式解决。

（一）提交仲裁委员会仲裁；

（二）依法向 ____________ 人民法院起诉。

十三、其他约定

本合同一式四份，甲方、乙方各一份，乡（镇）土地流转管理部门、村集体经济组织或村委会（原发包人）各一份，自双方签字或盖章之日起生效。

如果是转让土地合同，应以原发包人同意之日起生效。

本合同未尽事宜，由双方共同协商，达成一致意见，形成书面补充协议。补充协议与本合同具有同等法律效力。

双方约定的其他事项 ______________________________。

甲方：

乙方：

年 月 日

（5）从事养殖业的须提供动物防疫条件合格证

（6）其他有关证明材料

2. 初审

乡镇人民政府（街道办事处）负责初审有关凭证材料原件与复印件的真实性，签署意见，报送县级农业行政主管部门。

3. 审核

县级农业行政主管部门负责对申报材料的真实性进行审核，并组织人员进行实地考察，形成审核意见。

4. 评审

县级农业行政主管部门组织评审，按照认定条件，进行审查、综合评价，提出认定意见。

5. 公示

经认定的家庭农场，在县级农业信息网等公开媒体上进行公示，公示期不少于 7 天。

6. 颁证

公示期满后，如无异议，由县级农业行政主管部门发文公布名单，并颁发证书（图 2-10）。

7. 备案

县级农业行政主管部门对认定的家庭农场申请、考察、审核等资料存档备查。由农民专业合作社审核申报的家庭农场要到乡镇人民政府（街道办事处）备案。

（三）注册

申办家庭农场应当依法注册登记，领取营业执照，取得市场主体资格。市场监督管理部门是家庭农场的登记机关，按照登记权限分工，负责本辖区内家庭农场的注册登记。

① 家庭农场可以根据生产规模和经营需要，申请设立为个体工商户、个人独资企业、普通合伙企业或者公司。

② 家庭农场申请工商登记的，其企业名称中可以使用“家庭农场”字样。以公司形式设立的家庭农场的名称依次由行政区划 + 商号 +“家庭农场”+“有限公司（或股份有限公司）”字样四个部分组成。以其他形式设立的家庭农场的名称依次由行政区划 + 商号 +“家庭农场”字样三个部分组成。其中，普通合伙企业应当在名称后标注“普通合伙”字样。

③ 家庭农场的经营范围应当根据其申请核定为“××（农作物名称）的种植、销售；××（家畜、禽或水产品）的养殖、销售；种植、养殖技术服务”。

④ 法律、行政法规或者国务院决定规定属于企业登记前置审批项目的，应当向登记机关提交有关许可证件。

⑤ 家庭农场申请工商登记的，应当根据其申请的主体类型向市场监督管理部门提交国家市场监督管理总局规定的申请材料。

⑥ 家庭农场无法提交住所或者经营场所使用证明的，可以持乡镇、村委会出具的同意在该场所从事经营活动的相关证明办理注册登记。

第三章 猪场建设与环境控制

一、场址选择

选择一个合适的地方建设猪场，是家庭农场养猪的基础工作。场地的选择既要符合国家的相关规定，又要满足养猪生产的需要；既要满足家庭农场一段时期内养猪的需要，又要为以后的发展留有空间。

（一）应位于法律、法规明确规定的禁养区以外

这个问题在第二章满足环保要求一节已经做了详细分析，这里就不再赘述。重申禁止在旅游区、自然保护区、水源保护区和环境公害污染严重的地区建场。这是硬性要求，谁都不能违反。这个不需要解释太多，严格遵守就是了。另外，要了解所选地块是否符合这条要求，除了现场实地勘察以外，还必须到政府的规划和环保部门咨询，得到权威答复后方可动工兴建。

场址距离生活饮用水源地，居民区，畜禽屠宰加工、交易场所和主要交通干线500米以上，其他畜禽养殖场1000米以上。最好有湖泊、山或密林作为天然相隔带。

（二）地势高燥，通风良好

地势应高燥，地下水位应在2米以下，切忌选择低洼潮湿场地。地势高，这样不易受洪水威胁，还可以保持猪舍内地面干燥，雨季也容易排走积水，减少疾病的发生和流行。

地势应避风向阳，有利于通风。猪场不宜建于山坳和谷地，以防在猪场上空形成空气涡流，夏季不通风，非常炎热。另外污浊空气排不走，常年空气质量恶劣，不利于猪只生长和生产管理。

地形要开阔整齐，地面应平坦或稍有缓坡，以利排水排污。场地平坦，开阔整齐，便于施工。一般坡度在1%～3%为宜，最大不超过25%。

土质要求上，土壤透气透水性强，吸湿性和导热性小，质地均匀，抗压性强，且未受病原微生物的污染。沙土透气透水性强，吸湿性小，但导热性强，易增温和降温，对猪不利；黏土透气透水性弱，吸湿性大，抗压性弱不利于建筑物的稳固，导热性小；沙壤土兼具沙土和黏土的优点，是理想的建场土壤，但不必苛求。场址应位于居民区常年主导风向的下风向或侧风向。

（三）交通便利

猪场场址交通便利与猪场防疫是个相互矛盾的问题，因为一方面猪场需要运输大量的饲料，出售种猪、育肥猪、仔猪，还有大量的猪粪需要外运处理，尤其是北方的冬季，大雪封路，如果道路不便，对猪场正常生产的影响可想而知，可见交通便利对猪场的重要性。另一方面从生物安全、饲养管理和环境保护要求的角度来说，场址与猪场周边又要有一定的防疫隔离距离，同时还不能因为猪场的存在而影响周边居民单位的正常生活，可见这些对猪场的生存同样重要。

选择场址时这些方面都要给予充分的考虑。不能太靠近主要交通干道，在场区通往主干道之间有可以修整利用的现有旧路或自辟新路。必须考虑到道路要具有一定强度和宽度，能够保证大型拖拉机和卡车的全年通行，以确保饲料的分送和猪的运输等。

（四）水质达标，水源稳定

水源水量必须能满足场内生活用水、猪只饮用及饲养管理用水（如清洗调制饲料、冲洗猪舍、清洗机具、用具等）的要求。猪场的用水量非常大，特别是现代化、规模化程度较高的猪场。以一个自繁自养的年出栏万头的猪场为例，每天至少需要 100 吨水。如果水源不足将会严重影响猪场的正常生产和生活。所以对于一个万头猪场，水井的出水量最好在每小时 10 吨以上。

所打的井要有一定的深度，无流速慢、泥沙或其他问题，必须能获取优质水。对于一个新的场址，第一步应先打一眼井。在场址开始建设之前，应先建立自己的水源。同时水质也十分重要，要符合《无公害食品　畜禽饮用水水质》（NY 5027—2008）要求。水中的细菌是否超标，水的氟、砷等各种矿物质离子是否过高，人是否可以饮用等都要事先了解清楚。如水中的固体物质含量在 150 毫克左右是理想的，低于 5000 毫克对幼畜无害，超过 7000 毫克可致腹泻，高过 10000 毫克就不能用。所以在建猪场之前最好到有关机构检测该场地的地下水水量及水质是否达标。如果水源不能满足整个猪场的要求，只有另选场址一条路可走，不能指望从外边拉水来解决供水的问题。

（五）电力供应充足

电力供应对猪场至关重要，规模猪场的饲料加工、猪舍照明、仔猪加温、人员生活等都离不开电，选址时必须保证可靠的电力供应。变压器的容量及距离场区的距离都要计算是否能够满足猪场的需要，使用较大马力的电机进行饲料加工、谷物干燥和粪便的泵抽处理时，首先要考虑到电源的可能性。

猪场应距供电源头近一些，这样可以节省输电成本。供电要求电压稳定、少停电。如果当地电网不能稳定供电，特别是远离市区的地方或农村，电力意外中断时有发生，通常抢修也不及时。大型猪场应自备相应的发电机组，以防因突然断电而造成不必要的损失。

（六）粪污处理科学合理

粪便及污水的处理是猪场最难解决的问题。一个年出栏万头的猪场，日产粪 18 ～ 20 吨。污水日产量因清粪方式不同而有所不同，一般为 70 ～ 200 吨（其中含尿 18 ～ 20 吨）。

因此场地里要确立污水处理场所的位置，一般污水处理区设计在猪场地形和风向下游，有利于自然排污和保证猪场生产区和生活区减少臭味。同时，在选址时，猪场周围最好有大片农田、果园或菜地。这样猪场产生的粪水经过适当的处理后，可灌溉到农田里，既有利于粪水的处理又促进了当地农业的生产。

蓄粪池的位置尤其要避开周围居民的视线，建在猪舍后面。如果可能，最好利用树木遮挡起来。不能忽视管理，应建一个防止儿童进入的安全护栏，并为蓄粪池配备一个永久性的盖罩。

（七）场地面积满足需要

场地要有足够的面积。根据地势地形的不同，猪场所需的面积也会有所不同，一般按可繁殖母猪每头 40 ～ 50 平方米、商品猪 3 ～ 4 平方米考虑。要把生产、管理和生活区都考虑进去，根据实际情况计算所需占地面积。同时在规划阶段就应考虑到将来扩建的可能性，要留有一定的余地，为将来的扩建预备出充足的空间。如蓄粪池、饲料贮存仓和猪的装车区必须沿主舍两侧而建（不能建在末端），以便将来扩建。不留余地的规划会导致陷入将来只能重新选址的不利处境。

小贴士：

猪场一旦建成位置将不可更改，如果位置非常糟糕，几乎不可能维持猪群的长期健康。可以说，场址选择的好坏，直接影响着猪场将来的生产和猪场的经济效益。

因此，猪场选址应根据猪场的性质、规模、地形、地势、水源，当地气候条件及能源供应、交通运输、产品销售，与周围工厂、居民点及其他畜禽场的距离，当地农业生产、猪场粪污消纳能力等条件，进行全面调查、周密计划、综合分析后才能确定。

二、场区规划与布局

要建设好一个规模化的养猪场，最重要的是有一个科学合理的整体规划设计。场区规划本着科学合理、整齐紧凑，既有利于生产管理，又便于动物防疫的原则，既要符合法律、法规的规定，又要因地制宜，遵循养猪生产的规律，综合考虑防疫、规模化、集约化养猪的生产规律和经济实用性等因素（视频 3-1）。

视频 3-1 建设科学的猪场

（一）场区规划

规模化猪场规划设计的各个因素是一个有机的整体，设计时不能过分强调某个方面，要相互兼容、相互照顾、因地制宜、合理设计，合理分配投资，求得较好的经济、社会效益，这才是我们的最终目的。场区规划要求如下。

① 选择合适的猪场布局结构对猪群保持长期的良好生产成绩至关重要。虽然分区生产增加了基础设施投资，并可能增加预期的生产管理费用，但实践证明，这种投入从长远看回报是非常丰厚的。

② 生活区、生产区、污水处理区与病死猪无害化处理区分开，各区相距 50 米以上。出猪台与生产区保持严格的隔离状态。用于引进后备猪进入生产群前进行隔离，后备猪隔离适应舍，离生产区 500 米以上，且具有独立的通风、排污设施。

③ 净道与污道分开。净道是运输饲料和人员活动的通道，需要干净卫生；而污道则是处理垃圾和销售猪的道路，是不可能做到干净卫生的；如果净道和污道并在一起，随时都有可能将垃圾混入饲料里或人身上，进而感染猪群。

猪场将污道设在地下，如设地下排污管道、漏缝地板等，既不占地面面积，又能做到净污道分开。

④ 设计合理的排污方式。雨水与污水分离，有组织地将雨水排到场外，避免积水、漏水、渗水，将它对生活和生产的影响降到最低，减少蚊蝇的滋生场所。污水应采用暗沟排入污水处理区，污水处理区应配备防雨设施。

首先应在猪舍内、生产区外尽量做好干稀分离，然后将各个猪舍的污水集中在每个区域粪坑中，最后将每个区域的粪水汇流到化粪池区域做环保处理。每个猪舍和区域要能独立控制，避免受其他猪舍和区域的影响。

排污管道应光滑并具有足够的强度，主管道的直径应不小于 300 毫米，并设置合理间距的检查井，一般不大于 9 米。排水坡度合理，排污管不应有破损或压坏，避免雨污混流，增加处理污水的压力。

⑤ 宜采用两点式、三点式布局（两点式布局指繁殖和哺乳期在一个地点，保育生长期在一个地点；三点式布局指繁殖和哺乳期、保育期、育肥期各在一个地点）。生产管理相对独立，各点之间距离 1000 米以上。如果场地面积有

限，达不到这个距离，各点之间相距至少 500 米。而且要做到各个生产区域分开布置，有足够的防疫、隔离空间。生产区要和外部充分隔离，人员统一由生活区从淋浴间进出，饲料从饲料仓库送入，猪只从装载房送出，另外留设一条紧急通道。

⑥ 猪场大门应设消毒通道，对进出的车辆和人员实行严格消毒，场区周围应建设防疫隔离带，可采用围墙、镀锌铁丝网等，高度在 1.5 米以上为宜。

小贴士：

猪场建设可分期进行，但总体规划设计要一次完成。切忌边建设边设计边生产，导致布局零乱，特别是如果附属设施资源各生产区不能共享，不仅造成浪费，还给生产管理带来麻烦。猪场规划设计涉及气候环境、土壤地质、猪的生物学特性、生理习性、建筑知识等各个方面，要多参考借鉴正在运行的猪场的成功经验，请教经验丰富的实战专家，或请专业设计团队来设计，少走弯路，确保一次成功，不花冤枉钱。

（二）布局

养猪场分管理区（包括办公室、食堂、值班监控室、消毒室、消毒通道、技术服务室）、生产区（包括猪舍、人工授精室、兽医室、隔离观察室、饲草料库房和饲养员住室）、废弃物及无害化处理区［病畜禽隔离室、病死畜禽无害化处理间和粪污无害化处理设施（沼气池、粪便堆积发酵池等）］三部分（图 3-1）。

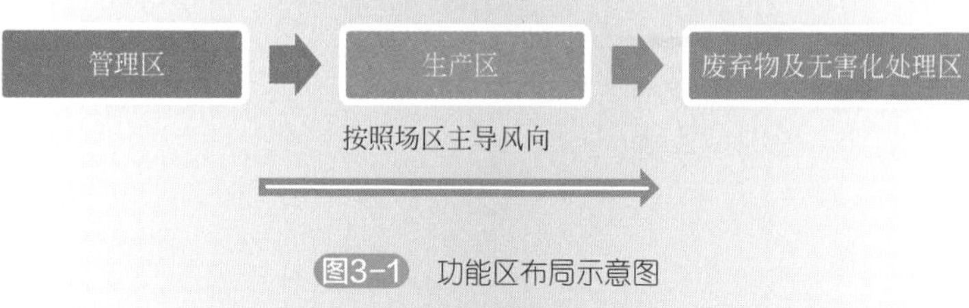

图3-1 功能区布局示意图

各功能区的布局要求：管理区、生产区处于上风向，废弃物处理区处于下风向，并距生产区一定距离，由围墙和绿化带隔开；生产区入口处应设消毒通道。养猪场、养猪小区周围建有围墙或其他隔离设施，场区内各功能区域之间设置围墙或绿化隔离带，以便于防火及调节生产环境等。

在布局时还要做到，凡属功能相同的建筑物应尽量集中和靠近。供料、供水、供电设施应设在与猪舍路程较短的生产区中心地带。各栋猪舍均应平行整齐排列（一行和二行排列），并有利于猪舍的通风、采光、防暑和防寒。

养猪场区内净道和污道分开，人员、畜禽和物资运转采取单一流向。净道主要用于饲养员行走、运料和畜禽周转等；污道主要用于粪便等废弃物运出。

小贴士：

家庭农场主对猪场建设缺乏专业知识、不重视、随意性大，导致建成后的设施不规范、不科学。猪场投入运营后，不合理的地方就会陆续暴露出来，不但造成资金的浪费，而且会影响猪场正常的生产运营，最终影响猪场效益！

三、猪舍建筑与设施配置

（一）猪舍建筑

1. 猪舍区分

猪舍功能上可区分为公猪舍、配种妊娠舍、分娩舍（图3-2）、保育舍、生长育肥舍；或公猪舍、配种妊娠舍、分娩舍、保育 - 育肥一体舍。自繁自养猪场和仔猪繁育场宜配备独立的后备猪隔离适应舍。

图3-2 分娩舍

2. 猪舍面积要求

自繁自养猪场每头能繁母猪应配套猪舍 12 平方米以上，仔猪繁育场每头能繁母猪应配套猪舍 5.5 平方米以上，专业育肥场每头存栏猪应配套猪舍 0.8 平方米以上。

3. 猪舍建设要求

猪舍的样式多种，不同性别、不同生理阶段的猪对环境及设备的要求不同，建设猪舍内部结构时应根据猪的生理特点和生物学特性，合理布置猪栏、过道和饲料、粪便运送路线，选择适宜的生产工艺和饲养管理方式，提高劳动效率。一栋理想的猪舍应满足以下要求：

一是设计合理，能够实现“全进全出”的管理要求。“全进全出”是设计猪舍、安排栏位摆放时必须予以考虑和无条件满足的基础和前提。

二是猪舍要求冬暖夏凉，能够保温、隔热，舍内温度保持恒定。猪舍良好的保温、隔热措施可能意味着需要更多的投资，但是这样可以使猪群在极端气候条件下免受生产损失，特别是在保育舍，好的生产条件可能对成活率等主要生产指标产生显著影响，从而影响到整个猪场的经济效益。南方的猪舍要具有适宜的降温系统，北方的猪舍要具有增温系统，使夏季和冬季猪舍内温度保持在适宜范围。

三是要具有良好的通风换气设施，使舍内空气保持清洁。封闭式猪舍安装新风系统，可有效解决舍内空气质量差的问题（视频 3-2）。

视频 3-2 猪舍通风换气

四是要有适宜的排污系统，猪舍内的任何位置都不应有积水，舍内的栏面应易于清洁、冲洗和消毒，保育、育肥每个单元都要建立独立的排污系统。

五是要有严格的消毒措施和消毒设施装置。

六是要有良好的饮水设施，并有在冬季能使饮水加温的设施。保育、育肥每个单元都要建立独立的饮水加药系统。

七是便于实行科学的饲养管理，在建设猪舍时应充分考虑到养猪生产工艺流程的需要，做到操作方便、降低劳动生产强度、提高管理定额、充分提供劳动安全和劳动保护条件。

八是猪舍房檐、赶猪道应有专门的防鸟、防鼠设计。

4. 猪舍建设注意事项

猪舍是养猪的基础，在建设时必须充分考虑到各个细节，以免为以后的饲养管理带来隐患。根据经验，以下几个方面是最容易忽视的。

（1）基础和地面的注意事项　猪舍基础主要承载猪舍重量、屋顶和墙承受的风力。要根据总荷载力、地下水位及气候条件等确定基础的深度。为防止地下水通过毛细管作用浸湿墙体，在基础墙的底部应设防潮层。

猪舍地面状态对猪只健康有重要影响。如果种猪、后备猪及育肥猪舍的地板表面太滑，当有水或粪尿时，常常使猪滑倒，扭伤肢体，造成瘫痪。猪舍地板表面太粗糙，特别是有尖角时，常常刺伤猪的蹄部，导致蹄炎、化脓、跛行。因此猪舍地面要求具有高度的保温隔热特性，不透水，易于清扫消毒，易保持干燥、平整、无裂纹、不硬不滑、有弹性，还要具有足够的强度，坚固、防潮、耐腐蚀。排尿沟方向应有适当的坡度（3%～4%），以保证洗刷用水及尿的顺利排出。

目前猪舍的地面多为水泥地，条件好的猪场可以采用漏缝地板和安装地热，还可以在夯实地面抹水泥砂浆前，在地面上铺一层厚 5 厘米的苯板，然后再抹上水泥，这样可以避免猪趴卧时热量的散失；也可用立砖或平砖制成地面，平砖间的缝隙必须用水泥抹严，以防猪嘴将平砖拱起；也可将空心砖或由水泥、炉灰渣构成的大块空心砖铺在夯实的地面上，然后再用水泥抹成地面，这样也能减少猪体热量的散失。

（2）墙壁的注意事项　按墙壁所处位置可分为外墙、内墙、外纵墙和山墙等。据报道，猪舍总失热量的 35%～40% 是通过墙壁散失的。墙壁的失热仅次于屋顶，所以墙体要坚固并具有一定的厚度。普通红砖墙体必须达到足够厚度，至少是三七墙。二四墙太薄，不能起到很好的保温隔热作用，易造成冬季、早春舍内与舍外温差太大，导致窗台下的墙壁结露，猪栏爬卧区潮湿，影响猪休息并增加了舍内湿度。用空心砖或加气混凝土块代替普通红砖，用空心墙体或在空心墙中填充隔热材料等均能提高猪舍的防寒保温能力。

最好的办法是墙体加一层保温材料，如珍珠岩、70 毫米厚挤塑板或者 100～120 毫米厚高密度苯板，这样保温效果最好。如果加珍珠岩等保温材料，要求砌筑两道墙，两道墙按一层二四墙和一层立砖即可，把珍珠岩放入中间夹层内，当然中间夹层也可以放苯板。苯板还可以贴在二四墙的墙体外表面上，然后再抹一层水泥罩面。内外墙都要用水泥罩面，舍内地面以上 1.0 ～ 1.5 米高的墙面必须有水泥墙裙，便于清洗和消毒。

（3）间隔墙的注意事项　注意栏和栏之间的间隔墙不能太矮，太矮会给管理带来麻烦，特别是种野猪的围栏要达到 2.5 米以上，而且是实墙。其他特种野猪猪栏的间隔墙高 1.5 米左右为宜，以防猪跳栏打架造成不必要的损失。

（4）门和窗的注意事项　门小，宽度不够，人和猪进出都不方便，或者木制门不结实等都是猪舍建设上的常见问题。供人、猪、手推车出入的外门一般高 2.0 米、宽 1.2 ～ 1.5 米，将猪舍门做成“三七门”更方便，用铁制门较好。如果是木制门，要在木门的中下部用白铁皮钉上，以增加牢固程度，同时可以防老鼠。

北方建设猪舍除设东、西门外，还须留南门。入冬前将东西大门用保温被封闭。冬季西北风多，封闭东西大门能防止空气对流，避免冷气入内、暖气外逸。饲养员、猪皆走南门，南门带内门斗，防止冷气直接进入猪舍。一般 50 米长的母猪舍只设一个南门，100 米长的母猪舍可设 2 ～ 3 个南门，每个南门高 1.8 米、宽 1.5 米，可制作两扇“三七门”。

窗户主要用于采光和通风换气。有的猪场猪舍一个窗户也没有，有的虽有窗户，但太少，夏天不利于舍内通风降温；北方有的不留北窗，冬季舍温虽可增加，但夏季空气不能形成对流，导致舍温过高，将严重影响母猪的繁殖与育肥猪的增重。猪舍建设通风是关键，窗户不能太少，一般情况下，按照猪舍长度确定应该安装几个窗户，一般南北窗比例以 3 ∶ 1 为宜，即三个南窗，一个北窗，南窗高 1 米、宽 1.2 米，北窗可以比南窗稍小一点，窗距地面高 1 米，窗户也不能太矮，开高点为宜，避免让风直接往猪身上吹，还可以避免猪弄碎玻璃。切忌无窗户或有窗户但窗户太少、窗户太小。注意种野猪的窗户宜小和距离地面 2 米，并安装坚固的铁丝防护网。

猪舍需要天窗的，天窗的开设位置在屋顶上最为合适。

为防止鸟和老鼠进入，应在库房和猪舍的通气口、排风口（洞）、窗户，以及通风孔、洞上安装铁丝网。尤其是接近地面的通风口要安装铁丝网，起到防鼠的作用。

（5）屋顶的注意事项　屋顶起遮挡风雨和保温隔热的作用。猪场的保温隔热对北方和南方地区养猪同样重要。因为从房顶来看，炎热的夏季，如果屋顶不保温隔热，那么房顶部的阳光照射到舍内，使舍内温度增高很多；如果屋顶保温隔热做得好，舍内温度就不会增高得太快。根据猪舍的规模不同，可选择不同形式的屋顶。目前最常见的是双坡式，适合跨度较大的双列或多列式猪舍和规模较大的家庭养猪场。有些双坡式内部直接暴露框架结构，也可内部加设吊顶。吊顶后保温隔热性能更好，也能更好地满足封闭式猪舍的密封要求，因此各阶段和不同开放形式的猪舍都适用。而单坡式保温隔热性能稍差，更适合跨度小的单列猪舍和小规模养猪场，通常可见单排饲养的半开放式育肥舍。

拱顶式和双坡式效果差不多，保温隔热效果好，但施工技术要求高，大跨度猪舍施工难度更大。传统拱顶多采用木架或砖结构，为了满足大跨度猪舍的要求，应采用钢架或混凝土架构，彩钢夹芯板覆盖。

屋顶必须具有良好的保温隔热性能，传统猪舍常用瓦片和石棉瓦等，但耐用性较差，造价虽然便宜但损耗大，需要经常检修更换，遇到暴雨台风等自然灾害天气，损失严重。也有一些小规模猪场采用铁皮做屋顶，造价低廉，耐久性也不错，但保温性能较差，不适合产房和保育舍。还有一种钢筋混凝土或预制板搭设的平顶式猪舍，保温耐热好，使用年限长，抗台风性能好，但一次性投资较大，需要在最上层做防水层，而且对防水要求高。建议使用彩钢夹芯板，特别是大跨度的猪舍更合适。彩钢夹芯板是当前建筑材料中常见的一种产品，不仅能够很好地阻燃隔音而且环保高效。彩钢夹芯板由上下两层金属面板和中层高分子隔热内芯压制而成，具有安装简便、重量轻、环保高效的特点。而且填充系统使用的闭泡分子结构，可以杜绝水汽的凝结。

（6）饮水设施的注意事项　应配备猪只专用的饮水系统，饲料输送宜安装自动输送设备。

一是饮水器数量要充足。饮水器的安装数量是：凡是群养的每个猪栏内都要安装两个，每个产床也要安装两个，母猪和仔猪各一个；单栏饲养的公猪、母猪单体栏均安装一个。

二是饮水器安装位置要合理。有的养殖户不重视饮水器安装高度问题，认为高低无所谓，以为只要安装了饮水器，猪就能自己喝到水，或者所有猪舍安装高度一致，以为这样大猪低头也能喝到，小猪仰脖也能喝到。要知道喝水困难将导致猪采食下降。而且目前很多都是干粉料为主，猪吃料的同时更需要饮水。合适的高度是与猪肩胛骨平行的位置，注意这里的高度是指鸭嘴式饮水器按90°直接安装的情况。如果是安装在45°的支架上，那么就需要适当增加高度，才能方便猪只饮水，并起到减少浪费的效果。如采用悬挂式饮水器，饮水器高度应高于猪背5～8厘米，并且随着猪的生长，每2～3周应重新调整一次。切忌猪舍饮水器始终固定在一个高度。饮水器尽量往墙里面收，不能太突出，避免刮伤猪身。

三是产床和母猪单体栏上的饮水器宜用杯式饮水器或碗式饮水器。产床上和母猪单体栏上如使用鸭嘴式饮水器，母猪咬鸭嘴式饮水器时容易漏水，既浪费水又易引起地面潮湿。杯式饮水器和碗式饮水器可以很好地解决这个问题。

（7）隔离栏设计的注意事项　现在的猪场猪的流动性大，猪病多，尤其是对新引进的猪必须实行隔离饲养。隔离栏的选址要离主栏舍稍微远点，但不能太远，以便把病猪安全转移，因为病猪很容易在转移过程中应激死亡。

（8）猪舍要有投药箱（桶）　产房、保育舍内的仔猪常发生腹泻等疾病，需要在饮水中投药，因此，在产房和保育舍内应设置投药箱（桶）。投药桶的做法有两种：一种是整间产床或保育舍统一装一个投药桶；另一种是每个产床或保育栏上装一个投药桶。前者的优点是简单，投资少；后者的优点是便于各个产床或保育栏单独使用。

（9）铺设碎石防鼠带　猪舍饲料库房等建筑物外围铺设一条小滑石或碎石子（直径小于 19 毫米）防鼠带，宽 25 ～ 30 厘米、厚 15 ～ 20 厘米。保护裸露的土壤不被鼠类打洞营巢，同时便于检查鼠情、放置毒饵和捕鼠器等。因为小碎石小且不规则，老鼠打洞时会自然滑落掉下，成不了洞，老鼠自然而然就不会往这里走。同时碎石带还有防蚂蚁的作用，因为蚂蚁的生活习惯是喜欢在有机物质丰富的土壤环境中生活，而干净的石子上极少有这些物质，蚂蚁也就不会选择在这里生活。这就相当于一个保护圈，把猪舍和库房区域与老鼠、蚂蚁完全隔绝开。

（二）设施配置

1. 猪栏

猪栏是限制猪的活动范围和防护的设施（备），是家庭农场规模化养猪不可缺少的设施。

（1）按照结构分类　按照结构形式的不同，可将猪栏分为实体猪栏、栅栏式猪栏、综合式猪栏和装配式四种类型（视频 3-3）。

视频 3-3 猪栏介绍

① 实体猪栏。实体栏一般采用砖砌结构，厚度为 12 厘米、高度 100 ～ 120 厘米，外抹水泥砂浆，或采用混凝土预制件组装而成（图 3-3）。优点是取材方便，成本低；缺点是占地面积大，不便于观察猪的活动，已形成通风死角。此类猪栏适合养猪数量不多的小规模养猪场采用。

② 栅栏式猪栏。栅栏采用钢材（钢管、角铁和钢筋）焊制或铝合金型材拼接而成。一般由外框、隔条组成栏栅，再由几片栏栅和栏门组成猪栏（图 3-4）。为增加钢材的抗腐蚀性，可采用喷漆、镀锌或热浸锌处理。铝合金型材较耐腐蚀，但成本较钢材高。栅栏的优点是占地面积小，便于

观察猪群，通风阻力小；缺点是成本较高。适合大中型猪场采用。

图3-3 实体猪栏

③ 综合式猪栏。综合式猪栏是实体栏与栅栏两者的结合。通常相邻猪栏之间的隔栏用实体，沿饲喂通道面采用栅栏（图3-5）。综合式猪栏兼具实体栏和栅栏的优点，且消减了各自的缺点，适合中、小型猪场采用。

图3-4 栅栏式猪栏

图3-5 综合式猪栏

④ 装配式猪栏。装配式猪栏主要是由主体和钢管组成，立柱上有横向和纵向孔，随猪体型大小、数量多少变化，猪栏可做相应调整（图 3-6）。

（2）按用途分类　按照猪栏用途一般分为公猪栏、后备母猪栏、妊娠母猪栏、分娩栏、保育栏和生长育肥栏等。

① 公猪栏。根据公猪的特点，种公猪应单栏饲养。公猪舍多采用带运动场的单列式，给公猪设运动场，保证其充足的运动，可防止公猪过肥，对其健康和提高精液品质、延长公猪使用年限等均有好处。公猪栏要求比母猪和育肥猪栏宽，隔栏高度为 1.2 ～ 1.4 米，面积一般为 7 ～ 9 平方米，栅栏结构可以是混凝土或金属，栏面较大利于公猪运动，对提高公猪性欲和精液品质有好处。

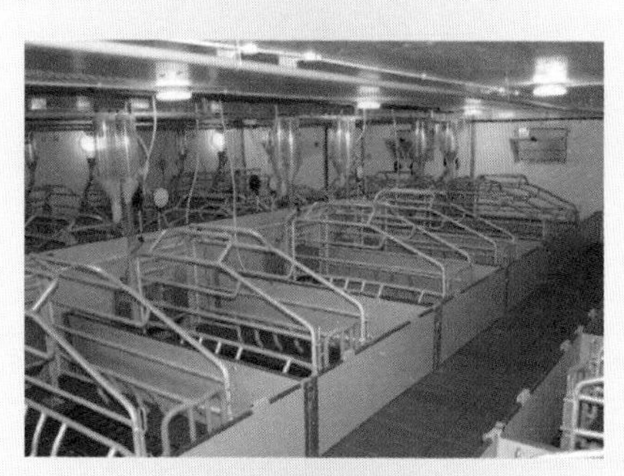

图3-6　装配式猪栏

② 后备母猪栏。后备母猪多采用群饲，5 ～ 6 头共用一个猪栏，每头猪占地面积为 1.0 ～ 1.5 平方米。

③ 妊娠母猪栏。妊娠母猪栏有单体栏（图 3-7、图 3-8 和视频 3-4）、群饲栏和群养单饲栏三种。

视频 3-4 母猪限位栏

母猪定位栏是规模化、集约化养猪的一个产物。妊娠母猪单体栏一般采用金属结构，每个单体栏长2.10～2.20米、宽0.55～0.65米、高0.90～1.10米，前部隔条间距应小于100毫米，由定位栏侧栏、定位栏隔栏、定位栏前门、定位栏后门、复合材料地板、横栏、中脚、边脚等组成。妊娠母猪单体栏的优点是猪栏占地面积小，可减少猪舍建筑面积，便于实现上料、供水和粪便清理机械化，避免母猪的争斗，减少流产率；便于统计，母猪生活在定位栏里一目了然，统计挂牌，不容易出错等。缺点是耗材多、投资大，母猪活动受到很大的限制，运动量小，易发生难产，容易产生腿部和蹄部疾病，也会缩短母猪使用年限，需要有周密的生产计划和细致管理工作的配合。

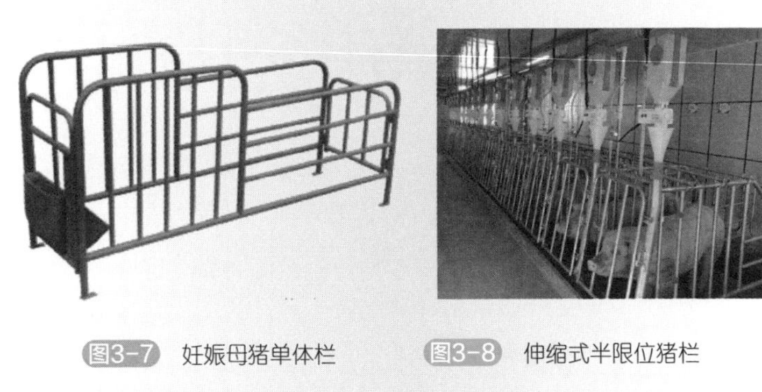

图3-7 妊娠母猪单体栏　　图3-8 伸缩式半限位猪栏

妊娠母猪群饲可节省地面面积，几头甚至十几头猪一个栏内饲喂，有效地节省了地面面积。但因为妊娠母猪需要限制饲喂，每头母猪都处于饥饿状态，而有的猪采食快，有的猪采食慢，吃得快的猪就会多吃，而吃得慢的猪就会营养不良；有的猪强壮，可以多吃而长得过肥，瘦弱的猪就会因少吃而营养不良，这样并不能达到限制饲养的目的。群饲栏可增加母猪运动量，也增加了妊娠母猪之间的争斗机会，为了占有饲料、饮水等资源或领域，同栏母猪常常争斗，导致膘情不一和机械性流产。

群养单饲栏在采食部位用隔栏分成几个单饲区，隔栏长 0.6 ～ 0.8 米、宽 0.5 ～ 0.6 米，后部为母猪趴窝运动区。群养单饲栏既可保证母猪有一定的运动空间，又可实现限量饲喂，避免了母猪发生采食不均和争斗的现象。现在使用的智能化饲喂模式，也是在大栏群养模式下保证每头母猪按标准饲喂。

④ 分娩栏。分娩栏是一种单体栏，是母猪分娩和哺育仔猪的场所（图 3-9 和视频 3-5、视频 3-6）。通常每 100 头能繁母猪配备 24 个分娩床。分娩栏中间为母猪限位架，是母猪分娩和仔猪哺乳的地方，两侧是仔猪采食、饮水、取暖和活动的地方。

视频 3-5 母猪产床

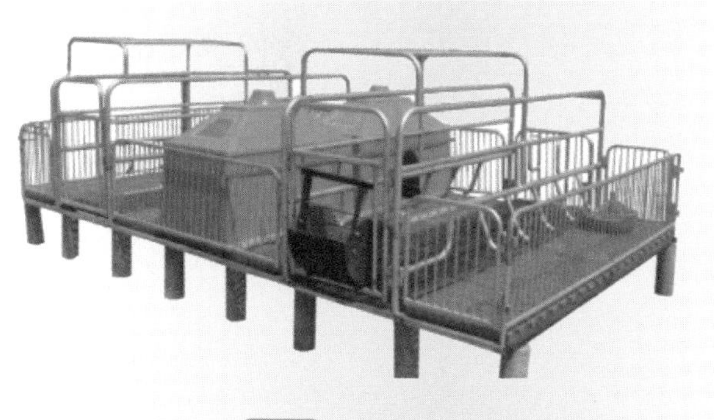

图3-9 高床分娩栏

视频 3-6 欧式母猪产床介绍

母猪限位架一般由钢管和铝合金制成，有平行设置和对角设置两种。限位架前后均设栏门，前栏门上设有母猪饲槽和饮水器。限位架两侧的仔猪活动区设有仔猪保温箱、仔猪补饲槽和仔猪饮水器等。

分娩床尺寸与猪场选用的母猪品种体型有关，一般长 2.2 ～ 2.3 米、宽 1.7 ～ 2.0 米。母猪限位架宽 0.6 ～ 0.65 米、高 1 米。两侧仔猪围栏高度为 0.5 米，有实体和栅栏式两种，栅栏式围栏隔条间距应小于 40 毫米。

高床分娩栏的地板一般采用铸铁漏缝板、塑料漏缝板和水泥漏缝板三种，仔猪活动区一般采用塑料漏缝板，母猪限位架部分采用铸铁或水泥漏缝板。距离地面高度为 30 厘米，并每隔 30 厘米焊一孤脚。

⑤ 保育栏。保育栏（图 3-10 和视频 3-7）用于饲养断奶后仔猪。规模猪场多采用高床网上培育栏，由塑料或水泥漏缝地板、围栏、自动食槽和支腿等组成，漏缝地板通过支腿设在粪沟上或实体水泥地面上，相邻两栏共用一个自动食槽，每栏设一个自动饮水器。这种保育栏养猪能保持床面干燥清洁，减少仔猪的发病率，是一种较理想的保育猪栏。仔猪保育栏的栏高一般为 0.7 米，栏间距 5 ～ 7 厘米，面积因饲养头数不同而不同。常用的栏长 2 米、宽 1.7 米，可饲养 10 ～ 25 千克的仔猪 10 ～ 12 头。断奶仔猪也可采用地面饲养的方式，但寒冷季节应在仔猪卧息处铺干净软草或将卧息处设火坑。

视频 3-7 仔猪保育床

图3-10 保育栏

⑥ 生长育肥栏。生长猪和育肥猪均采用大栏饲养，猪栏结构类似，只是尺寸不同。生长育肥栏有实体式、栅栏式和综合式三种结构。栏高一般为 1 ～ 1.2 米，采用栅栏式结构时，栏栅间距 8 ～ 10 厘米。相邻两栏的隔栏处设有双面自动落料食槽，供两栏内的生长猪或育肥猪自由采食，每栏安装一个自动饮水器供栏内猪自由饮水。地板多为混凝土结实地面或水泥漏缝地板条和铸铁漏缝板，也有采用 1/3 漏缝地板条、2/3 混凝土结实地面。混凝土结实地面一般有 3%的坡度。

2. 漏缝地板

家庭农场养猪场为了保持栏内的清洁卫生，改善环境条件，减少人工清扫，普遍采用粪尿沟上设漏缝地板。漏缝地板有钢筋混凝土板条、水泥漏缝地板、塑料漏缝地板、铸铁漏缝地板和新型漏缝地板等。对漏缝地板的要求是耐腐蚀、不变形、表面平而不滑、导热性小、坚固耐用、漏粪效果好、易冲洗消毒、适应各种日龄猪的行走站立、不卡猪蹄。各类猪群适宜漏缝宽度见表 3-1。

表 3-1　适应于各类猪群的漏缝地板的漏缝宽度 单位：毫米

猪群类别	公猪	母猪	哺乳仔猪	培育猪	生长猪	育肥猪
漏缝宽度	25 ～ 30	22 ～ 25	9 ～ 10	10 ～ 13	15 ～ 18	18 ～ 20

资料来源：《家畜环境卫生学（第 4 版）》。

（1）水泥漏缝地板　水泥漏缝地板（图 3-11）采用钢筋混凝土浇筑而成，有地板块和地板条两种。为提高漏粪率，水泥漏缝地板块和地板条的横截面应做成倒梯形，其长度可根据粪沟的尺寸而定，一般为 1.0 ～ 1.6 米，使用时直接铺在粪沟上。综合考虑猪的舒适度与漏粪率，板条宽度与缝隙宽度的适宜比例应为（3 ～ 8）∶1。

水泥漏缝地板的最大优点是价格低廉，因此在猪舍使用最广泛。由于水泥的导热系数较大，因此不适宜在分娩舍和培育舍使用。水泥漏缝地板的漏粪率只有 15%～ 20%。

图3-11 水泥漏缝地板

（2）塑料漏缝地板　塑料漏缝地板（图 3-12）由工程塑料模压而成，可将小块连接组合成大面积，具有易冲洗消毒、保温好、防腐蚀、防滑、坚固耐用、漏粪效果好等特点，适用于分娩母猪栏和保育猪栏。

图3-12 塑料漏缝地板

（3）铸铁漏缝地板　铸铁漏缝地板（图 3-13）通常使用球墨铸铁制造，具有抗冲击、不断裂、耐腐蚀、不变形、承载能力强、强度大、韧性好的特点，可用火焰消毒器消毒，使用寿命长达 15 年以上。缝隙需经过手工打磨处理，表面光滑无毛刺，保证不夹伤母猪乳头。主要用于产床、粪沟盖板等，可以与塑料漏粪板配套用于母猪分娩床。

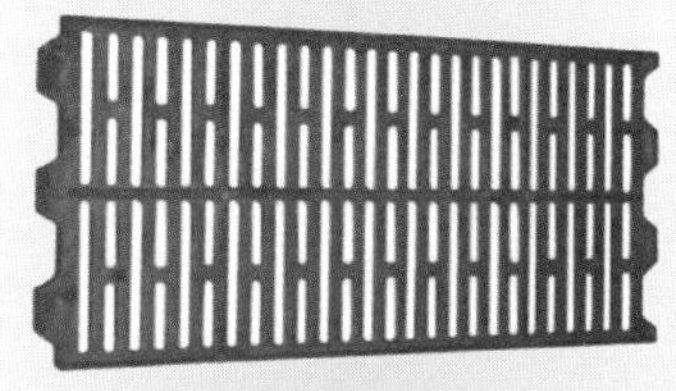

图3-13 铸铁漏缝地板

（4）复合材料漏缝地板　复合材料漏缝地板（图 3-14）是采用不饱和树脂、低收缩剂等各种纤维材料配合螺纹钢筋骨架压制而成的新型漏粪板，具有高强度、不伤奶头、不伤猪蹄、不吸水、耐酸腐蚀、不老化、不粘粪、易清洗、无需横梁、重量轻、运输方便等特点。有扣板式和平板式两类，能满足各种母猪产床、母猪分娩栏、公猪舍、育肥猪舍、仔猪保育栏、限位栏等对漏缝地板的需求。

图3-14 复合材料漏缝地板

3. 饲喂设备

猪饲料的形态有干料（含水率12％～15％，包括粉料和颗粒料）、湿料（含水率40％～60％）和稀料（含水率70％～85％）。猪的饲喂方式有机械化自动饲喂和人工饲喂。猪场饲料的贮存、输送和饲喂，均需要相应的专业设备，根据饲料形态以及饲喂方式的不同，所需要的设备也不同。采用干料和机械化自动饲喂的，饲喂设备包括饲料塔（仓）、饲料运输车、饲料输送机、食槽等。采用人工饲喂的需要饲料运输车、加料车、食槽等。采用液体饲料饲喂的，饲喂设备包括饲料塔（仓）、饲料运输车、猪场液态料系统、食槽等。

（1）加料车　加料车（图3-15）是我国养猪场普遍使用的一种饲喂设备，适合采用人工饲喂的猪场，具有机动性好、投资少和可装运各种形态的饲料等优点。有机动加料车和手推人工加料车两种。

图3-15　加料车

手推人工加料车的装料、行走和向食槽内添料完全由人工操作，而机动加料车一般装有电瓶或电机，还有可向食槽内加料的伸缩及活动的输料管。使用时，采用人工装填饲料，行走时可以用人推着，或者由电瓶驱动，运动到食槽附近时调整好输料管的距离和角度，然后启动电机，将饲料添加到食槽内。与手推人工加料车相比可减轻人力劳动，提高工作效率。

（2）食槽　食槽指安放在猪舍内用于盛放饲料的设备，根据喂饲方式的不同分为自动食槽和限量食槽两种形式。食槽的形状有长方形和圆形等，不管哪种形式的食槽都要求坚固耐用，限制猪只采食过程中将饲料拱出槽外。自动落料食槽应保证猪只随时采食到饲料，保证饲料清洁，不被污染，便于猪只采食、加料和清洗。

① 自动落料饲槽。自动落料饲槽（图 3-16、图 3-17）适合猪群自由采食用。它是一种在食槽的顶部装有饲料储存箱，随着猪只的采食，饲料在重力的作用下不断地落入食槽内供猪采食的饲喂器。有单面和双面两种，单面的固定在走廊的隔栏或隔墙上，双面的则安放在两栏的隔栏或隔墙上。前者供一个猪栏使用，后者供两个猪栏使用。使用这种饲喂器，一次加料后，可以间隔较长时间加料，大大减少了猪场饲喂工作量。可供保育猪、生长猪、育肥猪使用。

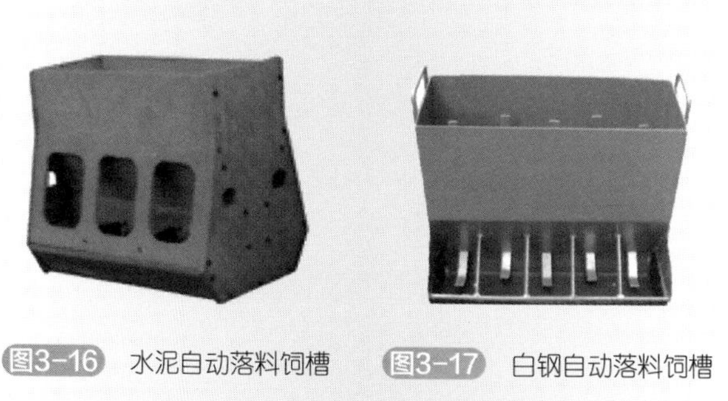

图3-16　水泥自动落料饲槽　　图3-17　白钢自动落料饲槽

目前，双面自动落料饲槽的制作材料有钢板、聚乙烯、不锈钢和水泥等，一般规格为：高度 70 ～ 90 厘米，前缘高度 12 ～ 18 厘米，宽度 50 ～ 70 厘米。大小不同使用对象也不同。

② 圆形自动落料饲槽。圆形自动落料饲槽（图 3-18）用不锈钢制成，较为坚固耐用，底盘也可用铸铁或水泥浇筑，适用于高密度、大群体生长育肥猪自由采食。

③ 限量食槽。限量食槽（图 3-19）是采用限量饲喂方式的猪群所用的食槽，常用的有水泥、铸铁等材料。这种食槽多放在高网床上的母猪栏和公猪栏。每头猪饲喂时所需饲槽的长度大约等于猪肩宽，如公猪用的限量食槽长度为 500 ～ 800 毫米。群养母猪限量食槽长度根据它所负担猪的数量和每头猪所需要的采食长度（300 ～ 500 毫米）而定。

图3-18 圆形自动落料饲槽　　图3-19 母猪限量食槽

④ 仔猪补料槽。仔猪补料槽（图 3-20）是供哺乳期仔猪教槽用的食槽，常见的补料槽有水泥、铸铁、不锈钢、塑料等材质制作的。其有长方形、圆形等形式，多见的是圆形的料盘。

⑤ 干湿料槽。干湿料槽（图 3-21）是一种供猪自由采食用的饲喂槽具，常见的有不锈钢干湿料槽和塑料干湿料槽。它因为在食槽的下部装有自动饮水器和放料装置，所以在猪吃食

时，可提供干湿两种喂法。这种料槽多用于保育猪。

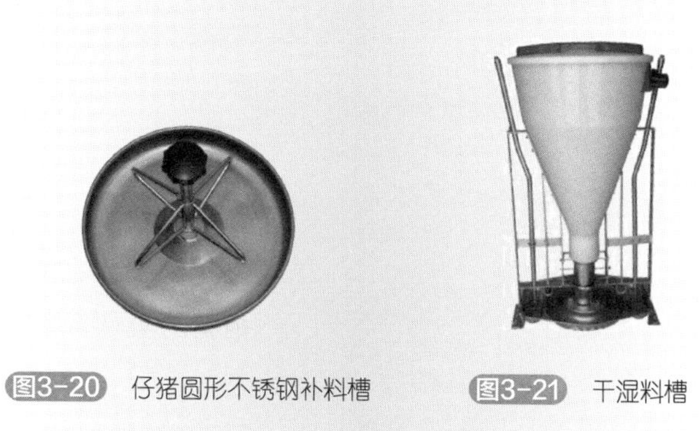

图3-20 仔猪圆形不锈钢补料槽　　图3-21 干湿料槽

4. 供水及饮水设备

供水及饮水设备主要包括猪饮用水和清洁用水的供应设备，通常采用同一管路供应。猪场供水应用最广泛的是自动饮水系统（包括饮水管道、过滤器、减压阀和自动饮水器等）。猪用自动饮水器的种类很多，常用的有鸭嘴式、乳头式、杯式和碗式饮水器等。

（1）鸭嘴式自动饮水器　鸭嘴式自动饮水器（图3-22）主要由阀体、阀芯、密封圈、回位弹簧、塞盖、滤网等组成。其中阀体、阀芯选用黄铜和不锈钢材料，弹簧、滤网为不锈钢材料，塞盖用工程塑料制造。整体结构简单，耐腐蚀，工作可靠，不漏水，寿命长。猪饮水时，嘴含饮水器，咬压下阀杆，水从阀芯和密封圈的间隙流出，进入猪的口腔；当猪嘴松开后，靠回位弹簧张力，阀杆复位，出水间隙被封闭，水停止流出。鸭嘴式猪只饮水设备密封性能好，水流出时压力降低，流速较低，符合猪只饮水要求。鸭嘴式猪用自动饮水器，一般有大小两种规格，小型的如 9SZY2.5（流量 2 ～ 3 升 / 分），大型的如 9SZY 3（流量 3 ～ 4 升 / 分）。乳猪和保育仔猪用小型的，中猪和大猪用大型的。安装这种饮水器的角度有水平的和 45° 两种，离地高度随猪体重变化而不同，饮水器要安装在远离猪只休息区的排粪区内。定期检查饮水器的工作状态，清除泥垢，调节和紧固螺钉，发现故障及时更换弹簧等零件。

（2）乳头式饮水器　乳头式饮水器（图 3-23）由饮水器体、顶杆（阀杆）和钢球组成。平时，饮水器内的钢球靠自重及水管内的压力密封了水流出的孔道。猪饮水时，用嘴触动饮水器的“乳头”，由于阀杆向上拱动阀杆而钢球被顶起，水由钢球与壳体之间的缝隙流出。用毕，钢球及阀杆靠自重下落，又自动封闭。用乳头式饮水器时，主管压力不得大于 19.6 千帕，否则水流通过饮水器时，将形成喷水现象，对猪只饮水不利。乳头式饮水器对水质要求高，易堵塞，应在前端加装过滤网。乳头式饮水器具有便于防疫、节约用水等优点。

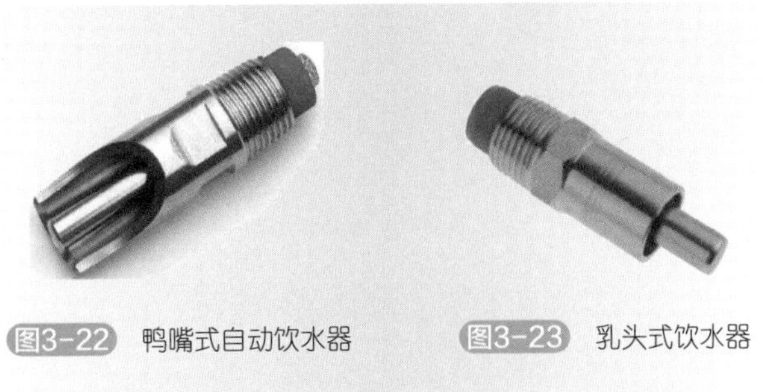

图3-22　鸭嘴式自动饮水器　　图3-23　乳头式饮水器

（3）杯式饮水器　杯式饮水器（图 3-24）由杯体、活门、胶阀、垫圈、螺母、栅盖、饮水器芯、支架、阀杆、弹簧、饮水器管体、螺栓等结构组成。杯式饮水器通过自动调节控制，当水位低于出水口时，系统进行自动补水，水位高于出水口则停止供水，使饮水器里的水始终保持在一定水位，避免猪戏水造成污水量增加，从而达到节约用水、降低污染水量的目的。

（4）碗式饮水器　碗式饮水器（图 3-25）由水杯和弹簧阀门结构组成。猪饮水时拱动压板，压板推动出水阀，水从水管流入水杯供猪饮用。饮水后，压板在弹簧作用下复位，切断水路，停止供水。其适用于保育床和产床的保育猪、母猪及育肥猪，具有防止污染饲料、节约用水、减少养殖场的污水排放量、保持猪舍干净的优点。

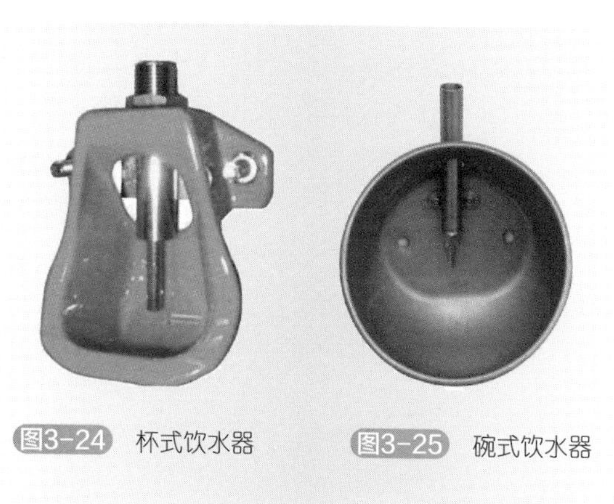

图3-24　杯式饮水器　　图3-25　碗式饮水器

5. 供暖设备

家庭农场养猪场的公猪、母猪和育肥猪等大猪，由于抵抗寒冷的能力较强，再加之饲养密度大，自身散热足以保持所需的舍温，一般少量供暖，猪舍保温条件好的也可不予供暖。而新出生的哺乳仔猪及断奶仔猪，由于热调节功能发育不全，对寒冷抵抗能力差，要求较高的舍温，在冬季必须供暖。猪场供暖有集中供暖和局部供暖两种方法。集中供暖主要利用热水、蒸汽、热空气及电能等形式，如锅炉、热风炉、电热风器和燃油暖风机等，对哺乳母猪和保育猪舍进行集中供暖；局部供暖主要利用电热板、红外线灯等，对哺乳仔猪进行局部供暖。

（1）供暖锅炉　供暖锅炉是利用煤或燃气燃烧产生的热能将水加热到一定温度，然后通过暖气片或地热盘管把热量散发到猪舍中，达到提高舍内整体温度的目的。

暖气片散热主要靠温差进行，出水口水温 80℃以上，散热距离远时效果不好，室内温度不均匀，舍内干燥，室内温度不能按照需要调节。

地热供暖简称地暖，是利用锅炉的热水为热媒，在加热管内循环流动，加热地板，通过地面以辐射和对流的传导方式向舍内供热的供暖方式。让猪只腹部直接接触加热部分，可以使猪感到舒服，减少仔猪腹泻，提高怀孕产仔率，具有节省能源、热效率高、空气质量较好的优点，是科学、节能、保健的一种采暖方式。

（2）红外线灯　红外线灯发光发热，功率规格为 175 瓦。这种设备本身的发热量和温度不能调节，但可以通过调节灯具的吊挂高度来调节猪群的受热量，如果采用保温箱，则加热效果会更好。这种设备简单，安装方便灵活，只要装上电源插座即可使用。但红外线灯泡（图 3-26）使用寿命短，常由于舍内潮湿或清扫猪栏时水滴溅上而损坏。

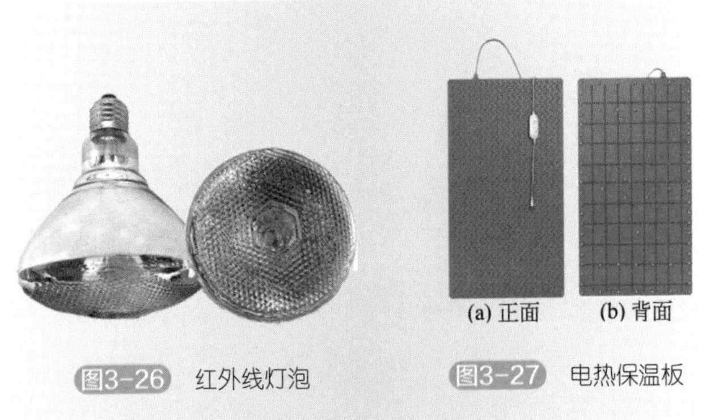

图3-26　红外线灯泡

图3-27　电热保温板

（3）电热保温板　电热保温板（图 3-27）的外壳采用机械强度高、耐酸碱、耐老化、不变形的工程塑料或玻璃钢制成，板面附有防滑的条棱。目前生产上使用的电热板有两类，一类是调温型，另一类是非调温型。电热保温板可直接放在栏内地面适当位置，也可放在特制的保温箱的底板上。电热保温板的优点是在湿水情况下不影响安全，外形尺寸多为 1000 毫米 ×450 毫米 ×30 毫米，功率为 100 瓦，板面温度为 26 ～ 32℃。

（4）热风炉　热风炉由送风机、加热器、控制电路三大部分组成（图 3-28）。热风炉通电后，鼓风机把空气吹送到加热器里，令空气从螺旋状的电热丝内、外侧均匀通过，电热丝通电后产生的热量与通过的冷空气进行热交换，从而使出风口的风温升高。其通过温控电路实时准确掌握温度及风量，对温度进行控制，具有升温迅速、温度可调、运行可靠、便于移动、易于操作等特点。

图3-28　热风炉

6. 通风降温设备

猪舍小气候应该稳定不受外界温度变化的影响，因此猪舍内应配备一些采暖和通风降温的养猪设备，来保证猪群正常健康的生长和生产。为了节约能源，尽量采用自然通风的方式，但在炎热地区和炎热天气，就应该考虑使用降温设备。通风除起到降温作用外，还可以排出有害气体和多余水汽。自动化很高的猪场，供热保温、通风降温都可以实现自动调节。如果温度过高，则帘幕自动打开，冷气机或通风机工作；如果温度太低，则帘幕自动关闭，保温设备自动工作。

（1）通风设备　不论猪舍大小或养猪数量多少，保持舍内空气新鲜、通风良好是必不可少的。在高密度饲养的猪舍，这个问题尤为重要。为了建立良好的猪舍环境以保证猪只健康及生产力的充分发挥，在猪舍中应安装通风设备以实行机械通风。猪舍常用的通风设备有负压风机和无动力风机。选择负压风机要求具有耐腐蚀、大风量、低能耗、低转速、低噪声、坚固耐用等特点。

① 负压风机。负压风机（图 3-29、图 3-30）是利用空气对流、负压换气的原理设计的，工作时利用负压将猪舍内有害气体如氨气、二氧化碳和硫化氢等，在最短的时间内迅速排出室外，同时把室外新鲜的空气送入室内，并在室内快速拉动空气，从而达到通风降温改善猪舍环境的目的。负压风机主要安装在猪舍的窗户和墙上，要求在猪舍建设时确定好安装位置及预留出与负压风机规格尺寸相匹配的孔洞，安装后还要做好密封，防雨水渗漏。

图3-29　负压式喇叭风机

图3-30　百叶窗负压式风机

② 无动力风机。无动力风机（图 3-31）是利用自然风力及室内外温度差造成的空气热对流，推动涡轮旋转，从而利用离心力和负压效应将舍内不新鲜的热空气排出。适合安装在猪舍的屋顶上。无动力风机具有零成本运行、24 小时无需人员操作、重量轻、绿色环保、无噪声、寿命长、安装简便迅捷、适用性广泛等特点。

图3-31 无动力风机

通风换气要注意以下几个问题：一是避免风机通风短路，切不可把风机设置在墙上，下边即是通门，使气流形成短路；二是如果采用单侧排风，两侧相邻猪舍的排风口应设在相对的一侧，以避免一个排出的浊气被另一个猪舍立即吸入；三是尽量使气流通过猪舍内的大部分空间，特别是粪沟，不要造成死角，以达到换气的目的。

（2）降温设备　虽然通风是一种有效的降温手段，但是通风只能使舍温降至接近于舍外环境温度，当舍外环境温度大于养猪生产的最高极限温度（27 ～ 30℃）时，在通风的同时还应采取降温措施，以保证舍温控制在适宜的范围内。

猪场常用的降温系统有湿帘 - 风机降温系统、喷雾降温系统、喷淋降温系统和滴水降温系统，由于后三种降温系统湿度大，不适合分娩舍和保育舍。湿帘 - 风机降温系统是目前最为成熟的蒸发降温系统，其蒸发降温效率可达到 75%～ 90%，已经逐步在世界各地广泛使用。

① 水蒸发式冷风机。它是利用水蒸发吸热的原理来达到降低空气温度的目的。在干燥的气候条件下使用时，降温效果特别显著；湿度较高时，降温效果稍微差些；如果环境相对湿度在85%以上时，空气中水蒸气接近饱和，水分很难蒸发，降温效果差。

② 喷雾降温系统。冷却水由加压水泵加压，通过过滤器进入喷水管道系统，然后从喷雾器喷出成水雾，进而降低猪舍内的空气温度。其工作原理与水蒸发式冷风机相同，但设备更简单易行。如果猪场的自来水系统水压足够，可以不用水泵加压，但过滤器还是必要的，因为喷雾器很小，容易堵塞而不能正常喷雾。旋转式的喷雾可使喷出的水雾均匀，适合开放式猪舍内猪群的降温。

③ 滴水降温。在定位栏和分娩栏内的母猪需要用水降温，而小猪要求温度稍高，并且不能喷水使分娩栏内地面潮湿，否则影响小猪生长，因而采用滴水降温法，即冷水对准母猪颈部和背部下滴，水滴在母猪背部体表散开，蒸发，吸热降温，未等水滴流到地面上已全部蒸发掉，不会使地面潮湿。这样既照顾了小猪需要干燥的环境，又使母猪和栏内局部环境温度降低。

④ 湿帘风机降温。湿帘也叫水帘，呈蜂窝状结构，是由原纸加工生产而成。通常有波纹高度5、7、9毫米三种规格，优质湿帘采用新一代高分子材料与空间交联技术而成，具有高吸水、高耐水、抗霉变、使用寿命长等优点。湿帘风机系统由湿帘、风机、循环水路和控制装置组成。当风机运行时，猪舍内产生负压，使室外空气通过多孔湿润的湿帘表面进入猪舍，同时水循环系统工作，水泵把水箱里的水沿着输水导管送到湿帘的顶部，使湿帘充分湿润，湿帘表面上的水在空气高速流动状态下蒸发，带走大量潜热，迫使流过湿帘的空气温度低于室外空气的温度。由于空气始终是从室外流进室内，所以能保持舍内的空气新鲜。

密闭猪舍（包括有窗猪舍和卷帘猪舍等）可采用湿帘风机降温方法。并且猪舍的密闭性越好，降温效果越好。离湿帘越近，猪栏降温幅度越大。在分娩猪舍使用湿帘风机降温时，要注意做好湿帘近邻仔猪的保暖工作，避免降温系统启动后温度骤降引起仔猪不适、生病。

7. 清洁与消毒设备

养猪场常用的场内清洁消毒设备分为冲洗设备和消毒设备。主要有高压清洗机、火焰消毒器和背负式喷雾器等。

（1）固定式自动清洗系统　自动冲洗系统能定时自动冲洗，配合可编程控制器（PLC）作全场系统冲洗控制。冬天时，也可只冲洗一半的猪栏以节省用水，在空栏时也能快速冲洗。缺点是造价高。

（2）简易水池放水阀　水池的进水与出水靠浮子控制，出水阀由杠杆机械人工控制。优点是简单、造价低、操作方便；缺点是密封可靠性差、容易漏水。

（3）自动翻水斗　工作时根据每天需要冲洗的次数调好进水龙头的流量，随着水面的上升，重心不断变化，水面上升到一定高度时，翻水斗自动倾倒，几秒钟内可将全部水倒出冲入粪沟，翻水斗自动复位。优点是结构简单，工作可靠，冲力大，效果好；主要缺点是耗用金属多，造价高，噪声大。

（4）虹吸自动冲水器　常用的有两种形式，盘管式虹吸自动冲水器和U形管虹吸自动冲水器。优点是结构简单，没有运动部件，工作可靠，耐用，故障少，排水迅速，冲力大，粪便冲洗干净。

适用于工厂化、集约化养猪场。

（5）高压清洗机　高压清洗机（图3-32）通过动力装置使高压柱塞泵产生高压水来冲洗物体表面，水的冲击力大于污垢与物体表面附着力，高压水就会将污垢剥离、冲走，从而达到清洗物体表面的目的。既可冲洗圈舍，又可以消毒圈舍，还可以对车辆消毒，用途非常广，是工厂化猪场较好的清洗消毒设备。

（6）火焰消毒器　火焰消毒器（图3-33）是利用煤油高温雾化，剧烈燃烧产生高温火焰对舍内的猪栏、舍槽等设备及建筑物表面进行瞬间高温燃扫，达到杀灭细菌、病毒、虫卵等消毒净化目的。常用的是以液化石油气或天然气为燃料的火焰消毒器。其优点主要有：杀菌率高达97%；操作方便、高效、低耗、低成本；消毒后设备和栏舍干燥，无药液残留。

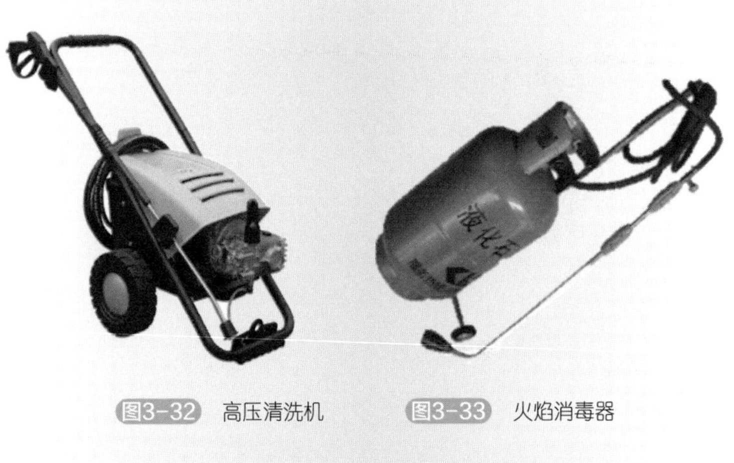

图3-32 高压清洗机　　图3-33 火焰消毒器

（7）紫外线消毒灯　紫外线消毒灯以产生的紫外线来消毒杀菌。安装简单、使用方便、购买和使用费用低，是养殖场消毒最常用的设备之一。

（8）喷雾消毒机　喷雾消毒机（图3-34）在高功率高压电机作用下，将消毒液加压后，送入活塞式喷头喷出，在空气中雾化，从而对一定空间内的所有物品及猪体、空间喷洒，达到带猪消毒、消毒降尘、预防疾病的目的，还可以起到干燥时加湿、高温时降温的作用。

（9）背负式喷雾器　背负式喷雾器（图3-35），其优势在于价格低，维修配件易购买。缺点是工作效率低、劳动强度大，不适合大面积作业。药液容易漏出、滴出，不环保，操作人员易中毒。各种类型的养殖场均适用。

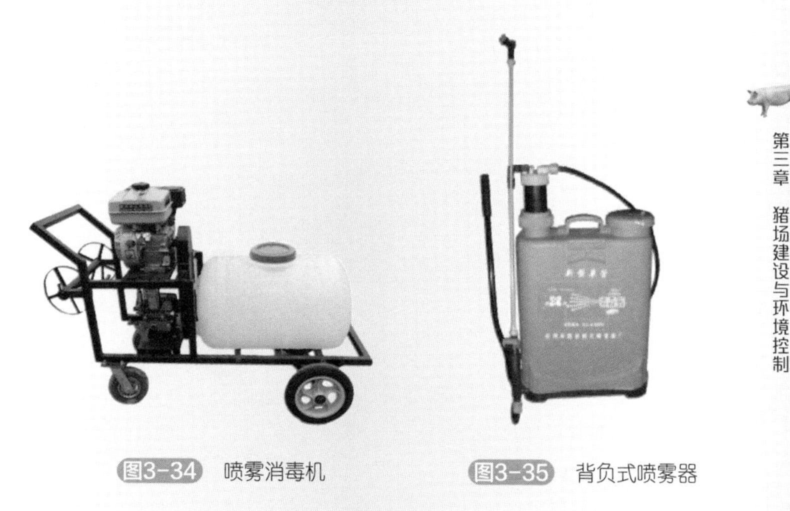

图3-34 喷雾消毒机　　图3-35 背负式喷雾器

8. 监测仪器

根据猪场实际情况可选择下列仪器：饲料成分分析仪器、兽医化验仪器、人工授精相关仪器、妊娠诊断仪器、称重仪器、活体超声波测膘仪、计算机及相关软件。

9. 运输设备

规模猪场应配备专用运输设备，包括仔猪转运车、饮料运输车和粪便运输车等。该类型运输设备宜根据猪场具体情况自行设计和定制。

10. 投药箱（桶）

产房、保育舍内的仔猪常发生腹泻等疾病，需要在饮水中投药，因此，在产房和保育舍内应设置投药箱（桶）。投药桶的做法有两种：一种是整间产房或保育舍统一装一个加药器（图 3-36）；另一种是每个产床或保育栏上装一个投药桶。前者的优点是简单，投资少；后者的优点是便于各个产床或保育栏单独使用。

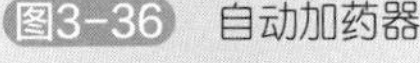

图3-36 自动加药器

视频 3-8 自制仔猪固定架

11. 其他设备

猪场还应配备断尾钳、耳号钳、耳号牌、捉猪器、赶猪鞭、背膘尺、去势用具、仔猪固定架（视频 3-8）等。

四、猪舍环境控制

猪舍内环境包括物理（温度、湿度、气流、光照、噪声、尘埃等）、化学（氨气、硫化氢、二氧化碳及恶臭）、生物学（病原微生物、寄生虫、蚊蝇等）和工艺（人、饲养及管理、组群、饲养密度等）环境。舍内环境调控应从工艺设计、改善场区环境、猪舍建筑、舍内环境调控工艺和设备、加强饲养管理、控制环境污染等多方面采取综合措施。

（一）场区环境控制

一是采用科学生产工艺，合理选择场址、规划场地和布局建筑物，防止外界污染和污染周围环境。从生物安全的角度出发，理想的场址应该是既不受外界的影响和威胁，同时也不对外界产生污染和威胁。

二是采用早期断奶隔离饲养工艺和“三点式”或“两点式”建场方案。

三是搞好隔离带和各场区绿化，改善场区温湿度及空气卫生状况。

四是粪便污水减量化、无害化、资源化，实现清洁生产，建设生态猪场。

五是合理配置场内外净污道、给排水（雨污分流）和防疫设施（选猪间、装猪台、消毒喷淋通道、隔离区等），严格卫生防疫消毒制度。

（二）舍内环境控制

猪的生物学特性：小猪怕冷、大猪怕热、大小猪都不耐潮湿，还需要洁净的空气和一定的光照。因此，规模化猪场猪舍的结构和工艺设计都要围绕这些问题来考虑。而这些因素又是相互影响、相互制约的。例如，在冬季为了保持舍温，门窗紧闭，但造成了空气的污浊；夏季向猪体和猪圈冲水可以降温，但增加了舍内的湿度。由此可见，猪舍内的小气候调节必须进行综合考虑，以创造一个有利于猪群生长发育的环境。

1. 猪舍内温度的控制

温度在环境诸因素中起主导作用。猪对环境温度的高低非常敏感，表现为仔猪怕冷，成年猪怕热。低温对新生仔猪的危害最大，若裸露在1℃环境中2小时，便可冻僵、冻昏，甚至冻死。成年猪长时间在-8℃的环境下，可冻得不吃不喝，阵阵发抖。瘦弱的猪在-5℃时就可冻得站立不稳。寒冷对仔猪的间接影响更大。它是仔猪黄白痢和传染性胃肠炎等腹泻性疾病的主要诱因，还能刺激呼吸道疾病的发生。试验表明，保育猪若生活在12℃以下的环境中，其增重比对照组减缓4.3%，饲料报酬降低5%；当气温高于28℃时，体重75千克以上的大猪可能出现气喘现象；若超过30℃，猪的采食量明显下降，饲料报酬降低，长势缓慢；当气温高于35℃以上、又不采取任何防暑降温措施的情况下，个别的育肥猪可能发生中暑，妊娠母猪可能引起流产，公猪的性欲下降，精液品质不良，并在2～3个月内都难以恢复。热应激还可继发多种疾病。因此，成年猪舍温度要求不低于10℃，保育猪舍应保持在18℃为宜，2～3周龄的仔猪需26℃左右，1周龄以内的仔猪则需30℃的环境，仔猪保温箱内的温度还要更高一些。

猪舍内温度的高低取决于猪舍内热量的来源和散失的程度。在无供暖设备条件下，热量来源主要靠猪体散发和日光照射。热量散失的多少与猪舍的结构、建材、通风设备和管理等因素有关。在寒冷季节，哺乳仔猪舍和保育猪舍应添加增温、保温设施。在炎热的夏季，对成年猪要做好防暑降温工作。如加大通风，给以淋浴，加快热量散失，减少猪舍中猪的饲养密度，以降低舍内的热源。此项工作对妊娠母猪和种公猪尤为重要。

（1）加强冬季防寒管理　冬季常采取的防寒管理措施有a.入冬前做好封窗、窗外敷加透光性能好的塑料膜、门外包防寒毡等工作；b.简易猪舍覆盖塑料大棚；c.通风换气时选择在晴朗天气的中午，并尽量降低气流速度；d.防止舍内潮湿；e.铺设厚垫草；f.适当加大饲养密度；g.春、秋季节昼夜温差较大的时候，要适时关、启门窗，缩小昼夜的温差。

（2）猪舍的供暖　在采取以上防寒保温措施后仍不能达到要求的舍温时，须采取供暖措施。猪舍的供暖保温可采用集中供热、分散供热和局部保温等办法。集中供热就是猪舍用热和生活用热都由中心锅炉提供，各类猪舍的温差由散热片多少来调节，这种供热方式可节约能源，但投资大，灵活性也较差。分散供热就是在需供热的猪舍内，安装用燃煤、燃油或电的热风炉，也可以安装小型民用取暖炉来提高舍温，这种供热方式灵活性大，便于控制舍温，投资少，但需要单独管理。仔猪保温箱、活动区域可采用局部保温，如红外线灯、电热板等，这种方法简便、灵活，只需有电源即可。传统的局部保温方法也有铺厚垫草、生火炉、搭火墙等方法。这些方法很经济，目前仍被规模较小的猪场采用，对育肥猪和种猪效果尚可，但仔猪及保育猪效果不甚理想，且费力较大。

（3）猪舍防暑降温　环境炎热的因素有气温高、太阳辐射强、气流速度小和空气湿度大。生产中一般采用保护猪免受太阳辐射，增强猪的传导散热（与冷物体接触）、对流散热（充分利用天然气流或强制通风）和蒸发散热（水浴或向猪体喷淋水）等措施。猪体汗腺少，很难通过蒸发散热，一旦空气温度超过猪的体温，使用风扇也不会起到降温的作用，因此，气温一旦超过 38℃，必须采取其他降温措施。

① 遮阳和设置凉棚。猪舍遮阳可采取加长屋顶出檐，顺窗户上设置水平或垂直的遮阳板及采用绿化遮阳等措施。也可以搭架种植爬蔓植物，在南墙窗口和屋顶形成绿的凉棚。凉棚设置时应取长轴东西配置，棚子面积应大于凉棚投影面积，若跨度不大，棚顶可采用单坡、南低北高，从而可使棚下阴影面积大、移动小。凉棚高度 2.5 米左右为宜。

② 通风降温。加强猪舍通风的目的在于驱散舍内产生的热能，不使其在舍内积累而致温度升高，同时在猪体周围形成适宜的气流促进猪的散热。

加强通风的措施：在自然通风猪舍设置地脚窗、大窗、通风屋脊等，应使进气口均匀布置，使各处猪均能享受到凉爽的气流；缩小猪舍跨度，使舍内易形成穿堂风；在自然通风不足时，应增设机械通风。机械通风可采取猪舍安装轴流风机、舍内安装吊扇、使用大风力的电风扇和屋顶安装无动力风机等方式达到降温的目的。

③ 水蒸发降温。生产中多采用水蒸发降温的设备和措施。如喷雾降温、湿帘风机降温和滴水降温等，这些降温方法具有气流越大、水温越低、空气越干燥、降温效果越好的特点。

喷雾降温系统：当高压水流从均匀布置于猪舍上方的喷嘴喷出时，产生直径小于0.05毫米的细雾，雾粒的蒸发吸收大量热量，使周围空气温度降低。优点是设备简单，具有一定的降温效果。但易使舍内湿度增大，因而一般需间歇工作，常用排风机配合运行。

湿帘风机降温系统：利用蒸发降温原理，由蒸发湿帘和风机组成的一种降温成套设备。可将湿帘安装在猪舍一侧纵墙上，风机安装在另一侧纵墙上，使气流在舍内横向流动。也可将湿帘、风机安装在两侧端墙上，使气流在舍内纵向流动。

滴水降温：滴水降温是在猪颈部位置的上方安装滴水降温头，水滴间隔性地滴到猪的颈部、背部，水滴在猪背部散开、蒸发，对猪体直接进行了吸热降温。适合单体限位饲养栏内的公猪和分娩母猪。

2. 猪舍内湿度的控制

湿度是指猪舍内空气中含水分的多少，一般用相对湿度表示。猪的适宜湿度范围为65%～80%。

湿度过大或过小均对猪的生产性能有一定的影响，湿度和温度一起发生作用。在适宜的温度下，湿度大小对猪的生产力影响不大，如环境温度适宜，即使湿度从45%上升到95%对增重亦无明显影响。但在高温高湿的情况下，猪因体热散失困难，导致食欲下降，采食量显著减少，甚至发生中暑而死亡。而在低温高湿时，猪体的散热量大增，猪感觉寒冷，相应地猪的增重、生长发育就变慢。此外，空气湿度过高，有利于病原性真菌、细菌和寄生虫的发育。猪体的抵抗力降低，易患疥癣、湿疹等皮肤病，呼吸道疾病的发病率也较高。而空气湿度过低，会导致猪体皮肤干燥、开裂。

猪舍湿度的控制主要采取以下几种措施：

（1）加大通风　通风是最好的办法，只有通风才可以把舍内水汽排出。通过通风换气，一方面带走舍内潮湿的气体，降低猪舍湿度，另一方面排出污浊的空气，换进新鲜空气。但应如何通风，则根据不同猪舍的条件采取相应措施。通风的同时还要注意解决好寒冷季节通风与保温的矛盾，控制好通风量，舍内风速不应超过每秒 0.1 ～ 0.2 米，并在通风前后及时做好增温工作，力求通风期间的温度变幅小于 5℃，且在短期内恢复正常。猪舍通风可采用机械负压通风和自然通风办法，如猪舍两端安装排风扇、舍内安装吊扇、舍内使用大风力电扇、屋顶安装无动力风机、增大窗户面积、加开地窗等办法。

养殖条件好的猪场可在猪舍内安装湿度测定仪器，湿度传感器安装在距地面 1.8 米高处，数据采集时间间隔为 5 分钟。湿度传感器实时自动采集、储存和处理猪舍内的湿度，实现湿度管理的自动化。

（2）节制用水　水是产生潮湿的最主要因素。夏季猪舍潮湿，往往与天热时猪玩水有关，也与饲养员为降温冲洗地面过频有关，致使猪舍一直处于潮湿环境中。因此，夏季应尽量减少用水冲刷地面降温的次数。冬季猪舍湿度大，往往是由于猪舍封闭过严，舍内水汽无法排出，遇到较冷的墙壁和屋顶再次结成水珠流到地面，这样循环往复，使舍内一直处于潮湿状态，这种现象在寒冷地区经常出现。冬季不用水冲刷猪舍地面，及时维修漏水的供水管线和滴水的饮水器。消毒时要合理用水，并在阳光充足的中午进行。低温水管也有吸潮的功能，如果低于 20℃的水管通过潮湿的猪舍，舍内的水蒸气会变为水珠，从水管上流下，将低温水管用橡胶保温管包上即可解决这个问题。

（3）及时清除粪尿和更换垫草　猪排泄粪尿是造成猪舍高湿和空气不良的重要原因，故应及时清扫猪粪尿水，确保栏舍干燥。最好让猪养成定时到舍外排便的习惯，以有效地控制和降低舍内湿度。应保持排污沟通畅，使猪舍废水能及时排出舍外。冬季猪舍内的潮湿垫草也是导致舍内湿度过大的原因之一，应及时将潮湿的垫草清除，换上干爽的垫草。

（4）辅助吸湿　要保持猪舍地面平整，避免积水。对猪舍局部过湿的地面可以用吸湿材料进行吸湿处理。常用的辅助吸湿措施有用草木灰、煤灰渣、生石灰、木炭等作为吸湿材料，及时吸附地面水分，吸收空气中臭气，杀灭细菌，抑制各种病菌的滋生。

3. 猪舍内有害气体的控制

养猪生产中产生的有害气体不仅对大气环境、生态环境造成危害，还对猪舍内猪只及工人的健康产生一定影响，严重时会导致猪只和人员中毒死亡。猪舍内有害气体主要有氨气（NH_3）、硫化氢（H_2S）、二氧化碳（CO_2）和一氧化碳（CO）等。有害气体的来源主要有：猪的呼吸、排泄物中的有机分解，如尿中的尿素降解产生氨气（NH_3）；猪采食富含硫的高蛋白饲料，当其消化功能紊乱时，可由肠道排出大量硫化氢（H_2S），含硫化物的粪积存腐败也可分解产生硫化氢；因舍内猪只的密度过大，呼吸过程产生的二氧化碳（CO_2）严重超标；如果舍内采用生火的方式取暖，而燃料不能完全燃烧便会产生大量的一氧化碳（CO）等有害气体。一定浓度的有害气体对猪没有太大影响，当其浓度升高会引起猪的生产率下降、抵抗力减弱、厌食和疾病等一些严重问题。因此，必须采取有效措施将猪舍内有害气体的浓度维持在适宜范围，为猪的养殖提供舒适的环境。

猪舍内有害气体的控制首先要注意控制住有害气体产生的源头，如调整优化饲料配方，不仅对猪的生长性能有所提高，还可以减少有害气体的排放，是一举两得的好方法。优化饲料配方的方法有：在饲料中添加氨基酸，减少蛋白质含量，提高生猪对饲料的消化率；在饲料中放入硅酸盐等除味剂，吸附臭味及减少水分。同时给生猪补充所需的微量元素，从而减少有机物及氮、硫元素的排出，使猪的生产能力提高；在饲料中加入消化酶、益生菌等制剂，提高饲料消化率，减少有害气体的排放；在饲料中加入适宜的纤维物质，提高饲料纤维水平，促进猪的肠道消化，减少氮、硫元素的排放。源头上控制除了优化饲料配方以外，在采用燃煤或燃气取暖加温的猪舍内，还必须加强通风，保证燃煤或燃气的充分燃烧，杜绝一氧化碳的产生。经常对猪舍进行消毒，消灭有害微生物。如向猪舍内定时喷过氧化物类的消毒剂，其释放出的氧能氧化空气中的硫化氢和氨，起到杀菌、除臭、降尘、净化空气的作用。

但是，从源头上解决不了也不可能解决掉所有的有害气体，总会有一些有害气体存在，这就要通过其他方式加以解决。主要方法有：一是及时将粪污清理出猪舍、减少粪污在猪舍内的停留时间、防止粪污变干、保持使用麦秸和稻草等吸附一些有害气体等；二是通风换气。通风换气是解决猪舍内有害气体浓度超标的一个有效措施，也是减少猪舍内有害气体的最主要方式，具有便捷、时效，而且在经济成本上也比较划算的优点。通常采用负压通风的方式，用风机抽出舍内的污浊空气，使舍内气压相对小于舍外，新鲜空气通过进气口（管）流入舍内而形成舍内外的空气交换。或者采用联合通风方式，即同时进行机械送风和机械排风的通风换气方式。对有粪沟的猪舍还应配置粪沟风机通风。注意在高寒地区的冬季，通风换气与防寒保温存在着很大的矛盾，在进行通风换气时应解决好这一矛盾。

4. 生物侵害控制

病原微生物存在于养猪生产的各个环节，如场地、饮水、空气、饲料和猪舍等，病原微生物的传播是造成猪群疫病的主要原因。可见，控制病原微生物的生长繁殖及传播是疫病防控的关键。猪场建立生物安全体系是控制生物侵害的有效方法，包括严格的隔离、消毒和防疫措施。降低和消除猪场内的病原微生物，减少或杜绝猪群外源性继发感染，为猪只生长提供一个舒适的环境，同时尽可能使猪只远离病原体的攻击，从根本上减少依赖疫苗和药物实现预防和控制疫病。

（1）环境卫生和消毒措施　良好的环境卫生和消毒措施能够有效控制病原微生物的传入和传播，从而显著降低猪只生长环境中的病原微生物数量，为猪群健康提供良好的环境保证。猪场应保持猪舍干燥清洁，每天打扫卫生，及时清除粪便和生产垃圾，定期清洗排污沟并保持通畅。适时通风换气，保持舍内空气新鲜。

猪只转出后，栏舍要及时进行彻底的清洗和消毒。使用2%～3%氢氧化钠溶液对猪栏、地面、粪沟等喷洒浸泡，30～60分钟后低压冲洗，然后用0.5%过氧乙酸喷雾消毒。消毒后栏舍保持通风、干燥，空置5～7天以上再进下一批猪，并在进猪前1天再次喷雾消毒。

人员进入场区，必须经“踩、照、洗、换”四步消毒程序，即踩浸有氢氧化钠消毒液的消毒垫或池，全身照射紫外线消毒灯5～10分钟，用消毒液洗手，更换场区专用工作服和鞋（靴），经消毒通道进入场区。需要进入猪舍的人员，还需要踩猪舍门前的消毒池后方可进入。所有进入猪场的用具也必须在入场前进行相应的消毒。

选择广谱、高效、稳定性好的，对猪只无刺激性或刺激性小、毒性低的消毒药，如强效碘、百菌消、强力消毒灵、二氧化氯等药物进行带猪消毒。带猪消毒以一周一次为宜，以喷雾消毒为主。在疫病流行期间或养猪场存在疫病流行的威胁时，应增加消毒次数，达到每周2～3次或隔日一次。消毒的时间应选择在每天中午气温较高时进行。

严禁车辆进入场区，饲料应尽量使用本场的专用车辆运输，使用外来车辆运输饲料的，应经过严格消毒后进入场区外指定装卸地点，然后由本场车辆经饲料装卸专用通道转运至饲料仓库或料塔内。无论何种情况，拉猪车辆都不得直接进入场区。场区的道路和运动场应每天清扫，粪污应冲洗干净，每周定期用2%～3%氢氧化钠消毒液消毒。

（2）消灭老鼠、蚊蝇和昆虫　老鼠是许多疫源性疾病的储存宿主。通过老鼠体外寄生虫叮咬等方式，可传播猪瘟、口蹄疫、伪狂犬病、萎缩性鼻炎、弓形虫、鼠疫、钩端螺旋体病等30多种疫病。节肢类动物如疥螨、虱子、虻、刺蝇、蚊子、蜱虫、蠓等能够携带附红细胞体传染给猪，蚊子在猪附红细胞体病的传播中是最主要的传播途径。蚊、蝇、蠓等吸血昆虫促进了猪疫病的发生和流行。猪场必须做好消灭老鼠、蚊蝇和昆虫的工作。

猪舍四周应建有防鼠碎石带，杂草应定期清理，四周严禁堆放杂物。在指定地点投放对人、畜毒性低的毒鼠药，如敌鼠钠盐、杀鼠灵、安妥类等。或者采用粘鼠板、鼠笼、鼠夹，水泥拌玉米面或将黄油、机油、柴油拌匀投放在鼠洞周围等多种方法灭鼠。

保持猪场清洁，猪粪及时清理并采取高温堆肥发酵等方法处理。猪舍周围无积水，特别是绝对不能有臭水沟等蚊虫滋生的场所。对蚊蝇和昆虫，除用药物驱杀外，还应在猪舍窗户、通气口等处安装纱窗，防止蚊、蝇、蠓的进入。

5. 噪声的控制

噪声是指能引起不愉快和不安感觉或引起有害作用的声音。猪舍的噪声有多种来源，一是从外界传入的，如外界矿山放炮和工厂机械传来的噪声，飞机和车辆鸣笛产生的噪声等；二是舍内机械产生的，如风机、清粪机械（视频3-9）等；三是人的操作和猪自身产生的，如人清扫圈舍、加料、添水等，猪的采食、饮水、走动、哼叫等产生。

视频3-9 机械刮粪机

猪遇到突然的噪声会受惊、狂奔，发生撞伤、跌伤或碰坏猪栏和食槽等设备。但猪对重复的噪声能较快地适应。偶尔的、低强度的噪声对猪的食欲、增重和饲料转化率没有明显的影响。需要注意的是突然的、高强度的噪声，会导致猪的死亡率增高，母猪受胎率下降，流产、早产现象增多等不良影响。同时，强烈的噪声对长期出入猪舍的饲养管理者的健康也极为不利，严重影响其工作效率。因此，猪舍噪声不能超过85～90分贝。

饲养管理的各个环节应尽量避免或降低噪声的产生。选择场址时应考虑外界或场内是否有强噪声源存在，选择噪声相对较小的生产工艺，搞好场区绿化也是降低舍内噪声的有效措施。

小贴士：

猪舍环境控制就是克服不良因素对猪产生的不良影响，建立有利于猪只生存和生产的环境。

猪舍环境调控应以猪体周围局部空间的环境状况为调控的重点。充分利用舍外适宜环境，自然与人工调控结合。

舍内环境调控不要盲目追求单因素达标，必须考虑诸因素相互影响制约，以及多因素的综合作用。采取多因素综合调控措施，且应侧重猪的体感（行为、福利、健康）调控效果。

第四章

饲养品种的确定与繁殖

一、猪的品种

我国猪种资源丰富。根据来源，可划分为引进品种、地方品种和培育品种三大类型。根据猪胴体瘦肉含量，又可分为脂肪型品种、肉脂兼用型品种和瘦肉型品种。

（一）引进品种

1. 约克夏猪（大白猪）

【产地和分布】约克夏猪（图 4-1）原产于英国约克郡及其邻近地区。该品种是以当地的猪种为母本，引入我国广东猪种和莱塞斯特猪杂交育成，1852 年正式确定为新品种。约克夏猪可分为大、中、小三型。目前在世界分布最广的是大约克夏猪，因其体型大、全身被毛白色，故又名大白猪，它在全世界猪种中占有重要地位。

图4-1 约克夏猪（母）

【体型外貌】大约克夏猪体型较大，毛色全白，耳朵直立，少数额角皮上有小暗斑，面部稍微中凹，背腰多微弓，腹线平直，四肢较高且结实，肌肉发达，体躯长，臀宽长，平均乳头数 7 对。

【生产性能】大约克夏猪具有增重快、饲料转化率高、繁殖性能较高、肉质好的优点。体质和适应性优于长白猪，母猪以母性好著称。大约克夏母猪初情期 5 ～ 6 月龄，一般于 8 月龄（第 3 次发情）体重达 120 千克以上配种，经产母猪平均产仔 12.2 头，产活仔数 10 头。成年公猪体重 300 ～ 500 千克，母猪 200 ～ 350 千克。公猪 30 ～ 100 千克阶段平均日增重可达 982 克，饲料转化率 2.8%，瘦肉率 62%。

【大约克夏猪的应用】在国外三元杂交中常用作母本，或第一父本。最常用的组合是“杜洛克 × 长白 × 大约克夏”，简称“杜长大”。用大约克夏猪作父本，分别与民猪、华中两头乌猪、大花白猪、荣昌猪、内江猪等母猪杂交，均获得较好的杂交效果，其一代杂种猪日增重较母本提高 20% 以上。二元杂交后代胴体的眼肌面积增大，瘦肉率有所提高。据测定，宰前体重 97 ～ 100 千克的大约克夏 × 太湖、大约克夏 × 通城一代杂种猪，胴体瘦肉率比本地猪分别提高 3.6 和 2.7 个百分点。

2. 长白猪

【产地和分布】长白猪（图4-2和视频4-1）原名兰德瑞斯猪，原产于丹麦，由于体型特长，毛色全白，故在我国都称它为长白猪。1961年成为丹麦全国唯一推广品种，是目前世界分布很广的腌肉型品种。

视频4-1 长白猪

图4-2 长白猪（母）

【体型外貌】全身白毛，体躯呈流线型，前轻后重，头小，鼻嘴直，狭长，两耳向前下平行直伸，背腰特长，后躯发达，臀部和腿部丰满，乳头数7～8对。

【生产性能】长白猪具有生长快，饲料转化率高，瘦肉率高（可达62%以上），母猪产仔多，泌乳性能较好等优点。长白猪性成熟较晚，6月龄开始出现性行为，9～10月龄体重达120千克左右开始配种，初产母猪产仔数10～11头，经产母猪产仔数11～12头，仔猪初生重量可达1.3千克以上。但长白猪存在体质较弱、不耐寒、抗逆性较差、对饲养条件要求较高等缺点。

【长白猪的应用】长白猪被广泛用作杂交的父本品种。在国外三元杂交中长白猪常作为第一父本或母本。以长白猪为父本，以我国大多本地良种猪为母本的杂交后代均能显著提高日增重、瘦肉率和饲料转化率。

3. 杜洛克猪

【产地和分布】杜洛克猪（图 4-3 和视频 4-2）原产于美国东北部，其主要亲本是纽约州的杜洛克猪和新泽西州的泽西红猪，故原名为杜洛克泽西猪。其为世界著名的鲜肉型品种，现在世界分布很广，我国台湾也有自己培育的品系。

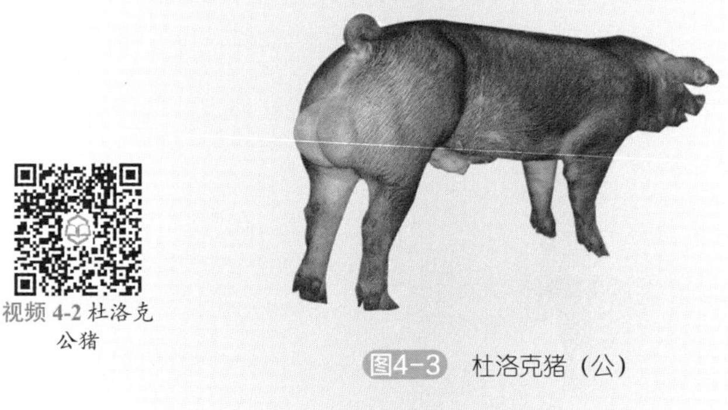

视频 4-2 杜洛克公猪

图4-3 杜洛克猪（公）

【体型外貌】毛色棕红色，色泽可由金黄到暗棕色，樱桃红色猪最受欢迎，皮肤上可能出现黑色斑点，但不允许身上有黑毛或白毛。耳朵中等大小，向前稍下垂，头较清秀，体躯宽厚，背略呈弓形，四肢粗壮，臀部肌肉发达丰满。性情温顺，抗寒，适应性强。

【生产性能】杜洛克猪具有生长快、饲料转化效率高、瘦肉率高、抗逆性强的优点，但是它又具有产仔少、泌乳力稍差的缺点。根据国内几个大的杜洛克种猪场的报道：种猪平均产仔数为 9.15 头。测定公猪 20 ～ 90 千克阶段平均日增重为 750 克，饲料转化率 3% 以下。在我国杜洛克种猪平均窝产仔 9.9 头，达 90 千克活重日龄为 159 天，平均日增重 760 克，饲料转化率 2.55%，90 千克屠宰率 74.4%。

【杜洛克猪的应用】在二元杂交中一般都作为父本，在三元杂交中作为终端父本。以杜洛克猪为父本，与我国地方品种猪杂交的后代能显著提高生长速度、饲料转化效率及瘦肉率。

4. 汉普夏猪

【产地和分布】汉普夏猪（图 4-4）原产于美国肯塔基州的布奥尼地区，是由当地薄皮猪和英国引进的白肩猪杂交选育而成的。其为世界著名鲜肉型品种。

图4-4 汉普夏猪（公）

【体型外貌】被毛黑色，在肩和前肢有一条白带环绕，俗称为“白带猪”。嘴较长而且直，耳朵中等大小而直立，体躯较长，肌肉发达，膘薄瘦肉多。

【生产性能】汉普夏猪具有瘦肉率高、眼肌面积大、胴体品质好等优点。但是比其他的瘦肉型猪生长速度慢，饲料报酬稍差。成年公猪体重 315 ～ 410 千克，成年母猪体重

250～340千克。一般窝产仔数10头左右。据测试公猪平均日增重可达845克，饲料转化率2.5%，瘦肉率61.5%。

【汉普夏猪的应用】公猪性欲旺盛，是杂交配套生产体系中比较理想的父本，因母性良好，也可作母本。由于汉普夏猪具有瘦肉多、背腰薄的特点，以汉普夏猪为父本、地方品种猪为母本杂交后，能显著提高商品猪的瘦肉率。

5. 皮特兰猪

【产地和分布】皮特兰猪（图4-5）原产于比利时的布拉班特地区。1919～1920年在比利时布拉班特附近用本地猪与法国的贝衣猪杂交改良，后又导入英国的泰姆沃斯猪的血统，1955年被欧洲各国所公认，是近年来欧洲较为流行的肉用型新品种。

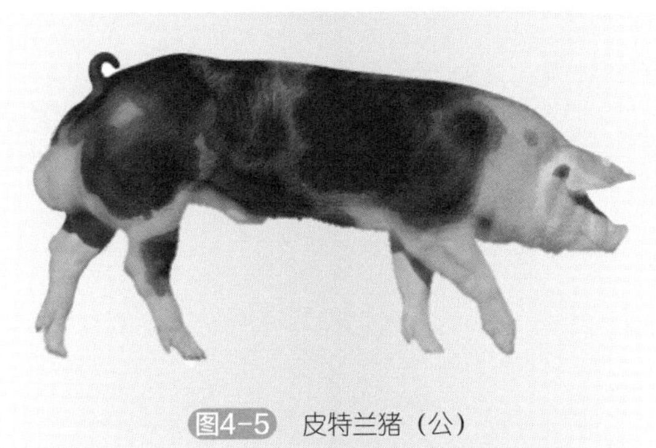

图4-5 皮特兰猪（公）

【体型外貌】体躯呈方形，体宽而短，四肢短而骨骼细，呈双肌臀，肌肉特别发达。被毛灰白，夹有黑色斑点，有的还杂有部分红毛。耳朵中等大小向前倾。

【生产性能】经产母猪平均窝产仔数9.7头，背膘薄。其最突出的特点是胴体中的瘦肉率很高，达 78%，并能在杂交中显著提高杂交后代的胴体瘦肉率。缺点是在 90 千克以后生长速度显著减慢，耗料多。有 50%的猪含有氟烷隐性基因，易出现 PSE 肉（PSE 肉即肉色灰白、肉质松软和有渗出物。PSE 肉在猪肉中最为常见，出现的原因是糖原消耗迅速，是猪只在屠宰以后肉的酸度迅速提高的一种劣质肉），应激反应在所有猪种中居首位。肌肉的肌纤维较粗。

【皮特兰猪的利用】由于胴体瘦肉率很高，在杂交体系中是很好的终端父本猪。最好利用它与杜洛克猪或汉普夏猪杂交，杂交 F1 代公猪作为杂交系统的终端父本，这样既可提高瘦肉率，又可防止 PSE 猪肉的出现。

（二）地方品种

我国幅员辽阔，地形地貌复杂，气候条件差异大，生物品种资源极其丰富，猪的种类也比较多，生活习性和饲养环境各不相同。经过我国劳动人民多年的精心选择，培育出了许多优良品种和各具特点的猪种，每个地区都有代表猪种，如东北民猪、两广小花猪、金华猪、太湖猪、荣昌猪、藏猪等。2014 年 2 月农业部公告第 2061 号公布的《国家级畜禽遗传资源保护名录》中猪的品种有 42 种，对我国和世界养猪业的发展做出了重要贡献。我国地方猪种大都表现出对周围环境的高度适应性、耐粗饲放养管理、性成熟早、繁殖力高、抗病性强和肉质好等优良生产性能，但缺点是生长缓慢且含脂肪较多。

1. 东北民猪

【产地和分布】东北民猪（图 4-6）是东北地区一个古老的地方猪种，有大民猪、二民猪和荷包猪三种类型，原产于东北和华北部分地区。其主要分布于黑龙江、吉林、辽宁、河北省和内蒙古自治区。

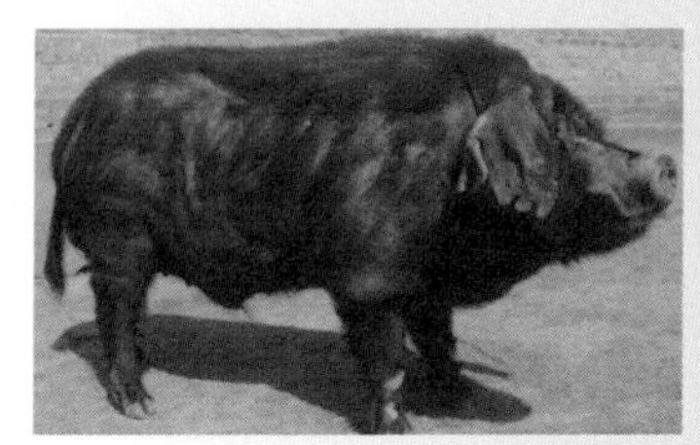

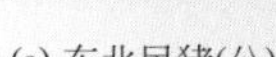

(a) 东北民猪(公)

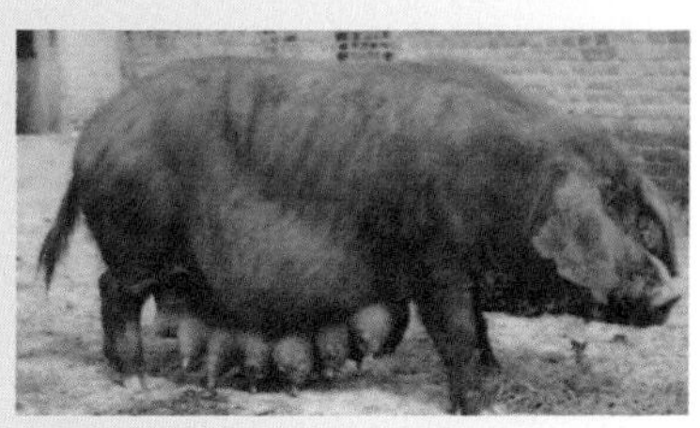

(b) 东北民猪(母)

图4-6 东北民猪

【体型外貌】头中等大小，面直长，耳大下垂，体躯扁平，背腰狭窄，臀部倾斜，四肢粗壮，全身被毛黑色，猪鬃较多，冬季密生绒毛。抗寒能力强，在 −28℃仍不发生颤抖，−15℃下正常产仔哺育。乳头 7 ～ 8 对。

【生产性能】东北民猪具有抗寒能力强、体质强健、产仔较多、脂肪沉积能力强和肉质好的特点。适于放牧和较粗放的管理，性成熟早，护仔性强，初情期 4 月龄左右。体重 90 千克左右时开始配种，母猪于 8 月龄、体重 80 千克左右时初配。产仔数头胎 11 头，三胎 11.9 头，四胎以上 13.5 头。

2. 两广小花猪

【产地和分布】两广小花猪（图 4-7）由陆川猪、福绵猪、公馆猪和广东小耳花猪（包括黄塘猪、塘缀猪、中垌猪、桂墟猪）归并，1982 年起统称两广小花猪。其分布于广东省和广西壮族自治区相邻的浔江、西江流域的南部，包括广东的湛江、肇庆、江门、茂名和广西的玉林、梧州等地区。中心产区在陆川、玉林、合浦、高州、化州、吴川、郁南等地。

【体型外貌】体型较小，具有头短、颈短、耳短、身短、脚短和尾短“六短”特征，额较宽，有“〈〉”形或菱形皱纹，中间有白斑三角星，耳小向外平伸，背腰宽广凹下，腹大拖地，体长与胸围几乎相等。被毛黑白花，除头、耳、背、腰臀为黑色外，其余均为白色。成年公猪体重为 103.2 ～ 130.9 千克，母猪为 81 ～ 112 千克。

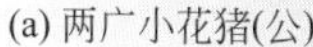

(a) 两广小花猪(公)

(b) 两广小花猪(母)

图4-7 两广小花猪

【生产性能】两广小花猪具有早熟易肥、产仔较多、母性好等优点。但背凹，腹大拖地，生长发育较慢，饲料转化率较低。公猪 2 ～ 3 月龄就能配种，一般利用 4 年左右。母猪 4 ～ 5 月龄初配，在 6 ～ 7 月龄、体重 40 千克以上时开始配种，头胎产仔 8 头左右，三胎以上 10 ～ 11 头。

3. 金华猪

【产地和分布】金华猪（图 4-8）原产于浙江省金华市东阳市，分布于浙江省义乌、金华等地，又称“金华两头乌”，是我国著名的优良猪种之一。金华猪具有成熟早、肉质好、繁殖率高等优良性能，腌制成的“金华火腿”质佳味香，外形美观，蜚声中外。

【体型外貌】体型中等偏小，耳中等大，下垂不超过嘴，颈粗短，背微凹，腹大微下垂，臀部倾斜，四肢细短，蹄坚实呈玉色，皮薄、毛疏、骨细。毛色中间白两头乌。按头型分大、中、小三型。

(a) 金华猪(公)　　(b) 金华猪(母)

图4-8　金华猪

【生产性能】成年公猪体重约 112 千克，母猪体重约 97 千克。公猪、母猪一般 5 月龄左右配种，成年母猪产仔数 14 头左右，产活仔数 12 ～ 13 头，60 日龄断乳，重 100 ～ 130 千克。育肥期日增重约 460 克，屠宰率为 71.7%，眼肌面积 19 平方厘米，腿臀比例 30.9%，瘦肉率为 43.4%，有板油较多、皮下脂肪较少的特征，适于腌制火腿。

4. 太湖猪

【产地和分布】太湖猪（图 4-9）分布于长江下游江苏、浙江和上海交界的太湖流域。依产地不同分为二花脸猪、梅山猪、枫泾猪、米猪、嘉兴黑猪和横泾猪等类型。太湖猪高产性能蜚声世界，是我国乃至全世界猪种中繁殖力最强、产仔数量最多的优良品种之一，尤以二花脸猪、梅山猪最高。

【体型外貌】体型中等，各类群间有差异：梅山猪较大，骨骼较粗壮；米猪的骨骼较细致；二花脸猪、枫泾猪、横泾猪和嘉兴黑猪则介于二者之间。头大额宽，额部皱褶多，耳特大，软而下垂，被毛黑或青灰。

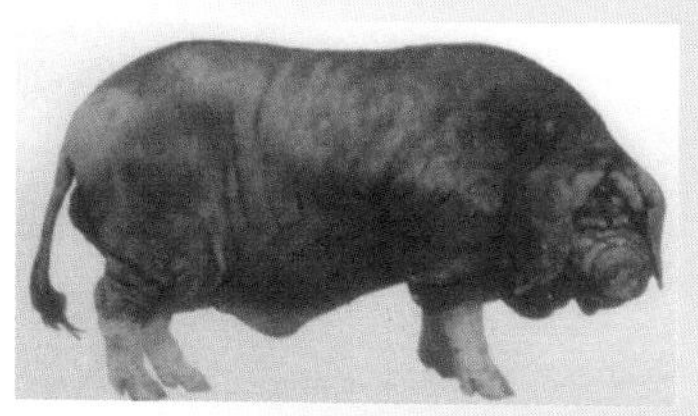

(a)太湖猪(公)

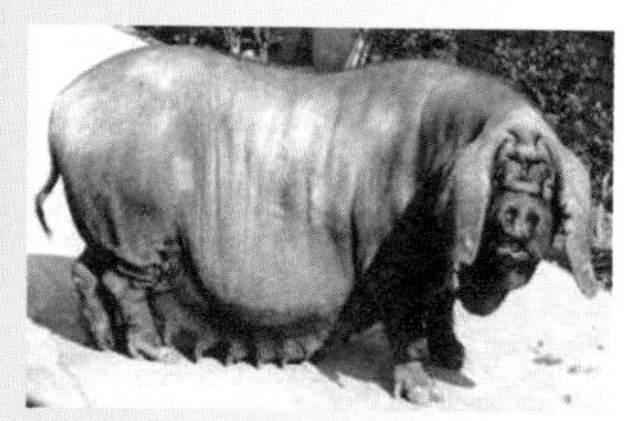

(b) 太湖猪(母)

图4-9　太湖猪

【生产性能】成年公猪体重 128 ～ 192 千克，母猪体重 102 ～ 172 千克。繁殖力高，头胎产仔 12 头，三胎以上 16 头，排卵数 25 ～ 29 枚。60 天泌乳量 311.5 千克。日增重为 430 克以上，屠宰率为 65%～ 70%，二花脸猪瘦肉率 45.1%。眼肌面积 15.8 平方厘米。

5. 荣昌猪

【产地和分布】荣昌猪（图 4-10）原产于荣昌和隆昌两地，主要分布在永川、泸县、合江、纳溪、大足、铜梁、江津、璧山、宜宾等地。荣昌猪具有适应性强、瘦肉率较高、配合力好、鬃质优良等特点。

(a) 荣昌猪(公)

(b) 荣昌猪(母)

图4-10　荣昌猪

【体型外貌】荣昌猪体型较大，身躯长，背腹微凹，腹大而深，臀部稍倾斜，四肢结实，结构匀称，头大小适中，面微凹，耳中等大、下垂，额面皱纹多而深，除两眼四周或头部有大小不等的黑斑外，其余被毛均为白色。也有少数在尾根及体躯出现黑斑，全身纯白色，是我国地方猪种中少有的白色猪种之一。群众按毛色特征分别称其为“金架眼”“黑眼膛”“黑头”“两头黑”“飞花”和“洋眼”等。其中“黑眼膛”和“黑头”占一半以上。乳头 6 ～ 7 对。荣昌猪的鬃毛以洁白光泽、刚韧质优载誉国内外。

【生产性能】公猪 4 月龄时进入性成熟期，5 ～ 6 月龄时可用于配种，可利用到 3 ～ 5 岁。母猪初情期平均为 85.7（71 ～ 113）天，发情周期 20.5（17 ～ 25）天，发情持续期 4.4（3 ～ 7）天。母猪初配月龄一般为 4 ～ 5 月龄，但以 7 ～ 8 月龄、体重 50 ～ 60 千克较为适宜。繁殖利用年限以 6 ～ 7 岁为宜。经产母猪窝产仔 11 ～ 12 头。不限量饲养日增重为 623 克，屠宰适期 7 ～ 8 月龄，体重 80 千克左右的肉猪屠宰率为 69%，瘦肉率为 42%～ 46%。

6. 藏猪

【产地和分布】藏猪（图 4-11）主要分布在海拔 2800 ～ 3500 米的半山地带，系高原放牧猪种，终年随牛、羊混群或单群放牧，长期生活在交通闭塞、气候严寒、四季不分的高寒山区。其以野果（青杠籽等）和植物根茎等为食。

【体型外貌】藏猪体小，嘴筒长直呈锥形，额面窄，额部皱纹少，耳小直立或向前平伸，体躯较短，胸较狭，背腰平直或微弯，腹线较平，后躯较前躯高，臀部倾斜，四肢紧凑结实，蹄质坚实直立。鬃毛长而密，每头可产鬃毛 93 ～ 250 克，被毛黑色居多，部分初生仔猪有棕黄色纵行条纹。

【生产性能】藏猪具有皮薄、胴体瘦肉率高、肌肉纤维特细、肉质细嫩、野味较浓、口感极好等特点。终年放牧生长缓慢，成年母猪体重 41 千克，公猪体重 36 千克，头胎产仔 4 ～ 5

头，三胎以上 6 ～ 7 头。育肥期日增重为 173 克，48 千克左右屠宰率为 66.6%，膘厚 3 厘米，眼肌面积 16.8 平方厘米，瘦肉率为 52.5%。

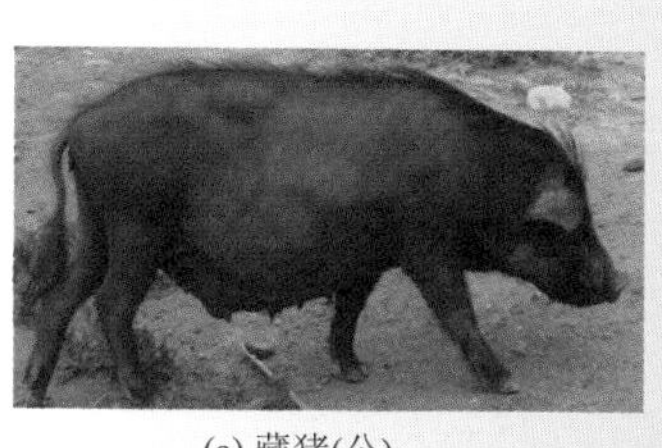

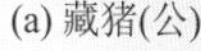

(a) 藏猪(公)

(b) 藏猪(母)

图4-11 藏猪

（三）培育品种

我国培育猪种主要是指新中国成立以来，利用从国外引入的猪种与地方猪种经系统的杂交育种工作而育成的品种。此类猪种既具有地方品种适应性强、繁殖力高、肉质优良的优点，又吸收了引入品种生长速度快、胴体瘦肉率高的特性，因而很受欢迎，在我国养猪业中发挥了重要的作用。

1. 三江白猪

三江白猪利用长白猪和民猪正反杂交，再与长白猪回交，经 6 世代系统选育而成，具有肉用性能好、繁殖力高、肉质优良的特性，是我国自行培育的第一个瘦肉型猪种，1983 年通过国家验收。三江白猪主要分布在比较寒冷的三江平原（该地区冬季最冷时达 −30℃左右），适应那里的环境条件，表现适应性好。

【体型外貌】头轻嘴直，耳下垂或稍前倾，背腰宽平，腿臀丰满，四肢粗壮，体质结实。被毛全白，毛丛稍密。体型近似长白猪，具有肉用型猪的典型体躯结构。乳头一般为 7 对，排列整齐。

【生产性能】三江白猪成年公猪体重 187 千克，母猪 138 千克。6 月龄育肥猪体重可达 90 千克以上，平均日增重 666 克，料肉比 3.5∶1，瘦肉率 58.6%，肉质优良。

【繁殖性能】三江白猪性成熟早，且母猪发情征候明显，受胎率高。初情期 4 月龄左右，发情表现明显。初产母猪平均产仔 10.2 头，经产母猪平均产仔 12.4 头。

【应用】三江白猪作杂交父本和母本都可获得较好的杂交效果，以杜洛克猪 × 三江白猪组合为优。

2. 湖北白猪

【产地和分布】湖北白猪是由大约克夏猪、长白猪和本地通城猪、监利猪和荣昌猪杂交而成，1986 年确定为瘦肉型猪种。它包含 5 个既有品种共性、又各具特点，彼此间无亲缘关系的独立品系，主要分布于湖北省武汉市及华中地区。

【体型外貌】湖北白猪具有典型的瘦肉型猪体型。体格较大，被毛全白（允许眼角和尾根有少许暗斑）。头轻直长，额部无皱纹，两耳前倾或稍下垂。颈肩部结合良好，背腰平直，后躯较长，腹小，腿臀丰满，肢蹄结实，有效乳头 12 个以上。

【生产性能】湖北白猪生长发育快，6 月龄公猪体重达 90 千克，成年公猪体重 250 ～ 300 千克，母猪体重 200 ～ 250 千克；25 ～ 90 千克阶段平均日增重 623 克，料肉比 3.5∶1 以下。

【繁殖性能】湖北白猪繁殖性能优良，初产母猪平均产仔数为 10 头，经产母猪为 12 头。育肥期平均日增重 658.5 克。

【应用】湖北白猪是开展杂交利用的优良母本。利用湖北白猪进行二元、三元杂交均能取得较好的效果，以杜洛克猪 ×

湖北白猪杂交组合肉猪生产性能最好，具有增重快、饲料转化率高、肉质好等优点。

3. 北京黑猪

【产地和分布】北京黑猪是北京本地黑猪与引入品种巴克夏猪、中约克夏猪、苏联大白猪、高加索猪进行杂交后选育而成的。北京黑猪既能适应规模化猪场饲养，又能适应农户小规模饲养，主要分布于京郊各区（县），育成时属肉脂兼用型。

【体型外貌】北京黑猪体质结实，结构匀称，头中等大小，两耳向前上方直立或平伸，面微凹，额较宽。颈肩结合良好，背腰较平直且宽，腹部发育良好但不下垂，四肢健壮，腿臀较丰满。全身被毛黑色。乳头多为 7 对。

【生产性能】成年北京黑猪公猪体重 262 千克，成年母猪体重 236 千克。20 ～ 90 千克体重阶段平均日增重 609 克。90 千克体重屠宰率 74.4%，胴体瘦肉率为 54.6%。

【繁殖性能】初产母猪平均产仔 10.1 头，经产母猪平均产仔 11.52 头，四周龄断奶体重 7.97 千克。

【应用】以北京黑猪为母本与杜洛克猪、大约克夏猪、长白猪等进行杂交具有较好的杂交效果。长北、约长北、杜长北是较常用的杂交组合。

4. 苏太猪

【产地和分布】苏太猪是以世界上产仔数最多的太湖猪为母本与杜洛克猪杂交，经过 8 个世代的精心选育而成的新品种。其保持了太湖猪的高繁殖性能及肉质鲜美、适应性强等优点，具有产仔多、生长速度快、瘦肉率高、耐粗饲性能好、适应性强、肉质鲜美等优良性状，是生产瘦肉型商品猪的理想母本。其主要分布于江苏省苏州市，已向全国十余省、自治区、直辖市推广。

【体型外貌】苏太猪全身被毛黑色，耳中等大小、前垂，脸面有浅纹，嘴中等长而直，四肢结实，背腰平直，腹小，后躯丰满，结构匀称，有效乳头 7 对以上，分布均匀。其具有明显的瘦肉型猪特征。

【生产性能】苏太猪公猪 10 月龄体重 126.56 千克，母猪 9 月龄体重 116.31 千克；育肥猪体重 25 ～ 90 千克阶段，日增重 623.12 克，饲料转化率 3.18%，达 90 千克体重日龄 178.90 天。体重 90 千克屠宰率 72.88%，平均背膘厚 2.33 厘米，眼肌面积 29.03 平方厘米，胴体瘦肉率 55.98%。

【繁殖性能】母猪适配年龄为 6 ～ 7 月龄，公猪为 7 ～ 8 月龄；母性好，泌乳力强，初产母猪平均产仔 11.68 头，35 日龄断奶育成仔猪 10.06 头，60 日龄仔猪窝重 184.31 千克。经产母猪平均产仔数 14.45 头，35 日龄断奶育成仔猪 11.80 头，60 日龄仔猪窝重 216.25 千克。

【应用】以苏太猪为母本，与大白公猪或长白公猪杂交生产“苏太”杂种猪是一个很好的模式。

（四）配套系

配套系猪是指以数组专门化品系（多为 3 或 4 个品系为一组）为亲本，通过杂交组合试验筛选出其中的一个组作为“最佳”杂交模式，再依此模式进行配套杂交所产生的商品畜禽。配套系猪具有群体整齐、繁殖性能好、生长速度快、饲料利用率高、胴体品质好等优点。

1. 引进的国外配套系猪

我国引进的国外配套系猪有 PIC 配套系、达兰配套系、斯格配套系和迪卡配套系等。

（1）PIC 配套系　PIC 配套系猪是由世界上第一大种猪改良公司 PIC 公司培育的，具有世界先进水平的优良配套系猪。PIC 猪为五系配套，PIC 五元杂交体系使杂交优势利用更加充分，比三元杂交多利用了祖代的杂交优势和终端公猪的父本杂交优势。

PIC 配套系猪父系猪具有生长速度快、饲料转化率高、体型好等优点，母系猪具有产仔率高、母性强等特点。用其父母系猪杂交生产五元杂交商品猪，能够更好地提高养猪生产效率和经济效益。ABCDE 是 PIC 五元杂交的终端商品肉猪，155 日龄达 100 千克体重；育肥期料肉比为（2.6∶1）～（2.65∶1），100 千克体重背膘小于 16 毫米，胴体瘦肉率 66％，屠宰率 73％，肉质优良。

（2）达兰配套系　达兰配套系是荷兰托佩克（TOPIGS）国际种猪公司选育的种猪。其利用优秀的大白猪、皮特兰猪等种猪作为选育素材，选育成功的三系配套种猪。达兰配套系猪与现有的国外引进配套系猪一个很大不同点在于三系配套比较简练，生产体系的利用率比较高，达兰猪的繁殖性能好是很大的特点，母猪发情明显，特别是哺乳母猪断奶后，一周内发情率很高。

达兰猪原种各系母猪的乳房发育良好，奶头饱满，泌乳能力强，窝产仔数高。商品猪毛色白，群体整齐，体质结实，具肉用型体型，没有应激反应，143 ～ 145 日龄达 100 千克出栏体重，育肥期料肉比为 2.36∶1，活体背膘厚度 12 ～ 14 毫米，眼肌高度 5 ～ 5.5 厘米，胴体瘦肉率 65％左右，肉质好。

（3）斯格配套系　斯格配套系种猪简称斯格猪，原产于比利时，主要用比利时长白猪、英系长白猪、荷系长白猪、法系长白猪、德系长白猪、丹系长白猪，经杂交合成。

斯格配套系母系的选育方向是繁殖性能好，主要表现在：体长、性成熟早、发情症状明显、窝产仔数多，仔猪初生体重大、均匀度好、健壮、生活力强，母猪泌乳力强。父系的选育方向是产肉性能好，主要表现在：生长速度快，饲料转化率高，屠宰率高，腰、臀、腿部肌肉发达丰满，背膘薄，瘦肉率高。

终端商品育肥猪（又称杂优猪）群体整齐，生长快、无应激、饲料转化率高，屠宰率高，瘦肉率高，肉质好、肌内脂肪 2.7% ～ 3.3％，肉质细嫩多汁。

（4）迪卡配套系　迪卡配套系猪是美国迪卡公司培育出来的优秀配套系猪，包括原种猪（GGP）、祖代种猪（GP）、父母代种猪（PS）以及商品代肉猪。

迪卡配套系原种猪包括五个专门化品系，分别用英文字母 A、B、C、E、F 代表。迪卡配套系祖代种猪包括四个品系，其中三个纯系：A 系公猪、B 系母猪、C 系公猪与原种相同，另一个合成系母猪用英文字母 D 代表，迪卡配套系父母代种猪包括一个合成系公猪，用英文字母 AB 代表，另一个合成系母猪用英文字母 CD 代表。

任何代次的迪卡猪均具有典型方砖形体型、背腰平直、肌肉发达、腿臀丰满、结构匀称、四肢粗壮、体质结实、生长速度快、饲料转化率高、屠宰率高及群体整齐的特征。

2. 我国培育的配套系猪

近年来，我国的种猪选育和商品瘦肉猪生产取得了可喜的进展，目前已有光明猪配套系、深农猪配套系、冀合白猪配套系、中育猪配套系 01 号、华农温氏猪 1 号配套系、滇撒猪配套系、鲁农 1 号猪配套系、渝荣 1 号猪配套系八个配套系通过国家审定，获得新品种证书。

（1）光明猪配套系　光明猪配套系由深圳光明畜牧合营有限公司培育，1998 年 7 月通过国家审定，为二系配套。母系为无应激的斯格母系选育群（光明母系），父系为杜洛克选育群（光明父系），以活体膘厚、产仔数高为特征。配套培育的商品猪适应性强，耐高温、高湿，后躯丰满，繁殖性能好，生长速度快，瘦肉率高，遗传性状稳定，生长性能及胴体指标的变异系数均在 10% 以下，平均日增重 880 克，活体膘厚 1.67 厘米，饲料转化率为 2.5%。

（2）深农猪配套系　深农猪配套系由深圳市农牧实业有限公司培育，1998 年 8 月通过国家审定，为三系配套。母本母系（母Ⅱ系）为大白猪选育群，母本父系（母Ⅰ系）为长白猪选育群，终端父系为美国汉普夏猪。终端商品育肥猪的群体整齐，生长速度快，饲料转化率高，屠宰率高，瘦肉率高，肉质好。

（3）冀合白猪配套系　冀合白猪配套系由河北省牧医所、河北农大等培育，2002 年 5 月通过国家审定，为三系配套。母本母系由长白、汉沽黑、二花脸猪杂交合成，母本父系由大白、定州猪、深州猪杂交合成，终端父系为美国汉普夏猪。商品猪全部为白色，其特点是母猪产仔多、商品猪一致性强、瘦肉率高、生长速度快。

（4）中育猪配套系 01 号　中育猪配套系 01 号由北京养猪育种中心培育，2004 年 10 月通过国家审定，为四系配套。母本母系（B08）为法国长白猪，父本母系（B06）为法国大白猪，母本父系（C09 系，即 ST 合成系）为含杜洛克猪和汉普夏猪血统 75%，父本父系（C03 系）为法国皮特兰猪。中育猪配套系遗传基本稳定，具有生长速度快、饲料报酬高、繁殖性能好等特点，特别适合市场，肉质优良，无灰白、柔软、渗水、暗黑、干硬等劣质肉。

（5）华农温氏猪 1 号配套系　华农温氏猪 1 号配套系由华南农大、广东华农温氏畜牧股份有限公司培育，2005 年 3 月通过国家审定，为四系配套。母本母系（HN161 系）以丹麦大白猪与美国约克猪为主要素材，父本母系（HN151 系）以丹麦、美国长白猪为主要素材；母本父系（HN121 系）以美国、丹麦、我国台湾杜洛克猪为主要素材，父本父系（HN111 系）以法国皮特兰猪为主要素材。以四系配套生产的 HN401 肉猪肌肉发达，生长快，瘦肉率高，肉质优良，综合经济效益好。达 100 千克体重日龄 154 天，活体背膘厚 13.4 毫米，饲料转化率 2.49%。100 千克体重胴体瘦肉率 67.2%，变异系数在 10% 以下。

（6）滇撒猪配套系　滇撒猪配套系由云南农大、楚雄州畜牧局、楚雄州种猪场等培育，2005 年 11 月通过国家审定，为三系配套。母本母系为纯种撒坝猪专门化品系，母本父系为法国长白选育群，终端父系为法国大白选育群。主要经济性状达到了较高水平且变异幅度小，父母代产仔数 12.86 头，商品代日增重 869 克，料肉比 2.88∶1，胴体瘦肉率 60.98%，肉质优良，个体和性状规格整齐，利用农家饲料能力强，病少好养。

（7）鲁农 1 号猪配套系　鲁农 1 号猪配套系由山东省牧医

所、莱芜畜牧办培育，2006年1月通过国家审定，为三系配套。母本母系（ZML系）以莱芜猪与大约克猪为主要素材，母本父系（ZFY系）以法国大白猪、加拿大约克夏猪为主要素材，终端父系（ZFD系）以丹麦杜洛克猪、美国杜洛克猪为主要素材。鲁农1号猪配套系商品猪，含莱芜猪血统25%，大约克猪和杜洛克猪血统75%，集中外猪种优势于一体。该配套系商品猪生长快，瘦肉率适中，肌内脂肪含量高，肌肉鲜香浓郁。

（8）渝荣1号猪配套系　渝荣1号猪配套系由重庆市畜牧科学院培育，2007年1月通过国家审定，以荣昌猪优良基因资源为基础培育而成的新配套系，为三系配套。母本母系由荣昌猪与大白猪杂交合成，母本父系由丹麦长白猪与加拿大长白猪杂交合成，终端父系由丹麦杜洛克猪与我国台湾杜洛克猪杂交合成。三系配套克服了现有瘦肉型猪种生产类型单一、抗逆境能力差、繁殖性能较低及肌肉品质差等不足，具有肉质优良、繁殖力好、适应性强等突出特性。

二、品种的确定与引进

家庭农场养猪，无论采取何种养猪方法，都要坚持良种意识。优良品种具有高产和高效的特点，是现代畜牧业的标志，决定着畜牧业的经济效益，是畜牧业实现产业化、标准化、国际化和现代化的基础。良种化程度的高低，也是决定猪场未来经济效益的最重要因素。家庭农场养猪要选择适合本场生产条件和饲养管理特点的优良品种猪。

（一）饲养品种的确定

目前，我国可以饲养的猪品种主要有三大类型。以生长速度快、饲料报酬高、屠宰率和胴体瘦肉率高的瘦肉型为主的引进品种及配套系品种。以产仔多、耐粗饲、抗病力强、肉质好为主，但瘦肉率低、生长速度慢的地方品种。以结合了二者的优点，生产性能也介于二者之中的我国的培育品种。确定饲养品种，要根据家庭农场的养猪方法、猪种的适应性、饲养条件和管理水平及满足市场需要等综合考虑。

1. 养猪方法

目前我国常见的养猪方法有规模化养猪、发酵床养猪和生态放养。规模化养猪是按照工业化生产的方式来组织养猪生产，采用流水式生产工艺，可以概括为四个词：集中、密集、制约、节约。各类猪群处于一个相对被控制的生活环境中，同时又处于一定强度的生产状态下，要求实现最佳的饲料转化率。根据各个品种猪的特点，国外引进品种猪和配套系均适合规模化和发酵床养猪。我国地方品种猪更适合生态放养。而我国培育品种猪，规模化养猪、发酵床养猪和生态放养三种方法都适合。

2. 猪种的适应性

猪种的适应性是指猪适应饲养地的水土、气候，饲料管理方式，猪舍环境，饲料等条件。我们常说的某某猪好伺候、好养活、皮实，或者某某猪一换环境就爱闹毛病、娇情等，这些都是指该品种猪的适应性好或者坏。比如美系大白猪有体质粗壮结实、适应能力强等特点。杜洛克猪适应性强，对饲料要求不高，喜吃青绿多汁饲料，耐低温，对高温耐力差，产仔数不多，泌乳稍差。皮特兰猪和长白猪，对环境温度更加敏感，尤其在夏季，皮特兰母猪和长白母猪，对高温耐受性相对脆弱得多。相对而言，PIC 猪比较温和，对环境耐受性好一些，但是它对营养的要求更高。再比如我国地方猪种在长期的自然选择和人工选择过程中，对不良的环境如气候、湿度、海拔高度以及耐粗饲、饥饿、疾病侵袭等方面具有良好的适应能力，抗病性也比外来猪强。如蓝耳病，虽也能被感染，但临床症状、病理变化、死亡率、康复率比外来猪好。

所以，猪场在选择猪的品种时，首先要考虑的就是猪的适应性问题，重点考察该品种对气候、饲料管理方式、猪舍环境、饲料等的最低要求，看是否与本地的相一致，或者是否能适应本场猪舍的小气候。最直接的办法就是看看本地都饲养什么品种的种猪，是从哪里引进的，饲养多长时间了，养殖过程中有什么问题等，要多考察几家。同时看看这些猪场的饲养管理水平，包括使用什么样的猪舍、养猪设备、饲料来源、防疫程序等，这些第一手的资料对引进什么品种的种猪、到哪里引进有很重要的参考价值。要选择的种猪必须具有良好的适应性、抗逆性、抗病性等，生长速度快和料肉比低，繁殖性能好，产仔多，泌乳好，繁殖周期正常等。

3. 饲养条件

猪场的生产条件，主要包括饲料条件、设备条件、猪舍条件和气候条件等。饲料粗放、设备简单、开放式的猪舍适宜饲养本地品种或经本地品种改良的种猪。饲料全价、设备条件好、环境容易控制的猪舍可饲养引进种猪。我国东北、华北和西北地区的许多地方，因气候条件所限，宜饲养适应性强的培育种猪。

4. 管理水平

引进的瘦肉型猪和配套系猪适合精细化管理，对养殖技术和管理水平要求较高，否则很难发挥出品种的优良特性，直接影响猪场的经济效益。而我国地方猪种适应性强，生产性能差，要求的饲养条件不高，对饲养管理水平要求相对较低，适合粗放式养殖。

5. 满足市场需求

家庭农场饲养猪的目的是面向市场销售，无论是对外直接销售商品猪，还是自行加工肉制品，最终都是向市场销售。因此，满足市场需求是确定饲养品种的最主要原则。市场既可以是现有市场，也可以是有市场开拓能力的家庭农场自行开拓的市场。家庭农场要对市场进行全面深入的研究，选择市场需要的品种来饲养。

小贴士：

目前，我国需求最大的是瘦肉型品种猪，对于绝大多数家庭农场来说，宜选择引进品种配套系和我国培育品种来饲养。由于一部分消费者对猪肉的品质和风味有要求，而目前普遍饲养的瘦肉型猪的肉质已经不能满足他们的需要，这部分人转而开始希望吃到我国地方品种的猪肉了，如民猪、香猪，这对一些有生态放养条件的养猪家庭农场来说是一个好机会，可以选择当地传统饲养的地方品种猪或者采用引进品种公猪与地方品种母猪杂交生产的商品猪来饲养。

（二）种猪的引进

确定了要饲养的品种，接下来的工作就是如何引进种猪了。猪的引进包括制定引种计划、种猪（精液）的挑选、种猪的运输、隔离猪舍的准备、种猪引进后隔离等一系列工作。

1. 制定引种计划

制定引种计划主要是解决从哪里引进种猪、什么时间引进、引进的种猪级别、数量和结构等问题。

种猪的引进从引进地点来区分，分为国内引进和国外引进。

国内引进需要从国家核心育种场选择引进。因为国家核心场主要是指种猪场，尤其代表原种场的水平。从 2010 年 8 月开始，国家生猪核心育种场遴选的现场评审正式启动，截至 2015 年 8 月入选国家生猪核心育种场共 94 家，国家生猪核心育种场名单可查询农业农村部官方网站。这些生猪核心育种场多数是从国外引进种猪进行扩繁和选育，对外出售纯种猪和二元母猪，也有的育种场培育我国自己的品种。

我国地方品种猪可以从农业农村部公布的国家畜禽遗传资源保种场中考察引进，国家畜禽遗传资源保种场名单可查询农业农村部官方网站。

目前，直接从国外引进种猪是我国种猪的主要补充方式。据统计，2008 ～ 2016 年间我国共从国外养猪发达国家引入种猪 82446 头。

从引种国家来看，进口的种猪主要来自美国、加拿大、丹麦、法国和英国。2008 ～ 2016 年这 9 年中，从美国引种占 41.98%，加拿大占 20.87%，法国占 14.16%，丹麦占 11.05%。2014 年主要引种国家集中在加拿大、丹麦，这两个国家的引种总量达到全年引种总量的 65%，引种国家发生了较大的变化。

引进种猪的育种公司有全球最大的种猪育种公司 PIC 种猪改良公司、总部位于荷兰的跨国育种企业汉德克斯（Hendrix Genetics）的子公司海波尔（Hypor）、比利时的种猪育种公司莱托洛 • 斯格集团、美国以杜洛克猪闻名的华多农场（Waldo Genetics）、英国的 JSR 遗传育种有限公司、美国以母系大白猪闻名的华特希尔（Whiteshire Hamroc）、加拿大的拥有世界上最多官方系谱证明纯种猪（杜洛克猪、长白猪和大白猪）的加裕公司、丹麦的丹育国际（DanBred International，DBI）、总部位于荷兰的国际种猪育种公司托佩克（TOPIGS），还有 Fast Genetics、伊比得（Hybrides）、纽克利斯（NUCLES）、法国种猪育种公司、斯达瑞吉（Cedar Ridge）、纽绅精品（Newsham Choice）、储富来（Truline）、谢福基因育种公司（Shaffer Genetics）等。养猪场可以自己与国外的种猪公司联系，也可以委托国内专业从事畜牧业产品进出口贸易的公司联系购买。

《中华人民共和国畜牧法》第十五条、第十六条和第三十一条，《进境动物隔离检疫场使用监督管理办法》和《关于进一步加强进口种猪检疫工作的通知》等文件对从国外直接引进种猪有严格的规定和要求。需要从国外引进种猪的猪场必须首先了解相关的规定和注意事项。

种猪的引进时间要根据家庭农场的具体建设进度或者本场种猪更新计划确定。新建场种猪引进要等猪场的猪舍及附属设施建设完成，具备饲养条件后方可引进种猪。要做到让猪舍等猪，切不可让猪等猪舍。而对于老猪场，一般要按照种猪年更新33%的要求，对7胎以上或3年以上种猪及时淘汰，并进行新种猪的引进。

引进的种猪级别应根据本场的生产目的来确定。生产种猪的，要引进祖代猪或原种猪。生产断奶仔猪的要引进二元母猪和纯种公猪。如计划养母猪生产断奶仔猪的，可引进长大二元母猪和杜洛克公猪，或者引进生产商品猪的配套系公母猪；如果生产二元母猪的，可以引进纯种公猪和纯种母猪，如引进长白公猪或母猪、大白母猪或公猪进行二元杂交；如果生产纯种大白猪、长白猪或杜洛克公猪的，可以引进祖代的长白、大白或杜洛克公母猪。

引进的数量应根据猪场的饲养规模和猪群结构来确定。规模小的猪场可一次性引进种猪，规模大的要分2～3批引进。但是，无论分几批引进，最好都从同一个种猪场引进，避免出现交叉引种，造成疫病风险；猪群的结构按公母猪比例、猪群的胎次和使用年限等确定。采取人工授精的，公母猪比例一般按照1∶100，采用本交的公母猪比例一般按照（1∶25）～（1∶30）确定。理想的母猪群胎次比例为：第1胎次母猪占猪群的比例为20%，第2胎次母猪占猪群的比例为18%，第3胎次母猪占猪群的比例为16%，第4胎次母猪占猪群的比例为12%，第5胎次母猪占猪群的比例为10%，第6胎次母猪占猪群的比例为9%，第7胎次以上的母猪占猪群的比例为15%。后备公、母猪数量与更新比例一致，按照本场公、母猪群的33%计算。

小贴士：

无论引进什么品种的种猪，在引进种猪和精液时，应从具有种畜禽生产经营许可证（图 4-12、图 4-13）和《动物检疫合格证明》（图 4-14）的种猪场引进，并且系谱资料齐全。若从国外引种，应按照国家相关规定执行。否则，会导致引种失败。

国外引进种猪主要看种猪育种公司的实力，而不是只看来自哪个国家。更不要被所谓的名头迷惑，如单纯以国家来区分品系可能会让人对国外的育种机构产生误区，所谓官方不代表某国的品系。比如美国的“国家种猪登记协会（NSR）”，名称上看似乎是官方机构，但其实与官方无任何关系，完全是一家民间松散的合作机构。在美国，中小种猪场加入 NSR 并无特别的门槛，NSR 机构下的种猪在美国只占 5%左右，但国内可能把它当成国家机构，给予更多的信任，近年来从美国进口的种猪很多都来自 NSR。

图4-12 种畜禽生产经营许可证

图4-13 种畜禽生产经营许可证副本

动物检疫合格证明（动物B）

编号：

货主		联系电话		
动物种类		数量及单位	用途	
启运地点	市（州） 县（市、区） 乡（镇） 村（养殖场、交易市场）			
到达地点	市（州） 县（市、区） 乡（镇） 村（养殖场、屠宰场、交易市场）			
牲畜耳标号				

本批动物经检疫合格，应于当日内到达有效。

官方兽医签字：________

签发日期： 年 月 日

（动物卫生监督所检疫专用章）

第 联 共 联

注：1. 本证书一式两联，第一联由动物卫生监督所留存，第二联随货同行。

2. 本证书限省境内使用。

3. 牲畜耳标号只需填写后3位，可另附纸填写，并注明本检疫证明编号，同时加盖动物卫生监督所检疫专用章。

图4-14 《动物检疫合格证明》

2. 种猪的挑选

种猪是繁殖的基础，种猪的质量直接影响整个猪群的生产水平，所以，种猪的选择是养猪生产中关键的第一步，只有将种猪选好才能生产出优良的后代。种猪的选择必须符合生产目标。

（1）种公猪的挑选　种公猪的挑选应从品种和外形特征、生产性能和系谱资料等方面进行选择。

① 品种特征。不同的品种，具有不同的品种特征。种公猪的选择首先必须具备典型的品种特征，如毛色、头型、耳型、体型外貌等，必须符合本品种的种用要求，尤其是纯种公猪的选择。

② 体躯结构。种公猪的整体结构要匀称，头颈、前躯、中躯和后躯结合自然、良好，眼观有非常结实的感觉。头大而宽，颈短而粗，眼睛有神，胸部宽而深，背平直，身腰长，腹部大小适中，臀部宽而大，尾根粗，尾尖卷曲，摇摆自如而不

下垂，四肢强壮，姿势端正，蹄趾粗壮、对称，无跛蹄。

③ 性特征。种公猪要求睾丸发育良好、对称，轮廓清晰，无单睾、隐睾和疝，包皮积尿不明显。性功能旺盛，性行为正常，精液品质良好。腹底线分布明确，乳排列整齐，发育良好，无翻转乳头和副乳头，且具有 6 ～ 7 对。

④ 生产性能。种公猪的某些生产性能，如生长速度、饲料转化率和背膘厚度等，都具有中等到高等的遗传力。因此，被选择的公猪都应该在这方面确定它们的性能，选择具有最高性能指数的公猪作为种公猪。

⑤ 系谱资料。利用系谱资料进行选择，主要是根据亲代、同胞、后裔的生产成绩来衡量被选择公猪的性能，具有优良性能的个体，在后代中能够表现出良好的遗传素质。系谱选择必须具备完整的记录档案。种公猪来源于取得省级种畜禽生产经营许可证的原种猪场，具有完整系谱和性能测定记录，评估优良、符合本品种外貌特征、耳号清晰、系谱清楚、档案记录齐全，根据记录分析各性状逐代传递的趋向，选择综合评价指数最优的个体留作公猪。种公猪健康，无国家规定的一、二类传染病。所选种猪必须经检测无猪瘟、慢性萎缩性鼻炎等病症，并有兽医检疫部门出具的《动物检疫合格证明》。

⑥ 个体生长发育。个体生长发育选择，是根据种公猪本身的体重、体尺发育情况，测定种公猪不同阶段的体重、体尺变化速度，在同等条件下选育的个体，体重、体尺的成绩越高，种公猪的等级越高。对幼龄小公猪的选择，生长发育是重要的选择依据之一。

⑦ 以杜洛克公猪为例介绍具体的挑选标准。

品种特征：杜洛克种猪应具备毛色棕红、结构匀称紧凑、四肢粗壮、体躯深广、肌肉发达等特点，属瘦肉型肉用品种。

头部特征：头大小适中、较清秀，颜面稍凹，嘴筒短直，耳中等大小、向前倾、耳尖稍弯曲，胸宽深，背腰略呈拱形，腹线平直，四肢强健。

第二性征：公猪的包皮较小，睾丸匀称突出、附睾较明显。

挑选方法：从公猪的正面、侧面、后面观察公猪的体质结实度、整体发育程度、品种特性和精神状态。再对公猪部分器官重点观察。要求左右两侧睾丸基本对称，大小基本符合所处月龄要求；阴囊皮肤松紧适中，能够适应日后的增长以及在不同气温下的收缩与松弛。睾丸下垂、远离尾根的公猪，一般抗热应激能力强。要求四肢粗壮有力，蹄叉不分开，蹄壳无裂纹，特别要注意后肢的选择。要求有效乳头 6 对以上，体躯健壮灵活，膘情中等，腹线平直不下垂，性欲旺盛，精液品质优良等条件。

要求活泼好动，种猪身上无脓包、大的划痕、五官缺损等，包皮没有较多积尿。成年公猪最好选择见到母猪能主动爬跨、猪嘴分泌大量白沫、性欲旺盛。

挑选时最好多人同时挑选，将需要挑选的指标分解到每个挑选的人，每个人只把握一个指标，这样可以避免漏项和一个人观察不细致，甚至挑花眼的情况。比如按五官、四肢、阴户、乳头、体表等划分。进行挑选分工，人多时每人负责一项，人少可以适当调整。

小贴士：

俗话讲：“母猪好，好一窝；公猪好，好一坡。”种公猪的质量对猪场至关重要。种公猪要从信誉好的大型种猪场购买，并定期更换。

（2）种母猪的挑选

① 品种特征。不同的品种，具有不同的品种特征。种母猪的选择首先必须具备典型的品种特征。如毛色、头型、耳型、体型、外貌等，必须符合本品种的种用要求，尤其是纯种

母猪的选择。

② 体躯结构。种母猪的整体结构要匀称（图 4-15）。头颈较轻而清秀，下颚平整无肉垂，头长为体长的 18%～24%。若头大身小或头小身大都不能留作新母猪。头的额部要宽（额部宽的发育较快），耳以薄且耳根稍硬为宜，嘴筒要齐。眼要圆、大、明亮且有神。颈应具有中等长度，头与颈以及颈与躯干应衔接良好无凹陷。

背腰平直，肋骨开张，胸宽、深而开阔。背前与肩、背后与腰的衔接要良好，无凹凸。腹部大而不下垂拖地。

臀部要长、宽、平或微斜，肌肉较丰满，尾根高。臀部宽广的母猪，骨盆发达，产仔容易且数量多。

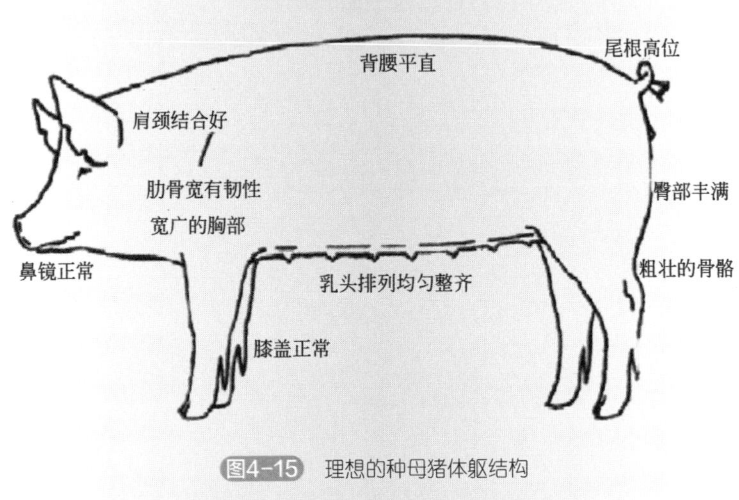

图4-15 理想的种母猪体躯结构

四肢结实，站立正直，系短而强健，四肢蹄形一致，蹄壁角质坚滑无裂纹（图 4-16）。无关节肿大、包块、硬结，无一蹄不着地或扭曲现象，行动灵活，无跛行，步伐开阔，无内外八字形。前肢之间距离要大，不能有X形肢势；后肢间要宽，在后面的两个乳头要离得开。行走时两侧前后肢在一条直线上，且不左右摆动。

③ 性特征。母猪的外生殖器官发育状况与其今后的产仔性能有一定的相关性。外阴小的母猪一般产仔数都较少。母猪的外阴应发育充分，外形呈桃形，与周围皮肤有明显差别（图4-17），无阴门狭小或上翘等明显缺陷。乳头排列整齐，两行乳头的排列应对称或呈品字形，无瞎乳头、翻乳头或无效乳头，按品种特征规定应有6对以上发育正常的乳头。同时还要重视乳头的形状，要选“泡通奶”，不选“钉子奶”。所谓泡通奶，是形容乳头的形状如泡通（即通草），形状长，大而钝；所谓钉子奶，是形容乳头像铁钉，形状比泡通奶短，小而尖。特别是临产前和哺乳期中的乳头，区别更为明显。泡通奶乳丘充盈发达，泌乳功能好；乳池部膨大，蓄奶多；乳头管较粗，排乳快。钉子奶则相反。两种乳头哺乳仔猪的差异，在母猪哺乳的中后期表现比较明显。

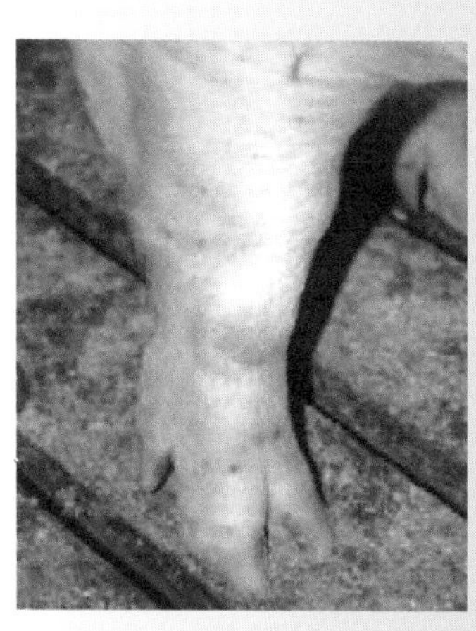

图4-16 理想的蹄部和间距

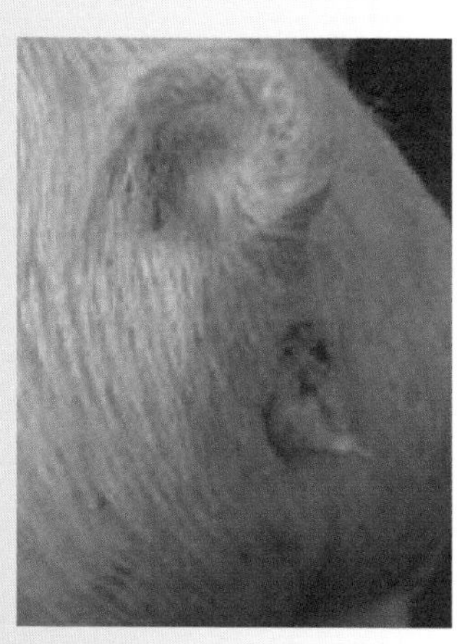

图4-17 发育良好的阴户

④ 个体生长发育。出生重、断奶重、2 月龄体重、4 月龄体重、20 ～ 90 千克的日增重和饲料转化率等指标是选择种母猪的依据。应选择具有最高性能指数的母猪作为种母猪。特别强调的是 2 月龄体重，2 月龄前发育不好的小母猪，即使今后的体型发育好，这头小母猪到了繁殖年龄也往往没有好的繁殖表现。一般头胎所产的小母猪不宜留作种用，头胎母猪的泌乳力较差，会导致仔猪发育不良，体型较差，其今后的繁殖能力也会较差。

⑤ 系谱资料。利用系谱资料进行选择，留作种母猪的仔猪祖先应有良好的表现，尤其是父母代更应严格考察。祖先及同胞应有理想的性能指标，这些指标包括日增重、背膘厚、饲料转化率、易配性（在断奶后第一次发情配种就能受胎）、窝产仔数、断奶窝重、仔猪成活率等。三代以内的祖先及同胞不应有产畸形、怪胎的记录。

⑥ 以 PIC 种母猪选择标准为例介绍具体的挑选标准。

体型 / 总体外观：从两侧看，鼻子和下腭平直，全身无脓包。身体如有被蚊虫叮咬痕迹需预先与客户联系，若客户农场也有此类现象则可以出售；有弓腰、塌背或疝气的应淘汰，同时记录下耳刺号找出它的父母代予以淘汰；有明显外伤，如破皮、流血等不应出售；有皮肤病不应出售；有震颤表现的也不可作为种猪出售；体型短小或奇怪的应淘汰。

体重 / 日龄：可出售的种猪体重应大于 50 千克。日龄相同但体重明显小于其他猪只并发育不良的母猪应淘汰。同一批出售的猪群体重差异应在 10 千克以内，日龄差异应在 15 日以内。总体来讲同一批出售的体重 / 日龄越相近越好。

腿：种猪腿部状况是影响种猪使用寿命的重要影响因素，因此出售的种猪应是腿部结构无问题且结实有力。检查腿时，给猪一定的活动空间便于走动，从前后观察。若有小且柔软的肿块，一般说来，经治愈后可消失，可以出售；若肿块坚硬，不可出售；关节部出现发炎脓肿的应淘汰。

耳与尾：两个耳朵都有皱褶或一只耳朵感染的，不可出售。对咬尾猪只能选择被确认无感染症状的。

外部繁殖器官：无肛门猪只应淘汰。阴户太小，不易配种，即使能够配种也容易难产，应淘汰。

奶头：后备种母猪理想的有效奶头数应为 12 个。为保险起见，最后一对不记录在内。同时应该强调的是前 3 对奶头必须是良好的，奶头的大小不作为选择依据。

（3）二元母猪的挑选　我国目前的商品猪生产普遍采用的是三元杂交生产商品猪模式。这种模式对于大中型养猪场来说，可以饲养三个不同的纯种猪进行三元杂交生产，而对于绝大多数的小规模养猪场（户）来说，同时饲养三个品种的纯种猪不现实，只能从外面的养猪场引进二元杂交母猪，然后同本场饲养的纯种公猪进行杂交生产商品猪。因此二元杂交母猪繁殖性能的优劣、品质的好差，直接决定三元杂交商品猪生产的发展。

① 符合本品种特征。二元母猪遗传和保留着杂交双亲的许多典型的外貌特征，主要体现在头型、耳型大小及耳角方向，脸面的平凹，嘴筒的尖钝，躯体的长短，四肢的高矮及粗细，被毛疏密及毛、皮颜色，脊背宽窄，腹线弧形大小等，这些典型特征是推断杂交亲本和鉴别二元母猪品质优劣的重要依据。因此，要了解不同双亲杂交繁殖的二元母猪的外貌特征。如长大二元杂交母猪，即长白公猪与大白母猪或者是大白公猪与长白母猪杂交所产生的一代杂种（长大或大长）母猪。父母代要优良，符合本品种特征，无疾病，四肢健壮，食欲好，性欲旺盛；母代还要有产仔数多、初生重大、个体均匀、母性好、育成率高、无残缺疾病等特点。留作种用的二元杂交仔母猪除有父母代以上优点以外，还应四肢健壮、结构匀称。

② 体躯结构。体况正常，体型匀称，躯体前、中、后三部分过渡连接自然，脊背平直且宽，肌肉充实，无凹陷或弯体。腹线平，略呈弧形，不宜太下垂或卷缩，有弹性而不松弛，腹部向两侧不过于膨大。四肢坚实直立，肢势不正的母猪不宜作种用。被毛光泽度好、柔软、有韧性。皮肤有弹性、无皱纹、不过薄、不松弛。体质健康，性情活泼，对外界刺激反应敏捷。很容易站立和卧下，走动时非常流畅。口、眼、鼻、生

殖孔、排泄孔无异常排泄物粘连。无瞎眼、跛行、外伤。无脓肿、疤痕，无癣、虱、疝气和异嗜癖。如果体型较小、个体大小差异明显、体质瘦弱、被毛粗乱逆立、缺少光泽、粘连尿粪污物等，很可能有品质遗传因素，或生长发育不良，或患有寄生虫病，或有潜在疾患，或疾病初，或饲养管理差、有恶习怪癖等。

③ 第二性征。二元杂交母猪乳房应发育良好、排列整齐、匀称、左右间隔适当宽。有效乳头数量不能少于 6 对，无假乳头、瘪乳头或瞎乳头等。

臀部与骨盆、生殖器官的发育有密切关系，可作为判断生殖功能的依据。要求臀部宽、平、长，微倾斜；阴户发育良好，外形正常，大而明显。

④ 系谱档案。到取得种畜禽生产经营许可证的种猪场选购二元母猪，具有完整的系谱和性能测定记录，评估优良、符合本品种外貌特征，耳号清晰、系谱清楚、档案记录齐全。二元母猪健康，无国家规定的一、二类传染病。所选种猪必须经检测无猪瘟、慢性萎缩性鼻炎等病症，并有兽医检疫部门出具的《动物检疫合格证明》。

（4）本场二元母猪的选留

① 本场二元母猪选留主要是按照生长发育状况选择，通常在断奶猪之后开始选择。主要考虑父母成绩、同窝仔猪的整齐度以及本身的生长发育状况和体质外形。一般来说，同一时期内出生的仔猪在管理和环境条件上基本相似，要选留的仔猪，首先是父母成绩优良，然后考虑从窝产仔猪较多且哺育率高、断奶体重大而均匀的窝中选留，同时要求体质外形符合种用特征。此时选种一般应为留种量的 4 ～ 5 倍。

② 4 月龄时选择体型外貌好，骨骼发育匀称，生长发育良好，体格健壮，膘度适中，乳头排列整齐、匀称，有效乳头数在 6 对以上的母猪作后备。阴户大小适中，位置恰当。

③ 6 月龄这一阶段重点关注生长速度、饲料转化率，同时要观察外形，如有效乳头、有无瞎奶头、生殖器官是否异常等。此时选择一般为留种数量的 1.5 倍。由于选择的余地较

大，所以要求比较严格，生长发育缓慢，外形有缺陷的要坚决淘汰。一般猪种在6月龄时都有发情表现，此时可用成年公猪诱情，多次诱情没有明显发情表现的也不宜留种。地方品种猪此时可以配种，培育品种和国外品种一般还要推迟1～2个月。配种时表现不好，如明显发情但拒配，一个情期内没有稳定的站立反应，生殖器官发育异常的应及时淘汰。

④ 头胎母猪选择时，因为种猪已经经过了两次筛选，对其父母表现、个体发育和外形等已经有了比较全面的了解，所以这时的选择主要看其繁殖力的高低。第一，对产仔数少的应予以淘汰；第二，对产奶能力差，断奶时窝仔少和不均匀的应予以淘汰。但是，有一点需要注意，母猪在产仔数、产奶多少、哺乳成活率等指标上，各胎次的差异有时会很大。所以即使头胎猪表现一般也应尽量选留。

⑤ 二胎以上母猪的选择。此时留下的种猪一般没有太大的缺陷，对于第一胎产仔数较少（少于9头），哺育力差（哺育期死亡率高、仔猪发育不整齐）的应予以淘汰。此时该种猪已有后代，对其后代生长发育不佳的母猪应予以淘汰。

3. 种猪的运输

① 证件准备。种猪销售方应提供《种畜禽合格证明》、种猪个体档案和系谱、种猪场所在地动物防疫监督机构出具的《动物检疫合格证明》、动物防疫条件合格证、《运载车辆消毒证明》、购买种猪的发票、《非疫区证明》等。

② 人员配置。司机要求配置2人，而且都要有长途运输经验，对押送种猪的路线比较熟悉。同时，随车押送人员1～2人，要求有2年以上猪场工作经验的畜牧兽医专业技术员或有长途押运种猪经验的猪场技术员。

③ 准备车辆。选择车况良好的种猪专用运输车，最好不使用运输商品猪的车辆装运种猪。车厢底部平整但不能光滑，车厢分2～3层，每层高0.65～0.75米，每层平均分成独立的4～6个隔栏，可防止运输途中猪只的互相挤压而受伤，甚至死亡。隔栏最好用光滑的钢管制成，避免刮伤种猪。车顶备

有水箱，车厢中的每一个隔栏都有饮水器，以保证运输途中每头猪只都能自由饮水。备有天气寒冷时铺的干稻草或干木糠。备有帆布架及遮风挡雨用的帆布等。

④ 随车携带的物品。处理外伤用的药品和器械：3%的碘酒、抗生素及抗应激药、镇静剂、10 毫升和 20 毫升金属注射器各一支、16 号针头一盒、缝线一盒、止血钳一把、手术刀一把等，方便途中对体质差、脱肛或肢蹄损伤等的猪只进行护理。途中检查猪只、冲洗猪身和灌药或防止猪只相互打架、挤压等用的水桶、喷枪、手电筒、胶手套、水鞋、铁钳、中号铁线、绳子、长度约 2 米的小竹竿一支等。

⑤ 控料。对要运输的猪只应在运送前 5 小时左右停止喂食饲料，可防止运输时猪只的呕吐或脱肛等。

⑥ 减少应激。长途运输的种猪装车时对每头种猪按 1 毫升 /10 千克注射长效抗生素，以防止猪群途中感染细菌性疾病。对临床表现特别兴奋的种猪，可注射适量氯丙嗪等镇静针剂，以减少运输途中的应激。同时给猪群饮用电解多维水。

⑦ 车辆清洗和消毒。在运载种猪前应使用高效消毒剂对车辆和用具进行两次以上的严格消毒，最好能空置一天后装猪，在装猪前用刺激性较小的消毒剂彻底消毒一次，并开具消毒证明。待车厢干爽后再装猪。

⑧ 装猪操作。应在专用的装猪台装猪。赶猪上车时不能赶得太急，动作要温柔，注意保护猪只的肢蹄等。体重大小相近的装入同一隔栏内，车厢中每个隔栏的数量要适中，防止相互之间挤压。如一个 1.8 平方米左右的隔栏，50 ～ 60 千克的种猪装 5 ～ 6 头，90 千克左右的装 4 ～ 5 头。达到性成熟的公猪应单独隔开，并喷洒带有较浓气味的消毒药（如复合酚等）或者与母猪混装，以免公猪之间相互打架。装猪结束后应固定好车门。

⑨ 运输途中注意事项。应在起运前做好线路规划，查询沿途路况和天气预报，避开易拥堵路段、疫区和可疑疫区、近期封闭路段、连日暴发洪水地段等。长途运输的运猪车应尽量走高速公路，避免堵车，两名驾驶员交替开车，行驶过程应尽量避免急刹车。就餐应注意选择没有停放其他运载相关动物车

辆的地点，绝不能与其他装运猪只的车辆一起停放。运输途中应每间隔 2 ～ 3 小时停车观察猪只状况，给猪只适量饮水。如出现呼吸急促、体温升高等异常情况（测量体温的方法见视频 4-3），应及时采取有效的措施，可注射抗生素和镇痛退热针剂，并用温度较低的清水冲洗猪身降温，必要时可采用耳尖放血疗法。

视频 **4-3** 测体温

夏天注意做好防暑降温，尽量避开中午前后阳光照射强度大的时间段。冬天注意做好防寒保暖，给车加装防寒被，车厢内铺垫厚稻草等。

4. 隔离猪舍的准备

应至少在引进种猪进场前 7 天，对用于单独饲养新引进种猪的隔离猪舍进行彻底的消毒，消毒步骤为先清洗冲刷猪舍内墙壁、地面、猪栏、饲槽、饮水器和清扫用具等，然后用高效消毒液喷洒消毒，2 小时后再用清水彻底冲洗晾干，最后用高锰酸钾和甲醛熏蒸消毒并封闭猪舍（视频 4-4）。在进猪前 3 天打开封闭的猪舍，进行通风，同时检查调试供料、供水、通风换气、夏季防暑降温和冬季猪舍增温等设备。

视频 **4-4** 猪舍消毒

5. 种猪引进后隔离

种猪引进后应隔离观察 30 天以上，并按规定进行检疫。若从国外引种，应按照国家相关规定执行。

小贴士：

种猪运输的两大重点工作是做好生物安全和减少应激，其贯穿于种猪引进的全过程，要求高度重视，不能落下每一个细节，不走过场。

三、繁殖管理

（一）杂种优势的利用

生物学上有杂种后代表现出优于其亲本平均值的现象。就大多数性状而言，杂种的性能如生活力、生长势和生产性能等方面一般总是优于其亲本的平均值。遗传学上也证明亲本的显性基因常比其隐性基因更有优势。因为不利的性状常是隐性的，杂交提供了改良某些性状的最佳办法，这是通过显性基因（优点）掩盖或抑制隐性基因（缺点）而实现的。这种优势互补性，解决了单个品种或品系存在的缺点，有目的地利用它们的优点进行杂交，使理想性状最大化，而使不利性状最小化。猪的很多性状如产仔数、泌乳力、生长速度、饲料转化率、瘦肉率等是由多对不同遗传类型的基因决定的。因此，其杂种优势的表现程度也不一样，总的来说，遗传力低的性状容易获得杂种优势，如产仔数、初生个体重、断奶窝重和成活率等；相反，遗传力高的性状难以获得杂种优势，如胴体长、背膘厚和眼肌面积宽等。亲本的遗传基础差异越大，杂种优势的表现就越明显，如瘦肉型猪 × 脂肪型猪，北方品种 × 南方品种等。当然不同的杂交组合和杂交方法，会直接影响杂交的效果。

1. 常见的杂交方式

主要有二元杂交、三元杂交、四元杂交、级进杂交、轮回杂交、顶交为主的二元杂交等，商品猪生产中常用的是引进品种的三元杂交和四元杂交方式。

（1）猪的二元杂交　二元杂交（又称“简单经济杂交”）是利用两个不同品种的公、母猪进行杂交所产生的杂种一代猪，直接利用杂种一代的杂种优势实现经济目的（后代用来育肥作商品猪）。这就是目前养猪生产推广的“母猪本地化、公猪良种化、育肥猪杂交一代化”，是应用最广泛、最简单的一种杂交方式。

猪的两品种杂交（二元杂交），其形式为：

A 品种公猪与 B 品种母猪交配，产出的后代可用作商品育肥猪（图 4-18）。在这种杂交方式中，父本可选用引进品种中生长速度快、饲料报酬较好、胴体瘦肉率高的杜洛克品种。母本可选用繁殖性能好、适应性强的大白、长白品种，或用本地品种、本地培育品种作母本。在选用本地品种或本地培育品种作母本时，繁殖性能会比大白或长白品种作母本好，但杂种后代的生长速度、饲料转化率和胴体瘦肉率方面的表现，比选用后者作母本时差。猪的两品种杂交（二元杂交），有如下几种类型：本地猪种与地方良种；地方良种与引入品种；地方良种与国内新培育的品种；引入品种与引入品种。试验表明：猪的平均日增重优势率为 6%，饲料转化率的优势率约 3%。

A品种公猪(♂)×B品种母猪(♀)

↓

二元杂交猪全部育肥出栏

图4-18　二元杂交示意图

（2）猪的三元杂交　三元杂交是先用两个品种杂交，产生在繁殖性能方面具有显著杂种优势的母本群体，再用第三个品种作父本与其杂交。这种杂交方式直接获得了最大的直接杂种优势和母本杂种优势。另外，三元杂交比二元杂交能更好地利用遗传互补性。一般比二元杂交的育肥效果更好。因此，三元杂交在商品肉猪生产中已被逐步采用。最常见的组合有杜 - 长 - 大或杜 - 大 - 长。

猪的三品种杂交（三元杂交），其形式为：

A 品种的公猪与 B 品种的母猪杂交，在其后代中选择优良的母猪（AB）再与 C 品种的公猪杂交，所产的后代一律作商品育肥猪（图4-19）。例：长白或大白公猪与大白或长白母猪杂交，选其后代长大或大长母猪再与杜洛克公猪杂交，所产的后代杜-长-大或杜-大-长三元猪即为商品育肥猪。

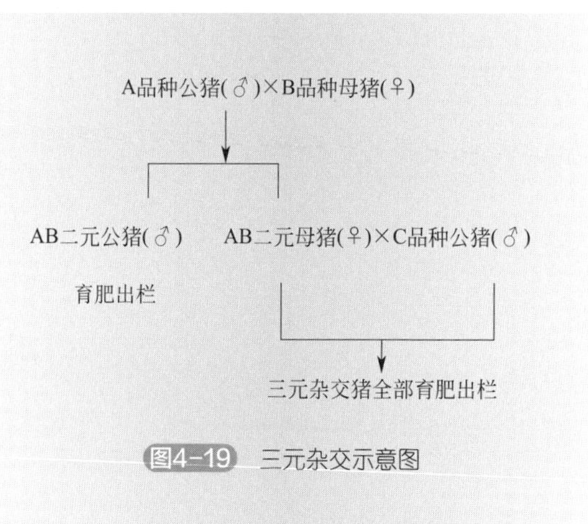

图4-19 三元杂交示意图

（3）猪的四元杂交　猪的四元杂交也称为双杂交。即在祖代先用四个品种分别进行两两杂交，产生父母代；再在父母代中选留父系和母系进行杂种间杂交，生产经济性状更好的商品猪。这种杂交方式，不仅能够保持杂种母猪的杂种优势，提供生产性能更高的杂种猪用来育肥，还可以不从外地引进纯种母猪，减少疫病传染的风险。而且由于猪场只养杂种母猪和少数不同品种良种公猪来轮回相配，在管理上和经济上都比二元杂交、三元杂交具有更多的优越性。这种杂交方式，不论养猪场还是养猪户都可采用，不用保留纯种母猪繁殖群，只要有计划地引用几个育肥性能好和胴体品质好，特别是瘦肉率高的良种公猪作父本，实行杂交，其杂交效果和经济效益都十分显著。

猪的四品种杂交（双杂交）的形式为：

A品种的公猪与B品种的母猪杂交，其后代公猪再与C

品种公猪跟D品种母猪杂交所得后代的母猪杂交，获得的商品育肥猪具有ABCD四个品种的优势（图4-20）。在这种方式中，可用汉普夏猪作父本、杜洛克猪作母本，生产杂种公猪，用大白猪和长白猪互作父母本，生产杂种母猪，或用大白猪或长白猪作父本，本地品种或本地培育品种作母本生产杂种母猪。

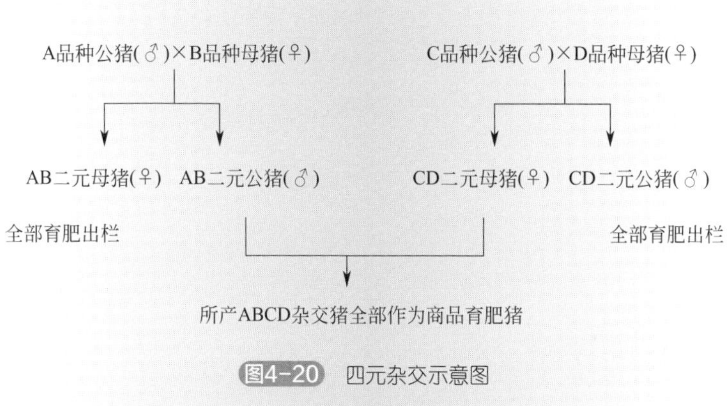

图4-20　四元杂交示意图

应该注意的是，不同地区、不同市场条件要求的商品育肥猪的类型不同，而且同一品种不同类群的猪产生的杂交效果也不同。因此，组织猪的杂交时，在品种的选用和作父母本的安排上，并不是一成不变的。不同的猪场，应根据本地区和特定市场的要求，开展不同猪品种间的杂交配合力测定工作，摸索出一种或几种最佳杂交组合形式。

2. 杂交亲本选用的原则

所谓杂交亲本，即猪进行杂交时选用的父本和母本（公猪和母猪）。实践证明，要想使猪的经济杂交取得显著的饲养效果，一个重要的条件是父本必须是高产瘦肉型良种公猪。如我国从国外引进的长白猪、大白猪（约克夏猪）、杜洛克猪、汉普夏猪、皮特兰猪、迪卡配套系猪等高产瘦肉型种公猪等都可作为父本，尤其用杜洛克公猪作为终端父本，它们的共同特点是生长快、耗料低、体型大、瘦肉率高，是目前最受欢迎的父本。注意第一父本的繁殖性能不能太差，凡是通过杂交选留的公猪，其遗传性能很不稳定，要坚决淘汰，绝对不能留作种用。

对母本种猪的要求，特别要突出繁殖力高的性状特点，另外包产仔数、产活仔数、仔猪初生重、仔猪成活率、仔猪断奶窝重、泌乳力和护仔性等性状都要比较良好。由于杂交母本猪种需要量大，故还需强调其对当地环境的适应性。母本如果选用引进品种，应选择产仔数多、母性强、泌乳力高、育成仔猪数多的品种，如大白猪、长白猪等，都是应用最多的配种。

由于我国地方品种的母猪适应性强、母性好、繁殖率高、耐粗饲、抗病力强等，可以利用引进品种的良种公猪和地方母猪杂交产生的后代，一是生长快，饲料报酬高；二是繁殖力强，产仔多而均匀，初生仔体重大，成活率高；三是生活力强，耐粗饲，抗病力强，胴体品质好。选用我国地方品种时要选择分布广泛、适应性强的地方品种母猪，如太湖猪、哈白猪、内江猪、北京黑猪、里岔黑猪、烟台黑猪或者其他杂交母猪。

由此可知，亲本间的遗传差异是产生杂种优势的根本原因。不同经济类型（兼用型 × 瘦肉型）的猪杂交比同一经济类型的猪杂交效果好。因此，在选择和确定杂交组合时，应重视对亲本的选择。

小贴士：

养猪实践中普遍利用这些规律来进行养猪生产。利用杂种优势来繁殖具有高度经济价值的育肥猪。有计划地选用 2 个或者 2 个以上不同品种猪进行杂交，如我们常见的杜洛克猪、长白猪、大约克猪三元杂交生产的商品猪。

（二）猪的配种技术

猪常用的配种方法有自然交配（本交）和人工授精两种。

1. 自然交配

自然交配也称本交，是指发情母猪与公猪所进行的直接交配，通常分为自由交配和人工辅助交配。

① 自由交配。自然交配是把公母猪放在一起饲养，公猪随意与发情母猪交配。一般 15 ～ 20 头母猪放入一头公猪，让其自然交配。这易造成公母猪乱交滥配，母猪缺乏配种记录，无法推算预产期，公猪滥配，使用过度，影响健康，这种配种方式在养猪生产上已很少采用。

② 人工辅助交配。人工辅助交配的公猪平时不和母猪混在一起饲养，而是在母猪发情时，将母猪赶到指定地点与公猪交配或将公猪赶到母猪栏内交配。当公猪爬上母猪背时，辅助人员一手把母猪尾拉开，另一手牵引公猪包皮引导阴茎插入阴道。然后观察公猪射精情况，当公猪射精完后，立即将公猪赶走，以免进行第二次交配。这种方法能合理地使用公猪。

配种可分为单次配种、重复配种、双重配种、多次配种。单次配种指在一个发情期内，只与一头公猪交配一次。重复配种指第一次配种后，间隔 8 ～ 12 小时用同一公猪再配一次，以提高母猪受胎率和产仔数。双重配种指在母猪的一个发情期内，用同一品种或不同品种的 2 头公猪，先后间隔 10 ～ 15 分钟各配种一次。此方法只适宜生产商品猪的猪场。多次配种指在一个发情期内，用同一头公猪交配 3 次或 3 次以上，配种时间分别在母猪发情后第 12、24、36 小时。为了保证高受精率，有条件最好采用双重配种。

2. 人工授精

人工授精的优点很多，是规模化养猪必须掌握的一门技术。人工授精技术包括种公猪的采精调教、采精频率、采精、精液品质检查、精液稀释、精液保存和输精等环节。

（1）公猪采精调教

a. 调教的目的是使公猪爬跨假母猪台；b. 后备公猪 7 月龄开始进行采精调教；c. 每次调教时间不超过 20 分钟；d. 一旦采精获得成功，分别在第 2、3 天再采精 1 次，进行巩固掌握该技术；e. 采精调教可采用发情母猪诱导（让待调教公猪爬跨正在发情的母猪，爬上后立即把公猪赶下，母猪赶走，然后引导公猪爬跨假母猪台），观摩有经验公猪采精，在假母猪台后端涂抹发情母猪尿液或母猪分泌物、成年公猪尿、精液或包皮液等刺激方法；f. 调教公猪要循序渐进，有耐心，不打骂公猪；g. 注意调教人员的安全。配种人员在公猪圈内或者哄赶公猪时要小心，注意公猪的头和嘴。站在公猪旁边的时候，一定要站在它的后面，周围没有障碍物，便于躲闪。如果人站在公猪前面，则要与公猪保持一定的距离。

（2）采精频率　公猪的射精时间和采精量因年龄、个体大小、采精技巧和采精频率变化很大，公猪完成一次射精需要 5 ～ 9 分钟，整个采精时间需要 5 ～ 20 分钟。正常情况下，1 头公猪的射精量为 150 ～ 300 毫升，也有的会超过 400 毫升。

8 ～ 12 月龄公猪每周 1 次；12 ～ 18 月龄青年公猪每 2 周采 3 次；18 月龄后每周采 2 次。通常建议采精间隔为 48 ～ 72 小时。所有采精公猪即使不使用精液，每周也应采精一次，以保持公猪性欲和精液的质量。

（3）采精

① 采精前准备。采精室要做到清洁、干燥，地面没有异物。采精室顶棚采用铝扣板或塑钢板材，减少灰尘，并且每周清扫 1 次。采精人员头戴卫生帽子，防止头发和皮屑脱落污染精液。化学制品（乳胶手套、肥皂、酒精等）、光（阳光、紫外线）和温度（热、冷）对精子都是有害的，应避免。采精人员采精时戴手套，如徒手时必须严格消毒，防止精液交叉污染，同时采精人员必须定期修剪指甲，防止指甲过长划破手套污染精液。在精液采集前所有与精液接触的物品包括手套、采精杯、精液分装瓶等全部要在 37℃恒温箱

预热，保证在采精的时候精液与其接触物品温度相差不高于2℃。

② 清洁公猪。饲养员将待采精的公猪赶至采精栏，用温水（夏天用自来水）将公猪的下腹部清洗干净，挤掉包皮积尿，清水清洗包皮后用卫生纸把包皮彻底擦干净。

③ 采精人员戴上消毒手套，蹲在假母猪台左侧，待公猪爬跨假母猪台后，用 0.1% 的高锰酸钾溶液将公猪包皮附近洗净消毒，当公猪阴茎伸出时，用手紧握伸出的公猪阴茎螺旋状龟头，顺势将阴茎拉出，让其转动片刻，用手指由轻至紧，握紧阴茎龟头不让其转动，待阴茎充分勃起时，顺势向前牵引，用手在螺旋部分的第 1 和第 2 脊处有节奏地挤压，压力要适当，不可用力过大或过轻，直到公猪射精完成才能放手。这个动作模仿母猪子宫颈，形成了一个锁（指用手指呈环状握紧公猪阴茎），公猪即可射精。

④ 另一只手持带有专用过滤纸（或无菌纱布）的集精保温杯（瓶），杯（瓶）内放一次性采精袋收集浓份精液，公猪第一次射精完成，按原姿势稍等不动，即可进行第二或第三、四次射精，直至完全射完为止（图 4-21 和视频 4-5）。采精过程中前段精液和末段精液不要收集，前段几乎无精子可能还会混有少量尿液，让最初的几下喷射到地上。末段精液胶状物含量多并且精子含量少，也不宜收集。一般情况下仅收集中间乳状且不透明的富含精子的部分。精液采集后撤掉过滤纸，把采精袋扎好并立即盖上保温杯盖子。

视频 4-5 公猪采精操作

⑤ 采集的精液应迅速放入恒温箱中，由于猪精子对低温十分敏感，特别是当新鲜精液在短时间内剧烈降温至 10℃以下，精子将产生不可逆的损伤，这种损伤称为冷休克。因此在冬季采精时应注意精液的保温，以避免精子受到冷休克的打击不利于保存。集精瓶应该经过严格消毒、干燥，最好为棕色，以减少光线直接照射精液而使精子受损。由于公猪射精时总精子数不受爬跨时间、次数的影响，因此，没有必要在采精前让公猪反复爬跨母猪或假母猪台提高其性兴奋程度。

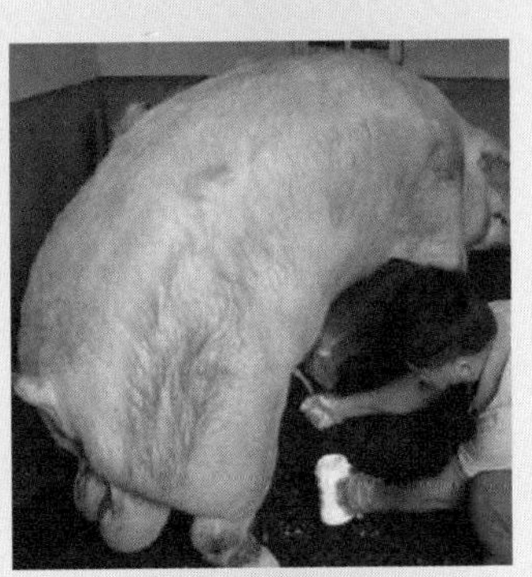

图4-21 采精操作实例

（4）精液品质检查

① 精液量。以电子天平称量精液，按1克=1毫升计。

② 颜色。正常的精液是乳白色或浅灰白，精子密度越高，色泽愈浓，其透明度愈低。如带有绿色或黄色是混有脓液或尿液的表现，若带有淡红色或红褐色是含有鲜血或陈血的证明，这样的精液应舍弃不用。并针对症状找出原因，进行相应诊治。

③ 气味。猪精液略带腥味，如有异常气味，应废弃。

④ 精子活力（率）。活力是指呈直线运动的精子百分率，在200倍或400倍的显微镜下观察精子活力，原精液一般按0～5分评分，稀释后的精液一般按0～100%评分。一般要求原精液活力在2分以上可以进行稀释；稀释后精液活力在70%以上进行分装；贮藏精液活力在60%以上使用。

⑤ 精子密度。精子密度指每毫升精液中所含的精子数，是确定稀释倍数和可配母猪头数的重要指标。种猪的输精浓度过低会造成产仔数降低，浓度过高将缩短精液的保存期。精子密度检测主要方法有显微镜观测法、白细胞计数法和光度仪测定法。

显微镜观测法：此法操作简便，可与精子活力检查同时进行。在（37℃）显微镜下对没有稀释的原精液进行观察，根据精子的稠密程度确定精子密度。

白细胞计数法：此法设备比较简单，但操作繁杂耗费时间。把按一定比例稀释的精液，用吸管吸取滴入计数器上，然后计算计数器上精子的数量。

光度仪测定法：根据公猪精液样品的不透明度取决于精子数目的原理，即精子密度越高，其精液越浓，透光性越低，使用光度仪可以准确测定精子密度。被测定的精液需滤去胶状物。

三种方法可根据实际情况使用，如对公猪精液作定期全面评估时可使用白细胞计数法和光度仪测定法，而平时生产时可用显微镜观测法。

⑥ 精子畸形率。畸形率是指异常精子的百分率，一般要求畸形率不超过 20%。畸形精子种类很多，如巨型精子、短小精子、双头或双尾精子，顶体膨胀或脱落、精子头部残缺或与尾部分离、尾部变曲的精子。

⑦ 精液的 pH 值检查。正常精液的 pH 值为 7.4 ～ 7.5。精液的 pH 值高低对精液的质量有影响，pH 值偏低说明其品质较好。常用的测定 pH 值的方法是 pH 试纸比色。

（5）精液稀释

① 实验室内应保持地面、台面、墙面和顶棚无尘土。精液稀释人员进入实验室必须更换工作服和鞋帽。每次用完采精杯、稀释杯、玻璃棒和稀释粉瓶要进行彻底清洗，清洗后用双蒸水润洗两次，然后进行高压或者干烤消毒（根据仪器的性质）。精液稀释必须用双蒸水或者去离子水进行，并且双蒸水和去离子水的保存期不能超过 1 个月。

② 精液采集后应尽快在 30 分钟内稀释。精液稀释也要提前至少 1 个小时放在 37℃水浴锅中预热，保证稀释液混合均匀。实验室空调设置为 25℃最为适宜。稀释液和原精液的温差不得高于 2℃，否则将严重影响精液稀释后的精子活力。

③ 稀释时，将稀释液沿盛精液的杯壁缓慢加入精液中，然后轻轻摇动或用消毒玻璃棒搅拌，使之混合均匀。

④ 稀释倍数的确定。活力大于等于 0.7 的精液，每剂

量精液的精子数目通常在20亿～60亿个之间，每剂精液在60～120毫升，我们一般按每个输精剂量含40亿个精子，输精量为80毫升确定稀释倍数，例如：某头公猪一次采精量是200毫升，活力为0.8，密度为2亿个/毫升，要求每个输精剂量含40亿精子，输精量为80毫升，则总精子数为200毫升×2亿个/毫升=400亿个，输精头份为400亿个÷40亿个=10份，加入稀释液的量为10份×80毫升-200毫升=600毫升。

如果缺乏准确的密度资料，可根据下面的方法来稀释精液：精液和稀释液至少要按1∶4的比例稀释，但最多不能超过1∶10。即如果有100毫升精液，其稀释后的精液容量不能超过1000毫升。

⑤ 稀释后要求静置片刻，再做精子活力检查，如果精子活力低于70%，不能进行分装。

（6）精液保存

① 精液稀释后，检查精液活力，若无明显下降，按每头份80～90毫升分装。贴上标签，标注采精日期、公猪号、失效期。

② 稀释好的精液不要立即放入17℃恒温箱中，要置于22～25℃的室温（或用几层毛巾包被好）1小时后（在炎热的夏季和寒冷的冬季，特别应注意本环节），再放置17℃恒温箱中。

③ 保存过程中要求每12小时将精液缓慢轻柔地混匀一次，防止精子沉淀而引起死亡。

（7）输精

① 输精时间。断奶后3～6天发情的经产母猪，发情出现站立反应后6～12小时（图4-22）进行第1次输精配种；后备母猪和断奶后7天以上发情的经产母猪，发情出现站立反应，就进行配种（输精）。

为了更好地掌握母猪发情时间，生产中人们根据母猪发情时候的表现，总结出了顺口溜，摘录如下供养殖者参考：

猪发情，嗷嗷叫，光喝水，不吃料。

人进圈，身边靠，拱圈门，啃料槽。

跳猪栏，往外跑，千万记得门关好。

阴户肿得像红桃，躁动不安真难熬。
配种早，产仔少，什么时间配种好？
手按腰，两耳竖，赶快配种莫延误。
往前推，朝后坐，此时配种就不错。
神情呆，站不动，输精受胎最管用。
外流白，粘东西，此时配种最最好。

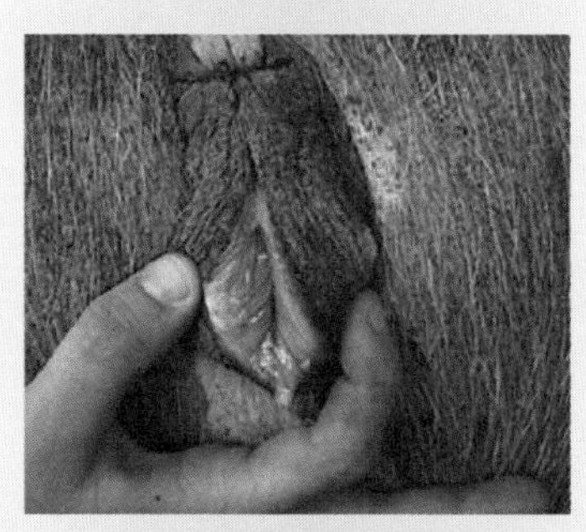

图4-22 阴户有黏性分泌物

② 将待配种母猪赶入专用配种栏，使母猪在输精时可与隔壁栏的试情公猪鼻部接触，在母猪处于安静状态下输精。用0.1%高锰酸钾水溶液清洁母猪外阴、尾根及臂部周围，用干净的卫生纸擦干净母猪外阴部。

③ 将输精管45度角向下插入母猪生殖道内（图4-23），输精管进入10厘米左右之后，感觉到有阻力时，使输精管保持水平，继续缓慢用力插入，直到感觉输精管前端被锁定，轻轻回拉，拉不动为适宜。

④ 缓慢摇匀精液，用剪刀剪去精液袋管嘴，接到输精管上，使精液袋竖直向上，保持精液流动畅通，开始进行输精。

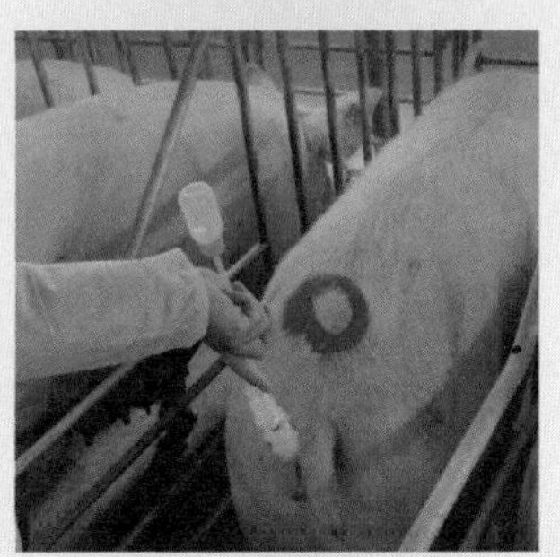

图4-23 输精操作实例

⑤ 输精过程中，尽量避免使用用力挤压的输精办法，当输精困难时，可通过抚摸母猪的乳房或外阴，压背刺激母猪等方法，使其子宫收缩产生负压，将精液吸纳；如精液仍难以输入，可能是输精管插入子宫太靠前，这时需要将输精管倒拉回一点。

⑥ 输精时间最少要求 3 ～ 5 分钟，输完一头母猪后应在防止空气进入母猪生殖道的情况下，把输精管后端一小段折起，使其滞留在母猪生殖道内 3 ～ 5 分钟后，再将输精管慢慢拉出。

⑦ 每头母猪在一个发情期内要求至少输精两次，两次输精时间间隔 12 小时左右。

小贴士：

猪的人工授精与自然交配相比，优点很多，是目前重要的配种方式，规模化养猪应该以人工授精为主。

第五章 饲料保障

一、猪的营养需要

猪的营养需要可分为维持需要和生产需要。

（一）维持需要

猪处于不进行生产，健康状况正常，体重、体质不变时的休闲状况下，用于维持体温，支持状态，维持呼吸、循环与酶系统的正常活动的营养需要，称为维持需要或维持营养需要。

（二）生产需要

猪消化吸收的营养物质，除去用于维持需要，其余部分则用于生产需要。猪的生产需要分为妊娠、泌乳、营养需要三种。

1. 妊娠需要的特点

妊娠母猪的营养需要，是根据母猪妊娠期间的生理变化特点，即妊娠母猪子宫及其内容物增长、胎儿的生长发育和母猪本身营养物质能量的沉积等来确定。其所需要营养物质除维持本身需要外，还要满足胚胎生长发育和子宫、乳腺增长的需要。母猪在妊娠期对饲料营养物质的利用率明显高于空怀期，在低营养水平下尤为显著。据试验：妊娠母猪对能量和蛋白质的利用率，在高营养水平下，比空怀母猪分别提高 9.2％和 6.4％，而在低营养水平下则分别提高 18.1％和 12.9％。但是怀孕期间的营养水平过高或过低，都对母猪繁殖性能有影响，特别是过高的能量水平，对繁殖有害无益。

2. 泌乳需要的特点

泌乳是哺乳动物特有的功能、共同的生物学特性。母猪在泌乳期间需要把很大一部分营养物质用于乳汁的合成，确定这部分营养物质需要量的基本依据是泌乳量和乳的营养成分。母猪的泌乳量在整个泌乳周期不是恒定不变的，而是明显地呈抛物线状变化的。即分娩后泌乳量逐渐升高，泌乳的第 18 ～ 25 天为泌乳高峰期，到 28 天以后泌乳量逐渐下降。即使此时供给高营养水平饲料，泌乳量仍急剧下降。猪乳汁营养成分也随着泌乳阶段而变化，初乳各种营养成分显著高于常乳。常乳中脂肪、蛋白质和水分含量在泌乳阶段呈增高趋势，但乳糖则呈下降趋势。

另外，母猪泌乳期间，其泌乳量和乳汁营养成分的变化与仔猪生长发育规律也是相一致的。例如，在 3 周龄前，仔猪完全以母乳为生，母猪泌乳量随仔猪增大、吃奶量增加而增加; 4 周龄开始，仔猪已从消化乳汁过渡到消化饲料，可从饲料中获取部分营养来源，于是母猪产乳量亦开始下降。母猪泌乳变化和仔猪生长发育规律是合理提供泌乳母猪营养的依据。

3. 种公猪营养需要的特点

饲养种公猪的基本要求是保证种公猪有健康的体格、旺盛的性欲和良好的配种能力，精液的品质好，精子密度大、活力强、能保证母猪受孕。确定种公猪的营养需要的依据，主要是种公猪的体况、配种任务和精液的数量与质量。能量不能过高或过低，以保持公猪有不过肥或过瘦的种用体况为宜。营养水平过高，会使公猪肥胖，引起性欲减退和配种效果差的后果；营养水平过低，特别是长期缺乏蛋白质、维生素和矿物质，会使公猪变瘦。每千克饲料的消化能不得低于 12.5 ～ 13.5 兆焦耳，蛋白质应占日粮的 18%以上，并且注意适当地补充生物性蛋白质，如鱼粉、蚕蛹、肉骨粉或鸡蛋等。非配种季节，饲粮中蛋白质水平不能低于 13%，每千克饲粮的消化能维持在 13 兆焦左右。

4. 生长猪营养需要的特点

生长猪是指断奶到体成熟阶段的猪。从猪生产和经济角度来看，生长猪的营养供给在于充分发挥其生长优势，为产肉及以后的繁殖奠定基础。因此，要根据生长猪生长、育肥的规律，充分利用生长猪早期增重快的特点，供给营养价值完善的日粮。

在猪的生长过程中，前期以长骨骼为主，然后以长肌肉为主，到育肥后期则以长脂肪为主。这种生长方式决定了各个生长阶段对营养成分需要的重点不同，骨骼生长需要钙、磷比较多，钙和磷是主要的矿物质，如果猪日粮中缺乏这两种矿物质，会导致生长受阻和饲料转化率降低，甚至出现佝偻病或软骨症、骨折和瘫痪等病症。尽管所有阶段的猪都需要充足的高质量的蛋白质，但生长阶段对蛋白质的需要最高，因为蛋白质是合成肌肉的主要原料。到了育肥后期，沉积脂肪多，沉积脂肪时的能量利用效率明显高于沉积蛋白质的能量利用效率，但沉积脂肪比沉积蛋白质所需要的代谢能高。通俗的说法是长肥肉比长瘦肉慢，同样长 1 千克肥肉和 1 千克瘦肉所消耗的饲料不一样，长肥肉消耗的饲料多，这也是饲养瘦肉型猪出栏快的原因。

二、猪的常用饲料原料

根据国际饲料的分类方法，将饲料分为八类，即粗饲料、青绿饲料、青贮饲料、能量饲料、蛋白质饲料、矿物质饲料、维生素饲料和添加剂。

（一）能量饲料

每千克干物质中粗纤维的含量在18%以下，可消化能含量高于10.45兆焦耳/千克，蛋白质含量在20%以下的饲料称为能量饲料。主要包括谷实类、糠麸类及块根块茎类饲料等。这类饲料含有丰富的淀粉，但粗蛋白含量较少，仅为8.3%～13.5%。能量饲料是用量最多的一类饲料，占日粮总量的50%～80%，其主要营养功能是供给畜禽能量。

1. 谷实类饲料

（1）玉米　玉米的能量含量在谷实类籽实中居首位，其用量超过任何其他能量饲料，在各类配合饲料中占50%以上，所以玉米被称为“饲料之王”。玉米适口性好，粗纤维含量很少，淀粉消化率高，且脂肪含量可达3.5%～4.5%，可利用能值高，是猪的重要能量饲料来源。玉米含有较高的亚油酸，可达2%，玉米中亚油酸含量是谷实类饲料中最高的，占玉米脂肪含量的近60%。由于玉米脂肪含量高，且多为不饱和脂肪酸，在育肥后期多喂玉米可使胴体变软，背膘变厚。玉米氨基酸组成不平衡，特别是赖氨酸、甲硫氨酸及色氨酸含量低。缺少赖氨酸，故使用时应添加合成赖氨酸。玉米营养成分的含量不仅受品种、产地、成熟度等条件的影响而变化，同时玉米水分含量也影响各营养素的含量。玉米水分含量过高，还容易腐败、霉变和感染黄曲霉菌。玉米经粉碎后，易吸水、结块、霉变，不便保存。因此一般玉米要整粒保存，且贮存时水分应降低至14%以下，夏季贮存温度不超过25℃，注意通风、防潮等。

（2）高粱　高粱的籽实是一种重要的能量饲料，饲喂高粱的猪肉质地更优。高粱米与玉米一样，主要成分为淀粉，粗纤维少，可消化养分高。粗蛋白质含量和粗脂肪含量与玉米相差不多。蛋白质含量略高于玉米，同样品质不佳，缺乏赖氨酸和色氨酸，并且蛋白质的消化率低。钙少磷多，含植酸磷量较多，矿物质中锰、铁含量比玉米高，钠含量比玉米低。缺乏胡萝卜素及维生素 D，维生素 B 族含量与玉米相当，烟酸含量多。另外高粱中含有单宁，有苦味，适口性差，猪不爱采食，因此，其含量在猪日粮中不超过 15%。使用单宁含量高的高粱时，还应注意添加维生素 A、甲硫氨酸、赖氨酸、胆碱和必需脂肪酸等。高粱的养分含量变化比玉米大。

（3）小麦　粗蛋白质含量高于玉米，是谷实类中蛋白质含量较高者，仅次于大麦。小麦的能值较高，仅次于玉米。粗纤维含量略高于玉米。粗脂肪含量低于玉米。钙少磷多，且含磷量中一半是植酸磷。缺乏胡萝卜素，氨基酸含量较低，尤其是赖氨酸。因此，配制日粮时要注意这些物质，保证营养平衡。还需要注意不能粉碎得太细，太细会因适口性降低饲料的摄入量，从而影响猪的生长。小麦适口性好，在来源充足或玉米价格高时，可作为猪的主要能量饲料，一般可占日粮的 30%左右，可用于提高猪肉质量。

（4）大麦　大麦是一种重要的能量饲料，与玉米相比，大麦中赖氨酸、色氨酸、异亮氨酸，特别是赖氨酸的含量高于玉米，粗蛋白质含量比较多，约 13%，比玉米高，是能量饲料中蛋白质品质最好的。粗纤维含量高于玉米，粗脂肪含量少于玉米，钙、磷含量比玉米略高，胡萝卜素、维生素 A、维生素 K、维生素 D 和叶酸含量不足，硫胺素和核黄素含量与玉米相差不多，烟酸含量丰富，是玉米的 3 倍还多。但是，大麦适口性比玉米差，因大麦纤维含量高，热能低，不适合饲喂仔猪，饲喂种猪比较合适。同时饲喂的猪不适合自由采食。日粮中取代玉米用量一般不超过 50%为宜，配合饲料中所占比例不得超过 25%。建议使用脱壳大麦，既可增加饲养价值，又可提高日粮比例。注意不能粉碎得太细，饲料中应添加相应的酶制剂。

（5）稻谷　稻谷是世界上最重要的谷物之一，在我国居各类谷物产量之首。稻谷加工成大米作为人类的粮食，但在生产过剩、价格下滑或缓解玉米供应不足时，也可作为饲料使用。稻谷具有坚硬的外壳，粗纤维含量高达9%，故能量价值较低，仅相当于玉米的65%～85%。若制成糙米，则其粗纤维可降至1%以下，能量价值可上升至各类谷物籽实类之首。糙米中蛋白质含量为7%～9%，可消化蛋白多，必需氨基酸、矿物质含量与玉米相当。维生素中B族维生素含量较高，但几乎不含β-胡萝卜素。用糙米取代玉米喂猪，生产性能与玉米相当。碎米是大米加工过程中，由机械作用而打碎的大米。碎米的营养价值和大米完全相同。稻谷虽然所含粗纤维偏高，但只要配方科学，使用比例得当，尤其是用于中后期育肥猪，也是可行的。

2. 糠麸类饲料

（1）小麦麸　小麦麸俗称麸皮。小麦麸含有较多的B族维生素，如维生素B_1、维生素B_2、烟酸、胆碱，也含有维生素E。粗蛋白质含量16%左右，这一数值比整粒小麦含量还高，而且质量较好。与玉米和小麦籽粒相比，小麦麸的氨基酸组成较平衡，其中赖氨酸、色氨酸和苏氨酸含量均较高，特别是赖氨酸含量更高。脂肪含量4%左右，其中不饱和脂肪酸含量高，易氧化酸败。矿物质含量丰富，但钙少磷多，磷多属植酸磷，但含植酸酶，因此用这些饲料时要注意补钙。由于麦麸能值低，粗纤维含量高，容积大，可用于调节日粮能量浓度，起到限饲作用。小麦麸的质地疏松，适口性好，含有适量的硫酸盐类，有轻泻作用，可防止便秘，有助于胃肠蠕动和通便润肠，是妊娠后期和哺乳母猪的良好饲料。小麦麸用于猪的育肥可提高猪的胴体品质，产生白色硬体脂，一般使用量不应超过15%。小麦麸用于仔猪不宜过多，以免引起消化不良。

（2）米糠　稻谷的加工副产品称稻糠，稻糠可分为砻糠、米糠和统糠。砻糠是粉碎的稻壳，米糠是糙米（去壳的谷粒）精制成的大米的果皮、种皮、外胚乳和糊粉层等的混合物，统糠是米糠与砻糠不同比例的混合物。米糠含脂肪高，最高达22.4%，且大多属不饱和脂肪酸，蛋白质含量比大米高，平均达 14%。氨基酸平衡情况较好，其中赖氨酸、色氨酸和苏氨酸含量高于玉米，但仍不能满足猪的需要。米糠的粗纤维含量不高，所以有效能值较高。米糠含钙少磷多，微量元素中铁和锰含量丰富，锌、铁、锰、钾、镁、硅含量较高，而铜偏低。维生素 B 族及维生素 E 含量高，是核黄素的良好来源，而缺少维生素 A、维生素 D 和维生素 C。未经加热处理的米糠还含有影响蛋白质消化的胰蛋白酶抑制因子。因此，一定要在新鲜时饲喂，新鲜米糠在生长猪中可用到 10%～12%。注意大量饲喂米糠会导致体脂肪变软，降低胴体品质，故肉猪饲料中米糠最大添加量应控制在 15%。由于米糠含脂肪较高，且大部分是不饱和脂肪酸，易酸败变质，贮存时间不能长，最好经压榨去油后制成米糠饼（脱脂处理）再作饲用。

（3）豆腐渣　豆腐渣是来自豆腐、豆奶工厂的加工副产品，现多作饲料，来源非常广泛，数量较多。豆渣中的蛋白质含量受加工的影响特别多，特别是受滤浆时间的影响，滤浆的时间越长，则豆渣中的可溶性营养物质包括蛋白质越少。干物质中粗蛋白、粗纤维和粗脂肪含量较高，维生素含量低且大部分转移到豆浆中，与豆类籽实一样含有抗胰蛋白酶因子。

豆腐渣水分含量很高，不容易加工干燥，一般鲜喂，保存时间不宜太久，饲喂前最好加热煮熟 15 分钟，以增强适口性，提高蛋白质的吸收利用率。如果育肥猪使用过多会出现软脂现象而影响胴体品质，注意仔猪应避免使用。

用鲜豆渣喂猪，小猪阶段的用量为日粮的 5%～8%，中猪阶段的用量要控制在日粮的 15%以内，育肥猪的用量控制在日粮的 20%以内。饲喂时要搭配一定比例的玉米、麸皮和矿物质原料，并加喂一些青绿饲料。

3. 块根、块茎类饲料

（1）马铃薯　马铃薯又叫土豆、地蛋、山药蛋等，是重要的蔬菜和原料。块茎干物质中80%左右是淀粉，它的消化率对各种动物都比较高，特别适合生态养猪。用马铃薯可生喂猪，但生马铃薯的消化率不高，经过蒸煮后，可占日粮的30%～50%，饲喂价值是玉米的20%～22%。在马铃薯植株中含有一种有毒物质龙葵素，正常情况下对猪无毒，可放心饲喂。但在块茎贮藏期间生芽或经日光照射马铃薯变成绿色以后，龙葵素含量增加时，有可能发生中毒现象。注意不能给妊娠后期和产后的母猪饲喂。

（2）甘薯　又名番薯、红苕、地瓜、红芋、红（白）薯等，是我国种植最广、产量最大的薯类作物。甘薯块多汁，富含淀粉，有甜味，对猪适口性好，生喂或熟喂猪都爱吃，是很好的能量饲料。用甘薯喂猪，在其育肥期，有促进消化、蓄积体脂的效果，是育肥猪的优质饲料，特别适合生态养猪。鲜甘薯含水量约70%，粗蛋白质含量低于玉米，且含有胰蛋白酶抑制因子，但加热可使其失活，提高蛋白质消化率。粗纤维含量低，故能值比较高。鲜喂时（生的、熟的或者青贮），其饲用价值接近玉米，甘薯干与豆饼或酵母混合作基础饲料时，其饲用价值相当于玉米的87%。生的和熟的甘薯其干物质和能量的消化率相同。但熟甘薯蛋白质的消化率几乎为生甘薯的一倍。甘薯忌冻，必须贮存在13℃左右的环境下比较安全，当温度高于18℃，相对湿度为80%会发芽。黑斑甘薯味苦，含有毒性酮，应禁用。为便于贮存和饲喂，甘薯块常切成片，晾晒制成甘薯干备用。注意仔猪对甘薯的利用率较差，故少用为宜。

（3）胡萝卜　产量高、易栽培、耐贮藏、营养丰富，是家畜冬、春季重要的多汁饲料。胡萝卜可列入能量饲料内，胡萝卜中主要营养物质是无氮浸出物，并含有蔗糖和果糖，故具甜味。胡萝卜含有丰富的胡萝卜素，为一般牧草饲料所不及。胡萝卜中含有大量钾盐、磷盐和铁盐等。一般来说，颜色愈深，胡萝卜素和铁盐含量愈高，红色的比黄色的高，黄色的又比白色的高。由于它的鲜样中水分含量多、容积大，因此在生产实践中并不依赖它来供给能量。它的重要作用主要是在冬季作为多汁饲料和供给胡萝卜素。由于胡萝卜中含有一定量的蔗糖以及它的多汁性（在冬季青饲料中缺乏），日粮中可加一些胡萝卜改善日粮的口味，调节消化功能。对于种猪，饲喂胡萝卜供给丰富的胡萝卜素，对于公猪精子的正常生成及母猪的正常发情、排卵、受孕与怀胎，具有良好作用。胡萝卜熟喂，其所含的胡萝卜素、维生素 C 及维生素 E 会遭到破坏，因此最好生喂。饲喂量一般推荐：成年母猪日喂 2 ～ 3 千克。

（4）饲用甜菜　甜菜作物，按其块根中的干物质与糖分含量多少，可大致分为糖甜菜、半糖甜菜和饲用甜菜三种。其中饲用甜菜大量种植，总收获量高，但干物质含量低，为 8%～ 11%，含糖约 1%。饲用甜菜喂猪时喂量不宜过多，也不宜单一饲喂。刚收获的甜菜不宜马上投喂，否则易引起下痢。

（5）南瓜　南瓜既是蔬菜，又是优质高产的饲料作物。南瓜肉质致密，适口性好，产量高，便于贮藏和运输，是猪的好饲料，尤适宜饲喂繁殖和泌乳母猪。南瓜平均每 667 平方米产量为 3000 ～ 4000 千克。含干物质 10% 以上，其中 60% 为无氮浸出物，维生素 A 也较丰富。切碎或打浆生喂，10 千克南瓜的饲用价值约相当于 1 千克谷物。

（二）蛋白质饲料

蛋白质饲料是指饲料干物质中粗蛋白质含量大于或等于 20%，消化能含量超过 10.45 兆焦耳 / 千克，且粗纤维含量低于 18% 的饲料。与能量饲料相比，蛋白质饲料的蛋白质含量高，且品质优良，在能量价值方面则差别不大，或者略偏高。根据其来源和属性不一样，主要包括以下两个类别：

1. 植物性蛋白质饲料

（1）豆饼和豆粕　大豆饼和豆粕是我国最常用的一种植物性蛋白质饲料，营养价值很高，粗蛋白质含量在 40%～ 45% 之间，大豆粕的粗蛋白质含量高于饼，去皮大豆粕粗蛋白质含量可达 50%。氨基酸组成较合理，尤其赖氨酸含量 2.5%～3.0%，是所有饼（粕）类饲料中含量最高的，异亮氨酸、色氨酸含量都比较高，但甲硫氨酸含量低，仅 0.5%～0.7%，故玉米 - 豆粕基础日粮中需要添加甲硫氨酸。大豆饼（粕）中钙少磷多，但磷多属难以利用的植酸磷。维生素 A、维生素 D 含量少，B 族维生素除维生素 B_2、维生素 B_{12} 外均较高。粗脂肪含量较低，尤其大豆粕的脂肪含量更低。大豆饼（粕）含有抗胰蛋白酶、尿素酶、红细胞凝集素、皂角苷、甲状腺肿诱发因子、抗凝固因子等有害物质。但这些物质大都不耐热，一般在饲用前，先经 100～110℃的加热处理 3～5 分钟，即可去除这些不良物质。注意加热时间不宜太长、温度不能过高也不能过低，加热不足破坏不了毒素，则蛋白质利用率低，加热过度可导致赖氨酸等必需氨基酸的变性反应，尤其是赖氨酸消化率降低，引起畜禽生产性能下降。

处理良好的大豆饼（粕）对任何阶段的猪都可使用。用量以不超过 25%为宜。因大豆粕已脱去油脂，多用也不会造成软脂现象。在代用乳和仔猪开食料中，应对大豆饼（粕）的用量加以限制，以不超过 10%为宜。因为在大豆饼（粕）的碳水化合物中粗纤维含量较多，且其中糖类多属多糖和低聚糖类，幼畜体内无相应消化酶，采食太多有可能引起下痢，一般乳猪阶段饲喂熟化的脱皮大豆粕效果较好。

（2）棉籽饼（粕） 棉籽饼（粕）是棉籽经脱壳去油后的副产品，是一种植物性蛋白饲料，来源广泛。营养成分以是否去壳及榨油工艺的不同而有所区别。蛋白质含量占 33%～45%，另外棉籽饼水解后，可得到 17 种氨基酸，是畜牧业生产中物美价廉的蛋白质来源。棉籽饼的缺点是含有游离棉酚，其是一种有毒物质，易引起畜禽中毒。棉酚含量取决于棉籽的品种和加工方法。棉酚中毒有蓄积性，可与消化道中的铁形成复合物，导致缺铁。去毒方法有多种，脱毒后的棉籽饼（粕）营养价值能得到提高。

猪对游离棉酚的耐受量为 100 毫克 / 千克，超过此量则抑制生长，并可能引起中毒死亡。所以，游离棉酚在 0.04%以下的棉籽饼（粕），在生长育肥猪饲料中一般以不超过饲粮的 5%为宜，不能作为仔猪饲料，种猪最好不用。

（3）菜籽饼（粕） 菜籽饼（粕）是仅次于豆粕贸易量的蛋白质饲料原料。菜籽饼（粕）中含粗蛋白 35%～42%，粗纤维 12%～13%，属低能量的蛋白质饲料。菜籽饼（粕）氨基酸组成较平衡，甲硫氨酸含量较高，富含铁、锰、锌和硒，其中，硒的含量是常用植物饲料中最高的。由于菜籽饼（粕）中含有硫苷、芥酸和植酸等抗营养物质，影响了菜籽饼（粕）的适口性甚至会对饲喂动物产生毒性，需要进行去毒处理。而目前以“双低”（低硫苷和低芥酸）的油菜品种种植为主，“双低”菜粕可作为种畜日粮蛋白质饲料的一部分或全部，在生长育肥猪日粮中可以添加 10%～18%，对生长育肥猪的生长性能没有影响，对猪肉品质只有很小的影响。在母猪日粮中添加 10%～20%，对母猪的产仔数、仔猪的初生质量和断奶质量没有不良影响，添加量超过 20%会引起仔猪存活率降低；如果“双低”菜粕作为哺乳母猪饲料，则需要添加油脂以弥补“双低”菜粕在消化能上的不足；使用“双低”菜粕日粮要设一个过渡期，使猪逐渐适应这种饲料。

（4）花生饼（粕） 带壳花生饼含粗纤维 15%以上，饲用价值低。国内一般都去壳榨油。去壳花生饼含蛋白质、能量比较高，饲用价值仅次于豆饼。花生饼（粕）赖氨酸含量仅为大豆饼（粕）的一半左右，甲硫氨酸含量低，不能满足猪的需要，必须进行补充，也可以和鱼粉、豆饼（粕）等一起搭配饲喂。精氨酸含量高，在所有饲料中最高。含胡萝卜素和维生素 D 极少。花生饼（粕）本身虽无毒素，但因脂肪含量高，长时间贮存易变质，而且容易感染黄曲霉，产生黄曲霉毒素。因此，贮藏时应保持低温干燥的条件，防止发霉。一旦发霉，坚决不能使用。

2. 动物性蛋白质饲料

（1）鱼粉 鱼粉是用一种或多种鱼类为原料，经去油、脱水、粉碎加工后的高蛋白质饲料，为重要的动物性蛋白质添加饲料，在许多饲料中尚无法以其他饲料取代。鱼粉的主要营养特点是蛋白质含量高，品质好，生物学价值高。一般脱脂全鱼粉的粗蛋白质含量高达60%以上。在所有的蛋白质补充料中，其蛋白质的营养价值最高。进口鱼粉在60%～72%，国产鱼粉稍低，一般为50%左右，富含各种必需氨基酸，组成齐全，而且平衡，尤其是主要氨基酸与猪体组织氨基酸组成基本一致。鱼粉中不含纤维素等难以消化的物质，粗脂肪含量高，所以鱼粉的有效能值高，生产中以鱼粉为原料很容易配成高能量饲料。鱼粉富含B族维生素，尤以维生素B_{12}、维生素B_2含量高，还含有维生素A、维生素D和维生素E等脂溶性维生素，但在加工条件和贮存条件不良时，很容易被破坏。鱼粉是良好的矿物质来源，钙、磷的含量很高，且比例适宜，所有磷都是可利用磷。鱼粉的含硒量很高，可达2毫克/千克以上。此外，鱼粉中碘、锌、铁的含量也很高，并含有适量的砷。鱼粉中含有促生长的未知因子，这种物质可刺激动物生长发育。通常真空干燥法或蒸汽干燥法制成的鱼粉，蛋白质利用率比用烘烤法制成的鱼粉约高10%。鱼粉中一般含有6%～12%的脂类，其中不饱和脂肪酸含量较高，极易被氧化产生异味。进口鱼粉因生产国的工艺及原料而异。质量较好的是秘鲁鱼粉及白鱼鱼粉，国产鱼粉由于原料品种、加工工艺等，产品质量参差不齐。饲喂鱼粉可使猪发生肌胃糜烂，特别是加工错误或贮存中发生过自燃的鱼粉中含有较多的肌胃糜烂素。鱼粉还会使猪肉产生不良气味。

鱼粉可以补充猪所需要的赖氨酸和甲硫氨酸，具有改善饲料转化效率和提高增重速度的效果，而且猪年龄愈小，效果愈明显。断奶前后仔猪饲料中要使用2%～5%的优质鱼粉，育肥猪饲料中一般在3%以下，添加量过高将增加成本，还会使体脂变软、肉产生鱼腥味。为降低成本，猪育肥后期饲粮可不添加鱼粉。猪日粮中鱼粉用量为2%～8%。

（2）肉骨粉　肉骨粉的营养价值很高，粗蛋白质含量为50%～54%，饲用价值比鱼粉稍差，但价格远低于鱼粉。肉骨粉脂肪含量较高，氨基酸组成不佳，除赖氨酸含量中等外，甲硫氨酸和色氨酸含量低，有的产品会因过度加热而无法吸收。脂溶性维生素A和维生素D因加工过程的大量破坏，含量较低，但B族维生素含量丰富，特别是维生素B_{12}含量高，其他如烟酸、胆碱含量也较高。含钙7.69%～9.2%，总磷为3.88%～4.70%，肉骨粉中所含的磷全部为非植酸磷。钙、磷不仅含量高，且比例适宜，磷全部为可利用磷，是动物良好的钙磷供源。此外，微量元素锰、铁、锌的含量也较高。

因原料组成和肉、骨的比例以及制作工艺的不同，肉骨粉的质量及营养成分差异较大。肉骨粉的生产原料存在易感染沙门菌和掺假掺杂问题，购买时要认真检验。另外贮存不当，所含脂肪易氧化酸败，影响适口性和动物产品品质。

肉粉和肉骨粉在猪的配合饲料中可部分取代鱼粉，最好与植物蛋白质饲料混合使用，多喂则适口性下降，对生长也有不利影响，多用于育肥猪和种猪饲料中，仔猪应避免使用。故一般成年猪用量可占日粮5%～10%。肉骨粉容易变质腐烂，喂前应注意检查。

（3）玉米蛋白粉　其是玉米淀粉厂的主要副产物之一，为玉米除去淀粉、胚芽、外皮后剩下的产品。正常玉米蛋白粉的色泽为金黄色，蛋白质含量越高色泽越鲜艳。玉米蛋白粉一般含蛋白质40%～50%，高者可达60%。玉米蛋白粉氨基酸组成不均衡，甲硫氨酸含量很高，可与相同蛋白质含量的鱼粉相当，但赖氨酸和色氨酸严重不足，不及相同蛋白质含量鱼粉的25%，且精氨酸含量较高，饲喂时应考虑氨基酸平衡，与其他蛋白质饲料配合使用。粗纤维含量低，易消化，代谢能水平接近于玉米。由黄玉米制成的玉米蛋白粉含有很高的类胡萝卜素，其中主要是叶黄素和玉米黄素，是很好的着色剂。玉米蛋白粉B族维生素含量低，但胡萝卜素含量高。各种矿物质含量低，钙、磷含量均低。

玉米蛋白粉是高蛋白高能量饲料，蛋白质消化率和可利用能值高，对猪适口性好，易消化吸收，尤其适用于断奶仔猪。但因其氨基酸不平衡，最好与大豆饼（粕）配合使用，一般用量在15%左右。若大量使用，须考虑添加合成赖氨酸。贮存和使用玉米蛋白粉的过程中，应注意霉菌含量，尤其黄曲霉毒素含量。

（4）DDGS　DDGS是玉米干酒糟及其可溶物，DDGS是酒糟中蛋白饲料的商品名，是玉米在生产酒精过程中经过糖化、发酵、蒸馏除酒精后得到的余留物经干燥处理的产物。它融入了糖化曲和酵母的营养成分和活性因子，最大限度地保留了原谷物的蛋白质等营养成分，品质上比原谷物有了大幅度的提高，是一种高蛋白、高营养、无任何抗营养因子的优质蛋白饲料原料。蛋白质含量在28%以上，是玉米（蛋白质含量为8.5%）的3.3倍。氨基酸种类比玉米更齐全，但赖氨酸和色氨酸含量很低，必须添加赖氨酸和色氨酸。含有大量酵母菌体，B族维生素和维生素E含量丰富，且含生长因子。脂肪含量4%～8%，水分低于11%。可以长期保存不霉变，高温不酸败；脂肪中各类脂肪酸比例适当，有良好的适应性，有效磷含量高，钙含量很低，需要其他矿物原料来补充。

DDGS饲料能预防猪肠道消化疾病，能抑制饲料自身的病原菌。在不同猪日粮的最大用量分别为：仔猪（体重7～12千克）和生长猪（体重12～50千克）20%，育肥猪（体重50～100千克）20%，怀孕母猪50%，后备母猪和泌乳母猪20%，种公猪50%。

（三）青绿饲料

青绿饲料是指天然水分含量在60%以上的青绿牧草、饲用作物、树叶类及非淀粉质的根茎、瓜果类等。

青绿饲料具有蛋白质含量丰富、富含多种维生素、纤维素含量较低、水分含量高、柔嫩多汁、适口性好、消化率高、节约精饲料等特点，且品种多、来源广、成本低、采集方便、加工简单，能较好地被家畜利用。特别是实行生态放养、种养结合的养猪家庭农场，以及有牧草种植条件的养猪场，要重点做好青绿饲料的种植和供应。

1. 紫花苜蓿

紫花苜蓿系多年生豆科牧草，被称为“牧草之王”。植株通常可利用 6 ～ 8 年，生长快，每年可割 3 ～ 4 次，一般每 667 平方米产 3000 ～ 4000 千克。鲜苜蓿中含干物质 20%～ 30%。粗蛋白质占鲜重的 5%左右，含赖氨酸、色氨酸较多；无氮浸出物占鲜重的 10%～ 12%。此外，钙和钾以及维生素 B_1、维生素 B_2、维生素 C、维生素 D、维生素 E、维生素 K、胡萝卜素含量丰富。紫花苜蓿茎叶柔嫩鲜美，适口性好，猪喜食，可青饲、青贮、调制青干草、加工草粉、用于配合饲料或混合饲料等，是养猪及养禽业首选青饲料。

紫花苜蓿的粗纤维含量随生长期的延长而增加，故应注意适时收割。一般以孕蕾期或开花期收割为宜。

2. 聚合草

别名紫草根，为多年生丛生型草本植物。每年可割 3 ～ 5 茬，每 667 平方米产草 1 万～ 2 万千克。聚合草含干物质 13%左右，其中约 3%为粗蛋白质，6%为无氮浸出物，胡萝卜素、烟酸、泛酸、维生素 B_1、维生素 B_2 等含量亦较为丰富。聚合草的青绿茎叶可以整株或切碎后饲喂，也可打浆后与其他饲料搭配饲喂，制成青贮或草粉后饲用也可获得良好效果。

3. 马齿苋

别名马齿菜，一年生肉质草本，为药食两用植物。马齿苋含有蛋白质、脂肪、碳水化合物、膳食纤维、钙、磷、铁、铜、胡萝卜素、维生素 B_1、维生素 B_2、烟酸、维生素 C 等多种营养成分，尤其是维生素 A、维生素 C、核黄素等维生素和钙、铁等矿物质。叶、茎可作蔬菜，是喂猪良好的青绿饲料。

4. 苦荬菜

别名苦麻菜，一年生或越年生草本植物。适应性强，优质高产。每年可割 3 ～ 8 茬，每 667 平方米产量为 5000 ～ 6000

千克，含干物质 8%～20%、粗蛋白质 4%、无氮浸出物 4.5%～7.5%。苦荬菜可整株、切碎或打浆后饲喂，虽稍有苦味，但为猪喜食，有促进食欲和提高母猪产奶量的作用。

5. 牛皮菜

别名莙达菜，二年生草本植物。牛皮菜适应性强，适口性好，产量高。北方春播后每年可收获 4～5 次，每 667 平方米产量为 4000～5000 千克。牛皮菜约含干物质 10%、粗蛋白质 2.3%、无氮浸出物 3%～4%。喂猪时以切碎拌料为好。

6. 紫云英

别名红花草。紫云英产量较高，富含蛋白质、矿物质和维生素。鲜嫩多汁，适口性好，尤以猪喜欢采食。现蕾期的紫云英营养价值最高。含干物质 10%～14%，干物质中粗蛋白质和粗纤维含量均高于苜蓿。由于现蕾期产量仅为盛花期的 53%，就营养物质总量而言，则以盛花期刈割为佳，通常用植株的上部 2/3 喂猪。紫云英鲜喂时以 1 千克精饲料配合 6～7 千克鲜紫云英为好。也可将其制成草粉后喂猪。

7. 甘薯藤

鲜甘薯藤约含干物质 14%、粗蛋白质 2.2%、无氮浸出物 7%，且含维生素较多，是营养价值较高的青饲料。据试验，以每 667 平方米密植 4500～5500 株，割藤方式栽培利用时，每 667 平方米可产鲜秧 2200～2600 千克，而甘薯并不减产或仅减产少许。鲜甘薯秧直接或者晒干粉碎成粉均可喂食，饲喂添加量 10%～30%。

8. 苋菜

苋菜为一年生草本植物。再生性强，茎叶柔嫩多汁，适口性好，1 年可收 3～4 茬，每 667 平方米产量为 1 万～1.5 万千克。苋菜含干物质约 12%、粗蛋白质 2.5%、无氮浸出物 4%。其茎叶切碎或打浆喂猪，猪喜食，亦可发酵后或青贮饲喂。

（四）矿物质饲料

矿物质饲料包括人工合成的、天然单一的和多种混合的，以及配合有载体或赋形剂的痕量、微量、常量元素补充料。矿物质元素在各种动植物饲料中都有一定含量，虽含量多少有差别，但由于动物采食饲料的多样性，可在某种程度上满足对矿物质的需要。在舍饲条件或集约化生产条件下，矿物质元素来源受到限制，猪对它们的需要量增多，猪日粮中另行添加所必需的矿物质成了唯一方法。目前已知畜禽有明确需要的矿物质元素有 14 种，其中常量元素 7 种：钾、镁、硫、钙、磷、钠和氯。饲料中常不足，需要补充的有钙、磷、氯、钠 4 种；微量元素 7 种：铁、锌、铜、锰、碘、硒和钴。

1. 含氯、钠饲料

氯化钠，一般称为食盐，钠和氯都是猪需要的重要元素，食盐是最常用、又经济的钠、氯的补充物。食盐除了具有维持体液渗透压和酸碱平衡的作用外，还可刺激唾液分泌，提高饲料适口性，增强动物食欲，具有调味剂的作用。饲用食盐一般要求较细的粒度。美国饲料制造业协会（AFMA）建议，应 100%通过 30 目筛。食盐中含氯 60%，含钠 40%，碘盐还含有 0.007%的碘。纯净的食盐含氯 60%，含钠 40%，此外尚有少量的钙、镁、硫等杂质，饲料用盐多为工业盐，含氯化钠 95%以上。

食盐的补充量与动物种类和日粮组成有关。一般食盐在风干饲粮中的用量为 0.25%～0.5%为宜。浓缩饲料中可添加 1%～3%。添加时可直接拌在饲料中，也可以以食盐为载体，制成微量元素添加剂预混料。

食盐不足可引起食欲下降，采食量降低，生产性能下降，并导致异食癖。食盐过量时，只要有充足的饮水，一般对猪健康无不良影响，但若饮水不足，可出现食盐中毒，甚至有死亡现象。使用含盐量高的鱼粉、酱渣等饲料时应调整日粮食盐添加量，若水中含有较多的食盐，饲料中可不添加食盐。

2. 含钙饲料

（1）石粉　主要是指石灰石粉，天然的碳酸钙为白色或灰白色粉末。石粉中含纯钙35%以上，是补充钙最廉价、最方便的矿物质饲料。石灰石粉还含有氯、铁、锰、镁等。除用作钙源外，石粉还广泛用作微量元素预混合饲料的稀释剂或载体。品质良好的石灰石粉与贝壳粉，必须含有约38%的钙，而且镁含量不可超过0.5%。只要铅、汞、砷、氟的含量不超过安全系数，都可用于猪饲料。石粉的用量依据猪的种类及生长阶段而定，一般配合饲料中石粉使用量为0.5%～2%。单喂石粉过量，会降低饲粮有机养分的消化率，石粉作为钙的来源，其粒度以中等为好，一般猪为26～36目。

（2）石膏　石膏的化学式 $CaSO_4 \cdot 2H_2O$，灰色或白色结晶性粉末，有两种产品，一种是天然石膏的粉碎产品，一种是磷酸制造工业的副产品，后者常含有大量的氟，应予注意。其是常见的容易取得的含钙饲料之一。石膏的含钙量在20%～30%之间，变动较大。此外，大理石、熟石灰、方解石、白垩等都可作为猪的补钙饲料。

（3）蛋壳粉　禽蛋加工和孵化产生的蛋壳，须经干燥灭菌、粉碎后才能作为饲料使用。蛋壳粉含钙达30%左右，含粗蛋白质达10%左右，还有少量的磷，是理想的钙源饲料。用鲜蛋壳制粉应注意消毒以防蛋白质腐败，甚至带来传染病。

（4）贝壳粉　贝壳（包括蚌壳、牡蛎壳、蛤蜊壳、螺蛳壳等）烘干后制成的粉含有一些有机物，呈白色粉末状或片状，主要成分是碳酸钙。海边堆积多年的贝壳，其内部有机质已消失，也是良好的碳酸钙饲料。饲料添加的贝壳粉含钙量应不低于33%。加工应注意消毒以防蛋白质腐败，消除传染病。微量元素预混料常使用石粉或贝壳粉作为稀释剂或载体，而且所占配比很大，配料时应把它的含钙量计算在内。

3. 含磷饲料

含磷饲料有磷酸钙类（包括磷酸一钙、磷酸二钙、磷酸三钙)、磷酸钾类(包括磷酸一钾、磷酸二钾)、磷矿石粉等。猪常用的磷补充饲料有骨粉和磷酸氢钙。

(1)骨粉　骨粉的营养价值在前面的蛋白质饲料部分已做介绍,这里不再重述。

(2)磷酸氢钙　又称为磷酸二钙,为白色或灰白色粉末,含钙不低于23%,磷不低于18%,铅含量不超过50毫克/千克。磷酸氢钙的钙、磷利用率高,是优质的钙、磷补充料。猪日粮的磷酸氢钙不仅要控制其钙磷含量,尤其注意含氟量,必须是经过脱氟处理合格,氟含量不宜超过0.18%的才能用。注意补饲本类饲料往往引起两种矿物质数量同时变化。

(五)维生素饲料

维生素饲料,是指工业合成或由天然原料提纯精制(或高度浓缩)的各种单一维生素制剂和由其生产的复合维生素制剂。由于大多数维生素都有不稳定、易氧化或易被其他物质破坏失效的特点和饲料生产工艺上的要求,几乎所有的维生素制剂都经过特殊加工处理或包被。例如,制成稳定的化合物或利用稳定物质包被等。为了满足不同使用的要求,在剂型上还有粉剂、油剂、水溶性制剂等。此外,商品维生素饲料添加剂还有各种规格含量的产品。由于维生素不稳定的特点,对维生素饲料的包装、贮藏和使用均有严格的要求。饲料产品应密封、隔水包装,最好是真空包装,贮藏在干燥、避光、低温条件下。高浓度单项维生素制剂一般可贮存1～2年,不含氯化胆碱和维生素C的维生素预混合料不超过6个月,含维生素的复合预混合料,最好不超过1个月,不宜超过3个月。所有维生素饲料产品,开封后需尽快用完。湿拌料时应现喂现拌,避免长时间浸泡,以减少维生素的损失。

(六)饲料添加剂

饲料添加剂是指针对猪日粮中营养成分的不平衡而添加的,能平衡饲料的营养成分和保护饲料中的营养物质、促进营养物质的消化吸收、调节机体代谢、提高饲料的利用率和生产效率、促进猪的生长发育及预防某些代谢性疾病、改进动物产品品质和饲料加工性能的物质的总称。饲料添加剂分为营养性饲料添加剂和非营养性饲料添加剂两大类。营养性饲料添加剂包括氨基酸、维生素和微量元素。非营养性饲料添加剂包括生长促进剂和防霉剂等。

1. 生长促进剂

中华人民共和国农业农村部公告第 194 号规定，自 2020 年 7 月 1 日起，饲料生产企业停止生产含有促生长类药物饲料添加剂（中药类除外）的商品饲料。

2. 铜制剂

铜制剂能提高胃蛋白酶、脂肪酶等的活性，提高猪禽食欲和饲料转化率，改善肠道内气体状况，加速营养物质的消化吸收，促进动物生长，增加猪饲料的商业性状。尤其对断奶仔猪具有明显的促进生长的功能。仔猪饲料中铜的添加量应小于 200 毫克 / 千克，铜含量过高会引起动物铜中毒和动物某些营养素缺乏，增加饲料成本，甚至影响食品安全，危害人体健康，导致环境污染，破坏生态平衡等。高铜的促生长效果的片面夸大化，部分养殖户认为能让猪粪便变黑的饲料是好饲料的不正常商业要求，生产厂家误导性的炒作宣传，导致高铜的使用面越来越广，有无作用都盲目添加。

3. 酶制剂

饲用酶制剂作为一种饲料添加剂能有效地提高饲料的利用率、促进动物生长和防治动物疾病的发生，可明显提高动物对饲料养分的利用率，大大降低有机质、氮、磷等物质的排泄量，减少对环境的污染。与抗生素和激素类物质相比，酶制剂对动物无任何毒副作用，不影响动物产品的品质，被称为“天然”或“绿色”饲料添加剂，具有卓越的安全性。因此，引起了全球范围内饲料行业的高度重视。

常用的酶制剂有胃蛋白酶、胰蛋白酶、菠萝蛋白酶、支链淀粉酶、淀粉酶、纤维素分解酶、胰酶、乳糖分解酶、葡萄糖酶、脂肪酶和植酸酶等。

4. 活菌制剂

又名生菌剂，微生态制剂。即动物食入后，能在消化道中生长、发育或繁殖，并起有益作用的活体微生物饲料添加剂。它是近十多年来为替代抗生素饲料添加剂开发的一类具有防治消化道疾病、降低幼畜死亡率、提高饲料效率、促进动物生长等作用，安全性好的饲料添加剂。常用的活菌制剂有乳酸菌、双歧杆菌、芽孢杆菌。

5. 益生菌

世界著名生物学家、琉球大学比嘉照夫教授将光合菌群、酵母菌群、放线菌群、丝状菌群、乳酸菌群等 80 余种有益微生物巧妙地组合在一起，让它们共生共荣，协调发展。人们统称这些有益微生物为益生菌。它的结构虽然复杂，但性能稳定，在农业、林业、畜牧业、水产、环保等领域应用后，效果良好。有益菌兑水加入饲料中直接饲喂牲畜、家禽等动物，能增强动物的抗病力，并有辅助治疗疾病作用。用有益菌发酵饲料时，通过有益微生物的生长繁殖，可使木质素、纤维素转化成糖类、氨基酸及微量元素等营养物质，可被动物吸收利用。有益菌的大量繁殖又可消灭沙门菌等有害微生物。

目前，生产益生菌的厂家很多，要选购大型厂家生产的有批号的产品。这种产品有固体的和液体的，以液体为好。

6. 防霉剂

防霉剂是能杀灭或抑制霉菌和腐败菌代谢及生长的物质，防止因高温、潮湿等引起饲料原料或成品，特别是营养浓度高、易吸湿的原料霉变。可作为防霉剂的物质很多，主要是有机酸及其盐类。目前应用于饲料中的防霉剂有丙酸及盐类、苯甲酸及苯甲酸钠、山梨酸及其盐类、去水乙酸钠、富马酸及富马酸二甲酯、醋酸、硝酸、亚硝酸、二氧化硫及亚硫酸的盐类等。由于苯甲酸存在叠加性中毒，有些国家和地区已禁用。丙酸及其盐是公认的经济而有效的防霉剂。防霉剂发展的趋势是由单一型转向复合型，如复合型丙酸盐的防霉效果优于单一型丙酸钙。

三、猪饲料应具备的特点

（一）满足营养需要

猪的各个饲养阶段有不同的饲养标准，对日粮的营养要求也不一样，应保证能量、蛋白质、限制氨基酸、钙、有效磷和地区性缺乏的微量元素与重要维生素的供给量及各种养分平衡。根据猪的品种、年龄、生长发育阶段及生产目的和生产管理条件，选择适当的饲养标准，把猪的营养需要和饲料对营养的供应统一起来，确定营养需要，以满足猪的营养需要，最大限度地发挥饲料的转化率，提高饲料报酬。公猪饲料中能量应达到 2700 ～ 2900 千卡 / 千克，粗蛋白 13%。空怀母猪能量为 2700 ～ 2750 千卡 / 千克，蛋白质为 14%左右。怀孕母猪其营养需要比空怀母猪高，一般能量水平为 2750 ～ 2800 千卡 / 千克，蛋白质为 14%左右。哺乳母猪饲料能量不应低于 2800 千卡 / 千克，蛋白质不低于 16%。仔猪由于神经系统不完善，消化系统不健全等，对教槽料的要求比较高，一般能量水平为 3000 ～ 3200 千卡 / 千克，蛋白质 20%～ 21%。

（二）安全合法

饲料符合国家法律法规及条例的规定，严禁使用发霉、污染和含有毒素的原料，严禁使用违禁药物及对猪和人体有害的物质，无“三致（致畸、致癌、致基因突变）”物质。尽量提高营养物的利用效率，减少猪排泄物中氮、磷、药物及其他物质对人类、生态系统的不利影响。

（三）质优价低

营养价值较高而价格低廉。饲料占养猪成本的70%左右，可见饲料是养猪的主要支出，在满足营养需要的前提下，降低饲料成本，养猪才有利润。尽可能选用当地来源广、价格低的原料。利用几种价格便宜的原料进行合理搭配，以代替价格高的原料。如用价格相对较低的棉籽粕代替豆粕，生产实践中常用禾本科籽实与饼类饲料搭配，以及饼类饲料与动物性蛋白质饲料搭配等均能收到较好的效果。

（四）适口性好

适口性影响猪对饲料的摄入量，要让猪能采食足够的饲料，应选择适口性好、无异味的饲料。限制营养价值虽高，但适口性差的饲料的用量。如血粉、菜粕（饼）、棉粕（饼）、芝麻饼、葵花粕（饼）等，特别是仔猪和母猪的饲料更应注意。对适口性差的饲料也可适当搭配适口性好的饲料或加入调味剂以提高其适口性，促使采食量增加。

（五）消化性高

粗纤维是影响适口性、消化吸收、饲料转化的重要因素，所以应控制粗纤维含量，多选择粗纤维含量低、易消化的饲料。一般仔猪粗纤维含量不超过4%，生长育肥猪不超过6%，种猪不超过8%。

（六）体积适当

通常情况下，若饲料的体积过大，则能量浓度降低，会导致消化道负担过重进而影响动物对饲料的消化，能量及营养物质得不到满足。反之，饲料的体积过小，即使能满足养分的需要，但动物达不到饱腹感而处于不安状态，影响动物的生产性能或饲料利用效率。

小贴士：

合格的饲料必须同时具备这些特点，缺一不可。满足营养需要是基础，安全合法是保障，多样化、适口性好和体积适当是关键，成分保持相对稳定是保证，因地制宜、兼顾成本是提高效益的前提。

四、养猪常用的配合饲料

配合饲料是根据猪的饲养标准，将能量饲料、蛋白质饲料、矿物质饲料、维生素饲料、饲料添加剂等按一定添加比例和规定的加工工艺配制成的，均匀一致满足猪的不同生长阶段和生产水平需要的饲料产品。配合饲料按照营养成分和用途、饲料物理形态、饲喂对象等可以分成很多种类。

（一）按营养成分和用途分类

1. 添加剂预混合饲料

简称预混料，是指由两种（类）或者两种（类）以上的营养性饲料添加剂，与载体或者稀释剂按照一定比例经充分混合配制而成的饲料，包括复合预混合饲料、添加剂预混合饲料微量元素预混合饲料、维生素预混合饲料。预混料既可供养猪生产者用来配制猪的饲粮，又可供饲料厂生产浓缩料和全价配合饲料。用预混料配合后的全价饲料受能量饲料和蛋白质饲料原料成分、粉碎加工的颗粒度和搅拌的均匀度等影响较大，但成本较低，一般在配合饲料中添加量为1%～4%。

复合预混合饲料＝矿物质饲料＋维生素饲料＋饲料添加剂＋氨基酸＋载体或稀释剂

添加剂预混合饲料＝微量矿物质元素＋维生素饲料＋饲料添加剂＋载体或稀释剂

2. 浓缩饲料

又称蛋白质补充料或基础混合料，是由添加剂预混合饲料、常量矿物质饲料和蛋白质饲料按一定的比例混合配制而成的饲料。养猪场或养猪专业户用浓缩料加入一定比例的能量饲料（如玉米和麦麸）即可配制成直接喂猪的全价配合饲料。要求粗蛋白质含量在30%以上，一般在配合饲料中添加量为25%左右。配合成全价饲料的成本较低，适用于小规模养殖场和农村养殖户，尤其是玉米和麦麸主产区。

浓缩饲料＝添加剂预混合饲料＋蛋白质饲料＋常量矿物质饲料

3. 全价配合饲料

其是指根据养殖动物营养需要，将多种饲料原料和饲料添加剂按照一定比例配制的饲料。浓缩饲料加上一定比例的能量饲料，即可配制成全价配合饲料。它含有猪需要的各种养分，不需要添加任何饲料或添加剂，可直接用来喂猪。适用于规模化养殖场（户）、种猪场，以及用于仔猪的开口料等，质量有保证，但成本高。

全价配合饲料＝浓缩饲料＋能量饲料＝添加剂预混合饲料＋蛋白质饲料＋常量矿物质饲料＋能量饲料

（二）按饲料物理形态分类

根据制成的最终产品的物理形态分成粉料、湿拌料、颗粒料、膨化料等。

（三）按饲喂对象分类

按饲喂对象可将饲料分为乳猪料、断乳仔猪料、生长猪料、育肥猪料、妊娠母猪料、泌乳母猪料、公猪料等。

五、配制饲料需要注意的问题

（一）饲料配方

要配制饲料，就要知道饲养标准，饲养标准中规定了动物在一定条件（生长阶段、生理状况、生产水平等）下对各种营养物质的需要量。国外有猪的饲养标准，比较著名的有美国NRC《猪饲养标准》、英国ARC《猪饲养标准》，我国也有自己的饲养标准《猪饲养标准》（NY/T 65—2004）。要根据猪的品种、生长阶段选用不同营养需要标准。我国目前饲养的品种绝大部分是国外引进的瘦肉型猪，国外的饲养标准对我们有很重要的参考价值。

配制饲料还要考虑原料的成分和营养价值，可参照最新的《中国饲料成分及营养价值表》，而原料成分并非固定不变，要充分考虑原料成分可因收获年度、季节、成熟期、加工、产地、品种、贮藏等不同。原则上要采集每批原料的主要营养成分数据，掌握常用饲料的成分及营养价值的准确数据，还要知道当地可利用的饲料及饲料副产物、饲料的利用率。

由于猪的生产性能、饲养环境条件不同及猪产品市场波动，在应用饲养标准时，可适当进行调整，最后确定自己的饲养标准。如在豆粕使用上，专业饲料公司往往用部分棉籽饼（粕）、菜籽饼（粕）、花生饼（粕）替代，以降低成本，这需要专业配方师，根据所饲养的对象和当时本场所采购原料的状况逐步调整，非专业人员很难做好。

我们就遇到过某大型饲料公司所产的育肥猪料，在饲喂后猪群出现营养性腹泻的问题，就是因为饲粮中粗蛋白过高，没有对配方进行及时调整引起的，后来在已经配制好的全价配合料中增加了玉米的添加量解决了这个问题。

（二）原料采购的质量

饲料原料的成分和营养价值存在着每批原料、每个地区所产的原料都不同的问题，因此必须具备完善的检验手段。

（三）原料价格

饲料厂采购大宗原料如玉米、豆粕等都是几百、几千吨的量，而一般自配料户的采购量都是几吨、十几吨，价格方面应该会比饲料厂要贵。养猪场如果自己配制饲料，可以通过养猪协会或养猪合作社等组织集体采购，也可以采取给大型饲料厂适当的费用从饲料厂购买部分原料的方法。

（四）饲料加工工艺

饲料加工方法和加工过程（或工艺过程）是决定饲料质量和饲料加工成本的主要因素。选定加工方法以后，工艺过程则是饲料营养价值和成本的决定因素。

现代配合饲料或饲料加工工业除了考虑尽量选用能耗低、效率高的设备以外，为保证饲料适宜的营养质量，工艺过程也是要重点考虑的对象之一。必须随时吸收动物营养、饲养研究成果，不断改进不同饲料用于不同动物的适宜加工工艺。大至加工工艺各个环节，小至具体饲料加工程度，不同动物的不同要求都必须认真考虑。例如玉米加工，用于喂猪需要粗粉碎（大约 6 目即可）。用于配合饲料，则需要中等程度粉碎。配合饲料粒度要求 15 目以上（即 1 毫米以下）或 95%通过 1.5 毫米圆孔筛或 100%通过 2.0 毫米圆孔筛。

加工工艺过程中，提高微量养分在全价饲料中的混合均匀度也是一个至关重要的问题。只考虑混合时间（立式机 15 ～ 20 分钟，卧式 7 ～ 10 分钟），不一定混合得均匀。还必须考虑要混合的饲料特性，实行逐级预混原则，凡是在成品中的用量少于1%的原料，均首先进行预混合处理。如预混料中的硒，就必须先预混，否则混合不均匀就可能会造成动物生产性能不良、整齐度差、饲料转化率低，甚至造成动物死亡。还要懂得饲料进入混合机的顺序。例如，微量元素添加剂量少、比重大，不宜最先加进混合机内。

小贴士：

采购时每进一种原料都要经过肉眼和化验室的严格化验，每个指标均合格才能进厂使用。很多养猪场都有这样的经历：用同一预混料，猪养得时好时坏，多数人都怀疑预混料不稳定，其实原因很大程度是出在所选的原料上。

这里特别说一下原料造假的问题，掺假者不断寻找和在钻标准或检测方法的空子，造假的技术水平不断更新，有的原料供应商在销售的时候甚至能够针对采购方的检验方法提供经过造假的原料，以保证通过检验，如采购方用测真蛋白的方法防范鱼粉掺假，掺假者便开始加脲醛缩合物使测真蛋白失效。用雷氏盐测定氯化胆碱含量时，掺假者便加三甲胺和乌洛托品。假甜菜碱更是把各种手段都用上。在肌醇中加入甘露醇、葡萄糖；硫酸锌中加硫酸亚铁和含氧化剂。而一般的养殖户大部分都是凭感官或批发商提供的指标去进货，并无准确的化验数据和检验手段。

第六章 猪的饲养管理

一、公猪管理

（一）饲养管理目标

保持公猪种用体况，体质结实，精力充沛，性欲旺盛，精液品质好，提高公猪的繁殖力和延长使用年限。

（二）饲养管理重点

1. 单圈饲养

公猪应单圈饲养，每圈一头公猪，减少打斗、爬跨和争料带来的损伤。水泥地面要做防滑处理，以免摔伤。除配种时间外，最好不要让公猪看到母猪，以减少对公猪的性刺激，使之保持安静。经常保持圈舍清洁干燥、阳光充足，创造良好的生活条件。

2. 清洁卫生

公猪的腥臊气味比较大，圈舍要勤清理消毒，每天清扫 3 次以上，尿液要及时用水冲净。保持食槽的清洁，食槽至少每周用高压清洗机清洗一次。采用广谱高效消毒药物每周消毒2次，并做好吃、睡、排泄的三点定位，夏季可用水管淋浴和刷拭，每天一次。冬天也可用刷子刷拭，1～2次/天，能有效地防止皮肤病发生及体外寄生虫（疥螨、虱子等），同时可促进血液循环、增强性功能、提高精液品质和配种能力，还能加强人猪亲和性。

3. 专人饲养，合理调教

种公猪性情比较暴躁，无论是饲喂或是配种采精都严禁大声喊骂或随意赶打，否则会引起公猪反感，影响公猪射精效果甚至咬人，所以公猪管理人员和采精人员要固定。同时采用科学的饲养管理制度，定时饲喂、饮水、运动、洗浴、刷拭和修蹄，合理安排配种，使公猪建立条件反射，养成良好的生活习惯。从公猪断奶起就要结合每天的刷拭对公猪进行合理调教，训练公猪要以诱导为主，切忌粗暴乱打，以免公猪对人产生敌意，养成咬人恶癖。

4. 饲喂方式

根据全年配种任务的集中与分散，分为两种饲喂方式。一种为始终采用高营养浓度均衡饲养的方式。母猪实行全年均衡分娩，公猪需常年负担配种任务，全年都要均衡地保持公猪配种所需要的高营养水平。另一种为按配种强度而区别对待的饲养方式。母猪季节产仔，在配种季节开始前一个月，对公猪逐渐增加营养，保持较高的营养水平；配种季节过后，逐步降低营养水平，供给公猪维持种用体况的营养水平。

公猪使用配比合理的全价公猪料，避免营养的不均衡。合理确定蛋白质含量，如果蛋白质不足12%，则性欲低，射精量少，精子总数少；超食蛋白质也不好，可导致公猪超重，提前报废，血氨浓度高，精液品质降低。规模小的养殖场或养猪户可用妊娠前期母猪料代替，一般要求粗蛋白在14%～16%，并且要求蛋白质饲料种类多样，以提高氨基酸的互补作用。夏秋季节可以通过饲喂苜蓿、苦荬菜、胡萝卜等补充维生素，冬季、早春可以喂胡萝卜等青贮饲料来补充。饲喂公猪要定时定量，体重150千克以内的公猪日喂量2.3～2.5千克，150千克以上的公猪日喂量2.5～3.0千克的全价料、湿拌料或干粉料均可。鸭嘴式饮水器饮水，每天补喂优质鲜牧草或青贮饲料。要求公猪日粮有良好的适口性，并且体积不宜过大，以免把公猪喂成大肚，影响配种。

在满足公猪营养需要的前提下，要限饲，定时定量，每顿不能吃得过饱；严寒冬天要适当增加饲喂量，炎热的夏天提高营养浓度，适当减少饲喂量，饲喂时要根据公猪的个体膘情给予增减，保持7～8成膘。

5. 防寒、防暑

种公猪最适合温度为18～20℃，种公猪能够适应的温度为6～30℃。因此，冬季猪舍要做好防寒保温，以减少饲料的消耗和疾病的发生。保温措施有封堵朝西向和朝北向的门窗、加铺垫草、门窗加挂草帘、搭设塑料棚等。夏天高温酷暑要做好防暑降温。高温对种公猪的影响尤为严重。轻者食欲下降，性欲降低；重者精液品质下降，甚至会中暑死亡。

6. 适当运动

运动对公猪的身体健康和正常使用是必需的。运动是加强机体新陈代谢、锻炼神经系统和肌肉的主要措施。合理的运动可促进食欲，帮助消化，增强体质，提高性欲和精液品质。如果运动不足，种公猪表现性欲差，四肢软弱，精液活力下降，直接影响受胎率，出现早衰现象，减少使用年限。所以每天应保持种公猪适量运动。公猪多的猪场可考虑建一个公猪运动场，公猪可在无人看管的情况下自由运动，每次30分钟左右。

规模小的猪场可考虑驱赶运动，每天驱赶运动 1 公里左右。运动时间夏季最好在早晚进行，冬季在中午为宜。如遇酷热或严寒、刮风下雨等恶劣天气时，在圈栏内运动。配种期一般每天上下午各运动一次，每次约 1 小时。

7. 防止自淫

自淫是公猪最常见的恶癖。公猪自淫是受到不正常的性刺激，引起性冲动而爬跨其他公猪、饲槽或圈墙自动射精，容易造成阴茎损伤。公猪形成自淫后体质瘦弱、性欲减退，严重时不能配种，失去种用价值。防止公猪自淫的措施是杜绝不正常的性刺激。非配种时间，不让公猪看到发情母猪或闻到母猪气味、听到母猪声音等；母猪配种远离公猪舍，防止发情母猪到公猪舍逗引公猪；公猪单栏饲养，栏内不放置任何可爬跨的支撑物如食槽等；不使用的公猪也要定期采精，不用可以废弃；如果公猪群饲，当公猪配种后带有母猪气味，易引起同圈公猪爬跨，可让配种后公猪休息 1 ～ 2 小时后再回圈；后备公猪和非配种期公猪应加大运动量或放牧时间，公猪整天关在圈内不活动容易发生自淫。

8. 避免公猪咬架

公猪好斗，当配种或者运动时，两头公猪只要有机会相遇，就有可能打架。避免的办法有：减少公猪相遇的机会，驱赶公猪进行运动时，每次一头猪。一旦打架，可用木板隔开或者用发情的母猪引开，也可用水猛冲公猪眼部将其撵走，但不能用棍棒打。

9. 公猪整理

公猪整理包括修剪肢蹄、剪獠牙和剪包皮毛。肢蹄对公猪非常重要，蹄不正常会影响公猪的活动和配种。要保护好公猪的肢蹄，对不良的蹄形进行修整。经常修整公猪的蹄子，防止种公猪患蹄病和交配时划伤母猪。每隔 6 ～ 8 个月，还要剪公猪獠牙及其包皮上的毛。

10. 防病

（1）防疫　预防烈性传染病和种猪繁殖性疾病的发生，做好常规疫苗的免疫接种工作。每隔 4 ～ 6 个月接种口蹄疫灭活疫苗；每隔 6 个月接种猪瘟弱毒疫苗、高致病性猪蓝耳病灭活疫苗和猪伪狂犬基因缺失弱毒疫苗；乙型脑炎流行或受威胁地区，每年 3 ～ 5 月份（蚊虫出现前 1 ～ 2 月），使用乙型脑炎疫苗间隔一个月免疫两次。

（2）驱虫　定期驱除体内外的寄生虫（疥癣、虱子）。对种公猪进行体内和体外驱虫工作每年两次，用盐酸左旋咪唑片内服或阿维菌素或依维菌素粉剂（针剂）驱虫。

11. 公猪使用

后备种公猪参加配种的适宜年龄，一般应根据猪的品种、年龄和体重来确定。本地培育品种一般为 9 ～ 10 月龄，体重在 100 千克左右。国外引进品种一般为 10 ～ 12 月龄，体重在 110 千克以上。一般不满 12 月龄的青年公猪未达到体成熟，只有当青年公猪体成熟后，射精量和精子密度才能达到最大量。过度使用 12 月龄之前尚未体成熟的青年公猪，会降低母猪受孕率、配种分娩率和产仔数，导致仔猪体弱、生长缓慢。公猪过早参加配种，影响公猪本身的生长发育，缩短公猪的利用年限。过晚参加配种易使公猪不安，影响正常的发育，易产生恶癖。种公猪一般利用年限为 3 ～ 4 年，2 ～ 3 岁时正值壮年，为配种最佳时期。

种公猪的配种强度应合理，一般根据种公猪的年龄和体质状况合理安排。如配种太频繁，可造成精液品质显著降低，缩短利用年限，降低配种能力，最终影响受胎率。长期不配种，引起公猪性欲不旺盛，精子中衰老和死亡数增加，同样引起受胎率下降。

实行本交的公猪，一般 1 ～ 2 岁的青年公猪，每周配种

2～3次，最多不超过4次。壮年公猪每天可配种1～2次，配种时间一般选择早上没有饲喂时；如果每天配种2次，可早、晚各配1次，时间间隔8～10小时；连续配种4～6天，应休息一天为好。夏天配种时间应安排在早、晚凉爽时进行，避开炎热的中午。冬季安排在上午和下午天气暖和时进行，避开早、晚的寒冷。配种前、后1小时内不要喂饲料，不要饮冷水，以免危害猪体健康。

实行人工授精采精的公猪，可在8月龄时开始采精，8～12月龄每周采精1次，12～18月龄每2周采精3次，18月龄以后每周采精2次。通常建议采精频率为间隔48～72小时采一次精液。注意对于所有采精公猪即使不需要精液，每周也应采精1次，以保持公猪的性欲和精液质量。

小贴士：

种公猪体质的好坏，直接影响母猪的产仔数和后代仔猪的品质。公猪过肥或过瘦，都会造成性欲减退，精液质量下降，影响产仔率。

二、后备母猪管理

后备母猪也指青年母猪。一般指被选留作为母猪但尚未参加配种这一时间段的母猪。后备母猪是猪场的未来，其培育期的生长管理和疾病控制对其生产潜能的发挥，甚至对其终生生产性能的表现都起着至关重要的作用，更决定着家庭农场养猪的效益。

（一）饲养管理目标

对后备母猪的饲养既要保证其正常生长发育，又要保持适宜的体况，使后备母猪充分达到性成熟，做到正常发育、正常排卵，以达到高繁殖率。

（二）饲养管理重点

1. 采用专门猪舍

后备母猪宜采用专门的后备母猪舍，以保证后备母猪必要的活动空间。猪舍最好设有运动场。

2. 合理分群

后备母猪群不能太大，一般 5 月龄前不超过 8 头，6 月龄以后以 4 ～ 5 头为宜。自己留作种用的青年母猪在 4 ～ 5 个月时就应与商品猪分圈饲养。肥瘦母猪须分圈饲养，防止出现肥的越肥，瘦的越瘦。

3. 满足营养需要

必须供给全面的必需的营养物质，尤其是蛋白质、维生素、矿物质等养分的充分供给。营养水平高的，排卵数也较多。实践证明，使用全价配合饲料效果最好，单喂玉米、番薯等碳水化合物饲料，就会肥胖而不愿意发情。蛋白质不足、品质不完善，会影响卵子发育，排卵减少，降低受胎率，甚至不育。母猪对钙的缺乏十分敏感，供应不足会不易受胎和减少产仔数。此阶段严禁使用对生殖系统有危害的棉籽饼、菜籽饼及霉变饲料。维生素 A、维生素 D、维生素 E 对母猪繁殖非常重要，缺乏时影响母猪发情、受胎、产仔等。青绿多汁饲料对促进母猪发情、排卵数量、卵子质量、排卵的一致性和受精等都有良好的作用，应注意供给。

4. 饲喂管理

做到“两增一减”（两头增中间减）的饲喂技术，抓好“促、控、催、调”，确保后备母猪的配种受胎。

4 月龄（60 千克）前，以促进生长发育为主，可采用育肥猪料自由采食。但要注意保持体型。

4 月龄（60 千克）以后到配种前 15 天，控制生长发育，从而使后备母猪在 7 ～ 8 月龄时体重达 120 ～ 140 千克。此阶段不能继续饲喂育肥猪料，也不能饲喂妊娠母猪料，而是要喂给后备母猪专用日粮，并减少配合饲料饲喂量，以每天每头后备母猪喂给 1.8 ～ 2.2 千克为宜。有饲喂青粗饲料条件的可喂给青粗饲料，并适当增加青粗饲料量。青饲料可占日粮的 1/4，采取日喂三餐，供给充足清洁饮水。

配种前（即初次公猪试情后的第 3 个发情期，具体时间应在 7 ～ 8 月龄之间）的 15 天开始催情补饲，加大营养供给，增加饲喂量，每头每天饲喂 3 ～ 3.5 千克全价配合饲料，促进发情排卵，确保配种受胎。

5. 日常管理

保持圈舍干燥、清洁卫生，训练后备母猪定点排泄粪便，环境温度保持在 15℃左右。饲养员要每天定时将猪赶到运动场运动，以促进骨骼和肌肉的正常发育，保证匀称结实的体型，防止过肥和肢蹄不良，促进性成熟。

6. 发情管理

后备母猪繁殖力高的一个标志就是能够在 4 ～ 6 月龄时第 1 次发情。后备母猪初次配种时间通常建议在第 3 次发情期或以后，并且体重达到 120 ～ 135 千克，背膘厚度 18 毫米左右。如果提前配种，经常会造成后备母猪在仔猪断奶后难以发情。后备母猪到 7 月龄仍不发情或达不到理想的配种体重，则建议将其淘汰。

当后备母猪达到 4 月龄时，就要注意观察母猪的初情期。每天早晚用成年公猪与后备母猪接触，以刺激发情，并记录母猪的发情情况。

7. 免疫与保健

后备母猪生长发育过程中必须进行必需的疫苗注射和体内外寄生虫病的清除，确保后备母猪健康投入生产。

（1）常规免疫　按照免疫程序进行免疫接种疫苗，包括猪瘟、口蹄疫、细小病毒病、蓝耳病、伪狂犬病、猪喘气病以及每年三、四月份的乙型脑炎疫苗。

（2）控制寄生虫病　蛔虫、结节虫、绦虫、线虫、鞭虫、肾虫、外寄生虫（螨虫、猪虱）等。后备母猪配种前 15 天应进行一次驱虫，用依维菌素或阿维菌素拌料，连喂 7 天，为后备母猪能够顺利妊娠打下一个良好的基础。

（3）药物保健　净化后备母猪体内的细菌性病原体，预防呼吸道疾病、猪痢疾、回肠炎。饲喂广谱抗生素（如氟苯尼考、金霉素、多西环素、利高霉素、土霉素等）对猪体内病原微生物进行净化。

三、空怀母猪管理

空怀母猪是指未配或配种未孕的母猪，包括后备母猪和经产母猪。由于后备母猪已经在前面单独介绍，这部分只介绍经产母猪的饲养管理技术。

（一）饲养管理目标

对断奶或未孕的经产母猪，积极采取措施组织配种，缩短空怀时间。

（二）饲养管理重点

1. 合理分群

断奶后空怀母猪可采取群饲，每栏 3 ～ 5 头。按照体况分群，将大小、强弱和肥瘦相当的母猪分在一起。空怀母猪小群饲养既能有效地利用建筑面积，又能促进发情。特别是当同一栏内有母猪发情时，由于爬跨和外激素的刺激，可以诱导其他空怀母猪发情。

2. 饲喂管理

应选用母猪专用预混料或使用母猪专用全价配合饲料。母猪专用预混料是根据母猪不同的生理阶段配制的，根据这些预混料提供的配方制作不同阶段的母猪饲料，只有这样才能满足母猪的不同生理阶段需要，才能够促进母猪及时发情和多排卵。

母猪断奶前和断奶后各 3 天，要减少精饲料的饲喂量，可多喂给一些青粗饲料。母猪断奶当天不喂料并适当限制饮水。空怀母猪可喂哺乳料，日喂两餐，每头日喂 2.5 ～ 3.0 千克。

俗话说，“空怀母猪七八成膘，容易怀胎产仔高”。母猪偏肥偏瘦都不利于发情配种，将来会出现发情排卵异常或产子泌乳异常。如果哺乳期母猪饲养管理得当，断奶时膘情适中，通常母猪在断奶后 3 ～ 7 天就会发情配种。可见断奶母猪的膘情至关重要，过肥或过瘦的断奶母猪要通过调整喂料量，以促其及时发情配种。因此，要根据断奶母猪的体况膘情适时进行调整，体况过瘦的断奶母猪要增加饲料喂量，实行短期优饲，每头日喂 3.0 ～ 4.0 千克，达到加料催情目的。体况过肥的母猪要减少饲料喂量，每头日喂 1.8 ～ 2.0 千克，控制膘情，达到促其发情目的。

母猪配种后应饲喂较低营养水平的日粮，并减少饲喂量，每头日喂 1.5 ～ 1.8 千克。现已证明，配种后前期维持高营养水平的饲喂，会增加胚胎的死亡率。

3. 环境管理

可采用专门猪舍饲养，猪舍温度应保持在 16 ～ 25℃，相对湿度 70％～ 80％为宜。保持圈舍卫生、干燥和清洁。对猪舍内外环境、猪栏、用具定期进行消毒。保持圈舍空气清新，特别是注意解决好冬季寒冷地区的猪舍通风问题，防止猪舍内氨味过大。保证充足清洁的饮水。母猪每天保持自由运动2～3个小时。

夏季做好防暑降温。母猪虽然是多周期发情家畜，可以常年发情配种。但在夏天炎热的季节（6～9月）仔猪断奶后，母猪发情率较其他季节要低15%～25%，尤其是初产母猪更为明显，又比经产母猪低20%～30%。瘦肉型品种及其二元杂交母猪对高温更为敏感，夏季气温在28℃以上会干扰母猪的发情行为的表现，降低采食量和排卵数；夏季持续32℃以上高温时，很多母猪会停止发情。因此，猪场要做好绿化，夏季及时在猪舍外面铺设遮阳网，安装调试好的通风降温设备。当舍温升至30℃以上时，要及时采取降温措施。可于上午11时和下午3时、6时和晚间9时各给空怀母猪身体喷水1次。如果舍内空气湿度过大，采用喷水降温时一定要配合良好的通风。最好采用湿帘降温，效果更理想。

4. 发情与配种管理

做好发情鉴定。无论自然交配还是人工授精，适时配种是获得良好繁殖力的重要因素，而准确查情又是成功配种的关键。

我国地方品种猪繁殖力强，发情明显，容易观察，能适时配种。规模化猪场饲养的品种多为大约克猪、长白猪和杜洛克猪等引进品种。它们的发情表现不如本地品种明显，特别是有的经产母猪发情后采食正常、不跳圈、不鸣叫、阴户变化不明显，因此常常错过配种时机，导致母猪受胎率降低或长期空怀。鉴定后备母猪的初次发情常常很困难，因为它们往往不表现出明显特征。调查统计，约36%的后备母猪初次发情无明显征兆，约16%表现静立发情。发情后备母猪早上6时表现静立反应的比例为60%，高于中午和下午。鉴定引进品种的发情一定要仔细，每天查情两次（排卵时间易变，所以一天查情两次），上午和下午各检查一次，每次30分钟。主要观察母猪的表现，如观察到以下几种现象即为母猪发情的表现：阴户红肿，阴道内有黏液性分泌物；在圈舍内来回走动，起卧不安，排尿频繁，爬跨同圈其他猪也接受同圈其他猪的爬跨；有时站立不动，发呆，特别是压背时静立不动；食欲减退或完全不吃料；鸣叫。

除了采用以上方法进行母猪发情鉴定以外，还可以用成熟公猪试情的方法鉴别母猪是否发情。此种方法尤其对发情症状不明显的母猪效果最好。方法是把公猪赶进母猪栏，对母猪提供最好的刺激。公猪同母猪鼻对鼻的接触；公猪嗅母猪的生殖器官（外部性器官），母猪嗅公猪的生殖器官；头对头接触，发出求偶声，公猪反复不断地咀嚼和嘴上起泡沫并有节奏地排尿；公猪追随母猪，用鼻子拱其侧面和腹线，发出求偶声；或当公猪在场时可以压背，也可刺激肋部和腹部，观察母猪的表现，如果母猪静立不动、主动追逐公猪或接受公猪爬跨都说明母猪已到配种时机。

理想的查情公猪至少要 12 月龄，走动缓慢，口角泡沫多。赶猪时用赶猪板或另外一个人来限制公猪的走动速度，切除过输精管的公猪可被用于查情。母猪在短时间内接触公猪后就可达到最佳的静立反射，并且在公猪爬跨时尾巴上翘。对不发情的母猪可采取增加运动、改变环境、调圈、调整饲喂量、用发情母猪刺激、增加与公猪接触的机会等方法，促进母猪发情排卵。

及时进行配种。后备母猪的情期比经产母猪要短，出现静立反射立即对其配种。如果要配种两次，要求第一次配种和第二次配种间隔 12 小时。

查情和配种间隔至少 90 分钟，如果需要将后备母猪移至其他区域的新栏内进行配种，至少要在配种前 2 小时进行转移。不要将后备母猪安置在高胎次的经产母猪之间。确保后备母猪关在同一个地方直到妊娠诊断确认怀孕。避免第一次配种和第二次配种期间以及配种后的 7 ～ 21 天内移动后备母猪。

5. 免疫与保健

断奶母猪易患乳腺炎和子宫炎，同时需要进行必需的疫苗注射和体内外寄生虫的清除，确保空怀母猪健康投入生产。

（1）常规免疫　按照免疫程序进行免疫接种疫苗，包括猪瘟、口蹄疫、细小病毒病、蓝耳病、伪狂犬病、猪喘气病疫苗，以及每年三、四月份的乙型脑炎疫苗。

（2）控制寄生虫病　空怀母猪转入空怀母猪舍时要进行一次驱虫，用依维菌素或阿维菌素拌料，连喂 7 天。

（3）药物保健　净化空怀母猪体内的细菌性病原体，预防乳腺炎、子宫炎、呼吸道疾病、猪痢疾、回肠炎。饲喂广谱抗生素（如氟苯尼考、金霉素、多西环素、利高霉素、土霉素等）对猪体内病原微生物进行净化。

小贴士：

及时淘汰无价值的母猪。对长期不发情、屡配屡返情（无生殖道疾病连续返情超过 3 次）、习惯性流产、繁殖力低下（产仔数少或哺乳性能差）、有肢蹄病不能使用、久病不愈、体况差没有恢复迹象的母猪要及时淘汰。有计划地淘汰 7 胎以上的老龄母猪。确定淘汰猪最好选择在母猪断奶时进行。

四、妊娠母猪管理

妊娠母猪是指从配种受胎后至分娩前这段时间的母猪。

（一）饲养管理目标

一是保胎，防止流产、减少胚胎早期死亡的发生；二是提供满足母猪自身生长及胎儿发育的营养需要的高质量日粮。同时让母猪有适度的膘情，为下一步分娩和泌乳打下良好的基础。

（二）饲养管理重点

1. 饲养方式

可小群饲养或者使用妊娠母猪限位栏（单体栏）饲养。小群以 3 ～ 5 头母猪在一个圈里饲养。将配种时间接近、体重相近的母猪放在一圈饲养，最好是空怀期间生活在一个圈的母猪配种后还在一个圈，以保持猪群稳定，避免母猪之间相互咬架和拥挤，而引起母猪流产。

2. 妊娠鉴定

母猪配种后，应尽早作出妊娠诊断，这对于保胎、减少空怀、缩短产仔间隔、提高繁殖率和经济效益具有重要意义。早期妊娠诊断方法很多，可根据实际情况选用。

3. 营养需要与饲喂

妊娠母猪的饲料很重要，饲养方法是否合适，对母猪健康和仔猪的健康发育有很大影响，必须根据母猪的个体情况和季节变化，调理适当，进行合理的饲养。妊娠中母猪增重到什么程度为好，视母体年龄、交配时间的膘情而定，一般来说，在分娩和哺乳期所失去的体重应等于在妊娠期间所得到的补充。

（1）妊娠前期　妊娠前期是指从配上种到怀孕 25 天。此阶段应进行限饲，使胚胎能够顺利着床。空怀母猪经配种后继续限量饲喂，定时定餐，初产母猪饲喂量控制在每日 2 ～ 2.5 千克为宜（视母猪肥瘦体况而定），适当增加青饲料。经产母猪 1.8 千克。有研究已经证实，限饲能够提高胚胎成活率和增加母猪产仔数。选择优质饲料，防止霉菌毒素引起流产，不要随意添加脱霉剂。禁喂发霉、变质、冰冻、有刺激性的饲料，以防流产。最好饲喂全价妊娠料。

（2）妊娠中期　妊娠中期是指怀孕 25 天到 80 天。此阶段应恢复母猪正常食料量。添加动物性蛋白饲料，注意勿偏喂单一饲料。可根据母猪不同的体况，分别控制母猪的采食量在 2.0 ～ 2.5 千克范围内。可适当提高粗纤维水平，增加母猪的饱腹感，预防便秘，减少死胎、流产的发生。

（3）妊娠后期　妊娠后期是指怀孕 80 天后到分娩阶段。此阶段胎儿发育迅速，钙质、营养需要迅速增加。料选择不好极易引起母猪瘫痪、仔猪弱小多病。这个阶段就是平时所说的“攻胎”。料的选择应是逐渐换成哺乳料，若条件许可，可在每日的饲料中添加干脂肪或豆油，以提高仔猪生重和存活率。饲喂方式是定时定餐，定量采食，每日喂料 2.5 ～ 3.5 千克为宜，视母猪膘情而定。对膘情上等的母猪，在原饲料的基础上减料，以免产后乳汁过多过浓，造成仔猪吮吸不全而引起乳腺炎；对膘情较差的母猪，适当加料，以满足产后泌乳的需要。但一定要注意防止母猪过肥造成难产和产后采食量的下降，怀孕母猪在产前 7 天增减料。长白猪分娩后体重迅速减轻，这是由于产仔数多、仔猪发育旺盛、母猪减重较快所造成的。为防止体重减少，要从妊娠期就增加营养，使其事先具备耐受力。

4. 日常管理

防暑降温，防寒保暖，注意舍内外安静、干燥和清洁卫生。不能鞭打、惊吓和追赶，不要让母猪在光滑的地面上运动、行走，防止跌倒，造成机械性流产。采用限位栏（单体栏）饲养的，需要解决好地面潮湿、猪粪便清理等问题，另外这样做不符合福利养猪的要求，应逐步取消。

5. 免疫与保健

（1）疫苗免疫　产前 7 周猪瘟苗、产前 6 周蓝耳灭活苗、产前 5 周伪狂犬疫苗、产前 4 周猪传染性萎缩性鼻炎疫苗，注射疫苗使用或配合注射强勉 2 ～ 4 毫升，产前 21 天仔猪腹泻基因工程 K88、K99 双价灭活疫苗或仔猪三痢苗。

（2）保健和驱虫　产前 2 周用依维菌素注射剂按每 10 千克体重 0.3 毫升计算，对猪驱虫一次，一般用短针头注射于皮下，不要注入肌肉或血管内。若用依维菌素粉剂则在产前 3 周按每千克体重含依维菌素 0.1 毫升或每千克饲料含依维菌素 2 毫升拌料连喂 7 天。每吨饲料中添加 80% 支原净 125 克、10% 氟苯尼考 600 ～ 800 克，连用 7 ～ 10 天，可降低呼吸道疾病和大肠炎的发病率。

五、分娩母猪管理

母猪分娩前 7 天至产后 7 天这段时间，被称为母猪围产期。母猪分娩是养猪生产中非常重要的环节，必须做好母猪分娩前后的工作。

（一）饲养管理目标

保证母猪安全顺利分娩、促进母猪产后泌乳、仔猪吃上初乳和满足仔猪对温度的需要；提高仔猪成活率及断奶窝数、窝重；维持母猪种用体况，提高母猪使用年限。

（二）饲养管理重点

1. 预产期推算

母猪的妊娠期为 111 ～ 117 天，平均为 114 天。据此，妊娠母猪的预产期推算常用以下三种方法。①“三三三”法：一个月按 30 天计算，3 个月（90 天）加 3 个星期（21 天）再加 3 天，共计 114 天。例如 1 月 10 日配种，第一步加 3 个月是 4 月 10 日；第二步加 3 个星期（21 天）是 5 月 1 日；第三步加 3 天是 5 月 4 日为分娩日期。②“月加 4 日减 6 法”：配种月份加上 4，配种日期减去 6。例如配种日期 1 月 10 日，第一步月份加 4 是 5 月，第二步配种日期 10 减去 6 是 4，日期是 4 日，即 5 月 4 日为分娩期。③查表法：因为月份有大有小，天数不等，为了把预产期推算得更准确，把月份大小的误差排除掉，同时也为了应用方便，减少临时推算的错误，可查预产期推算表。如表 6-1 所示。母猪预产期推算表中，上边第一行为配种月份，左边第一列为配种日，表中交叉部分为预产日期。例如，某号母猪 1 月 1 日配种，先从配种月份中找到 1 月，再从配种日中找到 1 日，交叉处的数字为 4 和 25，即 4 月 25 日为该母猪的预产日期。再比如 6 月 15 日配种的母猪，查表可知该母猪的预产期为 9 月 7 日。

表 6-1 母猪的预产期推算表

配种日	配种月份											
	1	2	3	4	5	6	7	8	9	10	11	12
	预产月份											
	4	5	6	7	8	9	10	11	12	1	2	3
1	25	26	236	24	23	23	23	23	24	23	23	25
2	26	27	24	25	24	24	24	24	25	24	24	26
3	27	28	25	26	25	25	25	25	26	25	25	27
4	28	29	26	27	26	26	26	26	27	26	26	28
5	29	30	27	28	27	27	27	27	28	27	27	29
6	30	31	28	29	28	28	28	28	29	28	28	30
7	1/5	1/6	29	30	29	29	29	29	30	29	1/3	31
8	2	2	30	31	30	30	30	30	31	30	2	1/4
9	3	6	1/7	1/8	31	1/10	31	1/12	1/1	31	3	2
10	4	4	2	2	1/9	2	1/11	2	2	1/2	4	3
11	5	5	3	3	2	3	2	3	3	2	5	4
12	6	6	4	4	3	4	3	4	4	3	6	5
13	7	7	5	5	4	5	4	5	5	4	7	6

续表

配种日	配种月份											
	1	2	3	4	5	6	7	8	9	10	11	12
	预产月份											
	4	5	6	7	8	9	10	11	12	1	2	3
14	8	8	6	6	5	6	5	6	6	5	8	7
15	9	9	7	7	6	7	6	7	7	6	9	8
16	10	10	8	8	7	8	7	8	8	7	10	9
17	11	11	9	9	8	9	8	9	9	8	11	10
18	12	12	10	10	9	10	9	10	10	9	12	11
19	13	13	11	11	10	11	10	11	11	10	13	12
20	14	14	12	12	11	12	11	12	12	11	14	13
21	15	15	13	13	12	13	12	13	13	12	15	14
22	16	16	14	14	13	14	13	14	14	13	16	15
23	17	17	15	15	14	15	14	15	15	14	17	16
24	18	18	16	16	15	16	15	16	16	15	18	17
25	19	19	17	17	16	17	16	17	17	16	19	18
26	20	20	18	18	17	18	17	18	18	17	20	19
27	21	21	19	19	18	19	18	19	19	18	21	20
28	22	22	20	20	19	20	19	20	20	19	22	21
29	23	23	21	21	20	21	20	21	21	20	23	22
30	24	24	22	22	21	22	21	22	22	21	24	23
31	25	25	23	23	22	23	22	23	23	22	25	24

注：左侧第 2 ～ 13 列的数字为预产日期。

2. 日常管理

母猪分娩前 3 ～ 5 天要减少运动，只在圈内自由活动，不能追赶、惊吓、并圈等。产后 3 天内，由于母猪体弱，仔猪吮乳频繁，最好让母猪在圈内休息。3 天以后，如果天气良好，可让母猪到舍外活动。

3. 母猪产前准备

母猪进产房前对分娩舍、产床、用具和周围环境（包括猪舍的屋角、墙壁、通道等）进行彻底消毒，母猪的体表也要进行清洁消毒。提前一周进入产房，并做好以下接产准备：

① 便于夜间接生的工作灯。

② 经过严格消毒的毛巾。

③ 必备药品：断尾和断脐带消毒的碘酒、青霉素、链霉素、催产素、预防仔猪下痢用的药物和猪瘟疫苗等。

④ 结扎脐带的缝合线、止血钳、电热断尾钳子、断牙钳子、耳号钳等。

⑤ 最好使用母猪产床产仔。使用产床产仔的，要在母猪上产床前将产床彻底清洗消毒备用。在地面上分娩的，要铺好干净木板，并铺干草、麻袋片等垫料。无论是地面还是产床上分娩，都要给仔猪准备保温箱，这是提高仔猪成活率的最关键措施。保温箱加热的方式有电热板加热和红外线灯加热，采用哪种方法都行。使用前要检查保温箱的加热装置是否正常工作。冷天产仔时要在厩舍门窗挂上草帘或活动塑料薄膜挡风保温，猪舍要求温暖干燥，清洁卫生，舒适安静，阳光充足，空气新鲜，温度在20℃以上，相对湿度在65%～75%为宜。

4. 做好母猪临产征兆的观察

如分娩母猪出现阴部红肿、乳房膨大、腹部阵缩、衔草做窝、走动不安等一系列变化，表明母猪即将分娩产仔。

5. 控制分娩技术

在自然分娩前一天上午给母猪颈部肌内注射氯前列烯醇注射液0.1毫克（用药后26～27小时开始分娩），母猪会在第二天白天分娩，大大缩短产程。

6. 分娩与接产

接产人员剪短并锉平指甲，用肥皂水把手洗净，再用消毒液消毒，产前要将猪的腹、乳房及阴户附近的污垢清除，然后用消毒液进行消毒，并擦干。初产母猪不愿卧下者，应来回抚摸母猪腹部皮肤及乳房，设法让其卧下。

视频 6-1 母猪正常生产的接生

正常分娩：母猪分娩时多数侧卧，腹部阵痛，全身哆嗦，呼吸紧迫，用力努责。阴门流出羊水，两腿向前伸直，尾巴向上卷，产出仔猪。有时，第一头仔猪与羊水同时被排出，此时应立即准备好接产。胎儿产出时，头部先出来的约占总产仔数的 60%，臀部先出的约占 40%，均属正常分娩。母猪顺产时，平均每头仔猪出生间隔为 17.5 分钟。约需 2 小时分娩完毕，产程短的仅需 0.5 小时，而产程长的可达 8 ～ 12 小时（视频 6-1）。

接产步骤：

第一步擦净黏液：仔猪产出后，接产人员应立即用手指将仔猪的口、鼻处黏液掏出并擦净，再用经过消毒的毛巾将全身黏液擦净。

视频 6-2 仔猪断脐带

第二步断脐带：先将脐带内的血液向仔猪腹部方向挤压，为了防止出现脐疝，脐带应在距离腹部 10 ～ 15 厘米处用手指做钝性掐断或用剪刀剪断。结扎脐带，如不出血也可不结扎，断处用碘酒消毒（视频 6-2）。

视频 6-3 仔猪剪乳牙操作

第三步断乳牙：用钳子剪短出生仔猪的 8 个牙齿，以避免伤害母猪乳头和咬伤其他仔猪。注意钳子要消毒，不能剪得过短，要剪平，以免损伤齿龈和舌头（视频 6-3）。

视频 6-4 仔猪断尾操作

第四步断尾：用电热断尾钳子在距离尾根部 2 厘米处剪断，断处用碘酒消毒。还有一种用自行车气门芯断尾的简易方法，就是将自行车气门芯剪成长度为 3 毫米的一段，套在镊子上，将镊子上的气门芯撑起直接套在距离尾根 2 厘米处的尾巴上，取下镊子，几天后，从放置气门芯处至尾部因缺血而断掉，从而达到断尾的目的（视频 6-4）。对体弱的仔猪可不断尾。

第五步仔猪编号：编号是育种工作的基本环节。编号的方法有剪耳法和耳标法，以剪耳法应用较普遍。剪耳法是利用耳号钳在猪耳朵上剪缺刻，每一缺刻代表一个数字，将所有数字相加即为耳号数。例如“上1下3”法，右耳上缘剪一个缺刻代表1，下缘一个缺刻代表3，耳尖一个缺刻代表100，耳中部打一圆洞代表400，左耳相应部位的缺刻分别代表10、30、200、800。再如“个、十、百、千”法，左耳上缘、下缘和右耳上缘、下缘依次代表千位、百位、十位、个位上的数字，以近耳尖处的缺刻代表1，近耳根处缺刻代表3。

第六步乳前免疫：有猪瘟威胁的猪场可在仔猪没吃初乳前做猪瘟超前免疫。一般用猪瘟弱毒疫苗免疫，每头仔猪2头份，用7～9号针头做皮下或肌内注射（视频6-5）。免疫2小时后再让仔猪吃初乳。

视频6-5 仔猪注射操作

第七步让仔猪吃初乳：处理完上述工作后，立即将仔猪送到母猪身边吃初乳。有个别仔猪出生后不会吃乳，需进行人工辅助，必须保证每头仔猪都及时吃上初乳，以提高仔猪免疫力，降低仔猪发病率。吃完初乳的仔猪放到有加热装置的35℃保温箱内。寒冷季节，无供暖设备的圈舍要生火保温，或用红外线灯泡提高仔猪休息区域的局部温度。

第八步假死仔猪的急救：有的仔猪产出后没有呼吸，但心脏仍在跳动，称为“假死”，其急救办法有：

① 人工呼吸法。有两种方法，一种是先清除口鼻中的黏液，将仔猪四肢朝上，一手托着肩部，另一手托着臀部，然后一屈一伸反复进行，直到仔猪叫出声为止；另一种是先迅速掏出口中黏液，用5%碘酒棉球擦一下鼻子，一手抓住两后肢，头向下把猪提起，排出鼻中羊水，然后对准鼻子吹气进行人工呼吸。

② 刺激法。往仔猪鼻部涂酒精等刺激物或针刺的方法。

③ 捋脐带法。擦干仔猪口鼻上的黏液，抬高仔猪头部置于软垫上，在距离腹部20～30厘米处剪断脐带，一手捏住脐带断端，另一手向仔猪腹部方向反复捋脐带，直到救活仔猪。

④ 将仔猪浸于40℃温水中，口鼻在外，约30分钟后复活。

第九步难产的处理：母猪整个分娩过程大约为2小时，一般5～25分钟产出一头仔猪，胎儿全部产出后0.5～2小时排出胎衣，胎衣排出后立即清除，防止母猪因吃胎衣后吃仔猪，如破水半小时仍不产下仔猪，母猪长时间剧烈阵痛，可能为难产；产下几头仔猪后，如超过 1 小时未再产下一头仔猪也需要进行助产处理，但仔猪仍产不出，且母猪呼吸困难，心跳加快，应实行人工助产，一般可注射人工合成催产素（按每 50 千克体重 1 毫升），注射后 20 ～ 30 分钟可产出仔猪。如注射催产素仍无效，可采用手掏出：洗净双手，消毒手臂，涂上润滑剂，趁母猪努责间歇时慢慢伸入产道，伸入时五指并拢手心朝上，慢慢旋转进入产道，摸到仔猪后随母猪努责慢慢将仔猪拉出，掏出一头仔猪后，如转为正常分娩，不再继续掏。实行人工助产后，母猪应注射抗生素或其他抗炎症药物。如产道过窄，应请兽医做剖宫产。

第十步清理：母猪分娩结束后，及时移走胎衣和被羊水胎粪污染的褥草，以免病原微生物引起母猪产后感染而发病。

7. 饲喂管理

为了保证分娩母猪的营养需要，必须给予足够的营养。临产前 5 ～ 7 天对于体况较好的母猪应按日粮的 10%～ 20%减少精料，并调配容积较大而带轻泻性饲料，可防止便秘，饲喂量每天 1.8 ～ 2.0 千克；分娩前 10 ～ 12 小时最好不再喂料，但应保证充足饮水，冷天时水要加温。母猪产后疲劳、口渴、厌食、懒动。对那些不愿活动的母猪，应驱赶起来使其尽早饮水，有条件的可喂些稀的盐水麸皮汤，可防止母猪过于口渴而发生吃仔猪的恶癖。对较瘦弱的母猪，不但不减料，还应增加一些富含蛋白质的催乳饲料。分娩后第二天起逐渐增加喂料量，每天增加 1 千克，保证饲料易消化，5 ～ 7 天后达到哺乳母猪的饲养标准和喂量。达到日采食量 5 千克以上，在产后 20 天左右母猪日粮达到高峰，母猪日粮喂量可按 3.5 ～ 4 千克，再加上以每头仔猪 0.25 千克而定，一般喂量在 5 ～ 6 千克，直到断奶前 5 天开始减料。注意霉变饲料绝不能用来喂母猪，尤其是喂湿拌料的猪场，每天都要清刷料槽。否则饲槽里有吃不干净的饲料发生霉变，引起母猪中毒，乳汁发生变化，从而导致新生仔猪腹泻直至死亡。

8. 保健

分娩后给母猪注射抗生素（青霉素、阿莫西林、头孢类、长效土霉菌等）预防感染性疾病，人工助产的猪连注4天。

六、哺乳母猪管理

哺乳母猪是指分娩后哺乳仔猪到仔猪断奶这段时间的母猪。

（一）饲养管理目标

最大限度地提高采食量，提高母猪的泌乳能力，使母猪有足够的奶水喂养仔猪，保证新生仔猪有高的成活率并发育良好，断奶仔猪体重大，同时使母猪不因哺乳仔猪体况下降（体重下降和背膘减少），保证在下一个配种期正常发情与排卵。

（二）饲养管理重点

1. 饲养方式

哺乳母猪宜采用封闭式产房，规模化饲养场可采用全进全出（所谓全进全出饲养管理，是建立在同期发情、同期配种和同期分娩控制技术基础上的，即选择分娩期和断乳期相同或相近的分娩母猪同时在一个产房的单独房间饲养，可以有效解决消毒问题和提高管理效率）饲养管理模式，营造易于控制的小环境。一般采取产床饲养，也可在地面平养，如在地面平养要铺垫草，并有专门防止母猪压小猪的隔离设施。

2. 饲喂管理

① 日喂量。母猪产仔当天不喂料。产后母猪身体虚弱，应

以流食为主，喂些温的麸皮汤和电解多维水，连喂两次，以促进恶露排出和迅速恢复体力。分娩后的第2天，喂给母猪1千克左右的饲料，以后每日增加0.5千克饲料，同时喂一定量的麸皮和加有电解多维水的清洁温开水防止母猪便秘，至4～5天恢复其正常的食料量。食欲正常后，让母猪自由采食，以保证仔猪足够吸乳，并能保持良好的繁殖性能。一般母猪本身的维持需要在2千克左右，哺乳一头仔猪需要0.4千克，如母猪产仔10头，母猪日喂量=2+10×0.4=6千克。饲喂时还要根据上述营养需要特点及气候变化适当增减。到仔猪断奶前1个星期，哺乳母猪逐渐减料，并将哺乳料逐渐换成空怀料。断奶当天，母猪日喂饲料量维持在1.8～2.0千克，这样可以防止母猪断乳后，乳汁还按正常时期分泌从而使母猪乳房肿胀发生母猪乳腺炎。

② 补充青绿饲料10千克可替代1千克精料，但青料不可喂得过多，并且应保证卫生。

③ 饲料不宜随便更换，且饲料质量要好，建议使用哺乳母猪全价料，严格按饲养标准和需要量喂母猪，防止乳汁过浓而造成猪下痢。不能喂任何发霉、变质的饲料。

④ 保证供给充足的清洁饮水，确保泌乳的需要。

⑤ 哺乳母猪日喂次数调整为3次，每次间隔时间要均匀，保持其食欲。

⑥ 预防顶食。母猪产仔之后，体能消耗大，身体虚弱，消化功能较弱，食欲不好不应多喂料。产后加料过急，喂得过多，不易消化，容易发生顶食。顶食后几天内不吃食，严重的会呕吐，还会引发炎症，即使可以消化，也易产生乳腺炎、产后热、仔猪下痢等问题，同时乳汁分泌量突然减少，引起仔猪泌乳不足，严重的造成死亡。预防顶食的办法，分娩的头3天，应适当控制食量，以后逐步增加喂量，以能吃完不浪费为原则，到4～5天后恢复定量。如果母猪产后食欲不振，可用150～200克食醋拌一个生鸡蛋喂给母猪，能在短期提高母猪食欲。

3. 专人管理

对哺乳母猪应实行专人管理，选择工作责任心强、吃苦耐劳、工作细心的优秀员工担任母猪饲养员。饲养管理人员对分娩舍要做到不间断地巡视，特别是产后 10 天以内，重点观察母猪采食、粪便、精神状态及仔猪生长发育等健康状况。

4. 控制环境

分娩舍环境应保持安静，让母猪休息好。禁止打母猪，防止母猪因受惊吓而突然活动，影响哺乳和压死仔猪。保持栏舍清洁卫生，保持干燥，温度适宜，加强防寒保暖工作。夏季注意防暑、防蚊蝇叮咬，冬季注意保暖，防寒风、防潮湿、防冷食。

5. 哺乳调教

初产母猪缺乏哺乳经验，仔猪吮乳会造成其应激、恐惧而拒哺。可人工引诱驯化，如：挠挠母猪的肚皮让仔猪轻轻吸吮；经常按摩乳房，使仔猪接触乳头时不至于兴奋不安；饲养员经常在母猪旁边看守，结合固定哺乳位置，看住仔猪不要争抢奶头，保持母猪安静。

6. 适当运动

地面平养母猪的，在天气好的时候，让母猪带领仔猪到舍外活动，这样有利于母猪消化、增加泌乳和仔猪的生长。

7. 保护乳头

乳头对于哺乳仔猪的重要性不言而喻，母猪乳头却经常受到产床底网、漏缝地板和仔猪牙齿等损伤，可在母猪趴卧的地方铺垫一块稍厚的木板，及时剪断、磨平仔猪的乳牙。

8. 防病与保健

① 栏舍定期消毒。每周室内消毒 2 次（一次全舍喷洒高

效消毒液消毒，一次冰醋酸熏蒸消毒，潮湿天气带体消毒可以推后进行），分娩舍门口消毒池和洗手盆每周更换 2 次，而且要保证消毒水的有效浓度，病死猪要及时清走，室内垃圾要每天清扫一次。

② 母猪产后保健。母猪产后第 1 天和第 4 天各肌注长效土霉素，既可以预防产后感染，又可以通过奶水预防仔猪黄白痢。每天饲喂 100 克中药制剂益母生化散，连用 5 ～ 7 天，有利于子宫恢复和预防乳腺炎。

③ 哺乳母猪用药。若有母猪发热，严禁使用大剂量的安乃近类药物，否则会引起心力衰竭。

④ 防治产后便秘。便秘是引起子宫炎、乳腺炎和无乳症候群的主要因素，对母猪和仔猪影响都非常大。发现粪便有干硬时，在保证充足的饮水前提下，给母猪适当饲喂一些粗纤维日粮，或在日粮中加入适量的泻剂，如硫酸钠或硫酸镁（母猪便秘的治疗方法见视频 6-6）。

视频 6-6 母猪便秘的治疗方法

⑤ 防治乳腺炎。每当奶水充足而仔猪刚吸吮乳头时，母猪立即发出尖叫声、猛地站起来还要咬仔猪时，就说明母猪患有乳腺炎或有创伤，要及时治疗乳腺炎。断乳时要注意防止母猪乳腺炎，可采取隔离方式控制哺乳时间，经 4 ～ 6 天过渡后再进行断乳。同时应逐渐减少母猪精饲料的喂量，适当减少饮水，乳房萎缩后再增加精料，开始催情饲养。

⑥ 防治缺乳。如果母猪产后乳房不充实，仔猪被毛不顺，每次给仔猪喂奶后，仔猪还要拱奶，而母猪趴卧或呈犬坐，有意躲避仔猪，不肯哺乳，这是缺奶的表现。缺奶或无奶的主要因素为以下三种：一是不重视母猪营养，猪体过胖或消瘦。主要是饲料营养不平衡，如怀孕期间喂给的能量饲料太多，猪体过胖，导致内分泌失调。二是母猪年龄太大，产龄过长。三是母猪有疾患，产后发生产道感染等疾病。应区别原因对症治疗，营养不良的应用能量和蛋白质高的饲料加强饲养，如添加优质鱼粉等；过胖的应适当减少饲料喂给的数量，多喂一些青饲料；因产后感染疾病、体温升高而发生厌食或不食的母猪，

需针对感染的病症，采用相应的抗生素和中药进行对症治疗。在对症治疗的同时配合一些催乳药物，如肌注催产素或选择中药催乳散。还可以用新鲜的小鱼（以鲫鱼最佳）或胎衣等熬成清汤，稍加些盐拌在饲料中喂或单独饲喂。也可用热毛巾按摩母猪乳房，以促进乳腺发育。

七、哺乳仔猪管理

从出生至断奶的仔猪即为哺乳仔猪。这一时期的仔猪处于生命的早期，绝对生长强度小，相对生长强度大，饲料报酬高，生长发育快，新陈代谢旺盛，利用养分能力强。但仔猪的消化器官不发达，胃容积小，消化功能不完善。体温调节能力不健全，防御寒冷能力差，缺乏先天免疫，易患病死亡。如饲养管理不善，易导致生长发育受阻，形成僵猪。

（一）饲养管理目标

成活率高、生长发育快、大小均匀、健康活泼、断奶体重大，为今后的生长发育打下基础。

（二）饲养管理重点

1. 吃好初乳

在仔猪出生、断脐、断尾、测出生重、剪乳牙后，马上让仔猪吃初乳，最迟不宜超过 2 小时。让出生的仔猪尽早地吃上初乳，使仔猪及时得到营养补充，有利于仔猪恢复体温，最主要的是使仔猪通过初乳获得被动免疫力。初乳中蛋白质含量高，含有轻泻作用的镁盐，可促进胎粪排出。

2. 固定乳头

新生仔猪固定乳头就是让仔猪出生后通过人为调节，始终吮吸单一乳头的乳汁，使仔猪吸乳均匀，生长整齐度高，是保证仔猪全活全壮的一项重要措施。固定乳头要根据仔猪的强弱、大小等区别对待。将全窝中最小或较小的仔猪安排在靠前的乳头，最大的仔猪安排在靠后的乳头，其余的以自选为主。一窝中只要固定了最大、最小的几只，全窝其他仔猪就很容易固定了。对个别能抢乳的仔猪，专门抢食其他仔猪乳头的乳汁，要适度延长看守固定乳头的时间。固定乳头越早，一些人为的调节措施越易做到。

3. 并窝寄养

当母猪产出过多的仔猪，或母猪因病、无乳、流产、少产而需要并窝时，应采取寄养的措施。将多余的仔猪转让给其他母猪代哺，以平衡窝仔猪数。具体寄养的方法是：寄养的仔猪必须吃到初乳后再实行寄养，否则仔猪成活率大大降低；寄养的仔猪日龄最好是同一天出生的，前后相差最多不超过 3 天，以防止出现大欺小、强凌弱的现象；寄养的仔猪要转让给性情温顺、泌乳量高的母猪代哺，为防止母猪不接受，可用涂抹来苏水或粪尿等进行气味伪装的方法寄养，开始时饲养员要照看，待适应后方可让仔猪自由吃奶。

4. 喂养仔猪

如果没有寄养条件可实行个别哺乳的办法来喂养仔猪，以保证出生的健康仔猪都能成活，注意必须让仔猪吃到初乳后再实行。常见的方法有用脱脂奶粉、仔猪专用代乳粉或自配人工乳等方法。

5. 防压死小猪

新生仔猪死亡的最主要原因是被母猪压死。因此，最好使用产床，如果没有也可制作护仔架。护仔架可用直径为 6 ～ 7 厘米的木条，安装在母猪的左、右和臀部三面，离地面和墙壁适当距离，保证母猪卧下时仔猪能从容躲开而不被压着。

6. 防寒保暖

仔猪的保暖是提高成活率的关键，不只是冬天和北方，夏季和南方同样需要做好。最好的方法是采用仔猪保温箱，也可以在母猪上方安有250瓦的红外线灯泡。据资料报道，距离地面20厘米处，局部温度可达33℃左右；30厘米处，温度为27℃左右。

7. 仔猪补料

仔猪早期补饲能够促进消化器官发育，增强消化功能，提高断奶重和成活率。补料应在7日龄左右开始。可在地面撒些仔猪专用开口料，让仔猪自由采食。如仔猪不愿意吃，可把开口料用温水调成粥状往仔猪的嘴上抹，也可以达到诱食的目的。少喂勤添，逐步增加料量。随着母猪的母乳高峰逐步下降，奶质、奶量也开始下滑，但仔猪生长快，采食量逐渐增大，要加大补料速度和给料量。每天要对补料的场所和补料用具进行清扫，除去剩余未吃完的或者被踩踏过不卫生的饲料，并及时更换上新的饲料，保证开食料的新鲜、卫生。

8. 仔猪补水

由于仔猪生长迅速、代谢旺盛，特别是由于母乳脂肪含量高，诱食料往往是干料，消化吸收需要较多的饮水，更由于仔猪所处的环境温度高，奶中的水分是远远不够的，故在仔猪2～3日龄起就应补水。可设置适宜的水槽或安装仔猪专用自动饮水器，同时在水中添加少量甜味剂、酸味剂和营养剂。特别是柠檬酸、延胡索酸、甲酸钙、丙酸、食醋等酸化剂，能增加饲料的适口性，提高仔猪的采食量；同时还能提高饲料的消化吸收率，并降低日粮的pH值，使仔猪胃肠道呈酸性，减少仔猪腹泻的发生。

给仔猪补水要注意，使用自动饮水器水压不能太大，水压太大仔猪不愿意去喝。饮水器流量以300毫升每分钟，高度以

10 ～ 15 厘米为好。同时，要保证饮水温暖和清洁，冬天最好饮用 37 ～ 38℃的温水，采用水槽饮水还要经常换水。

视频 6-7 小公猪阉割操作

9. 公猪去势

去势时间选择在 3 ～ 10 日龄之间，因为这段时间仔猪对疼痛不敏感，痛苦小、出血也少（视频 6-7）。

10. 早期断奶

早期断奶是建立在仔猪发育正常，已经能够不依靠母乳，而通过自己采食仔猪料生存，同时母猪不因断奶而患乳房疾病，甚至影响下次发情配种这两个基本前提下。断奶时间 3 ～ 5 周为宜，要求 21 日龄断奶体重不低于 5 千克，28 日龄断奶体重应在 6 千克以上，35 日龄断奶体重应在 7 千克以上，断奶后方可取得理想的效果。断奶周龄视饲养管理条件而定，规模化饲养场一般选择 28 天断奶。断奶前 3 ～ 5 天哺乳母猪喂料量要逐渐减少，以减少泌乳量，从而迫使仔猪多吃料。同时也是防止母猪乳腺炎的有效办法。断奶最好在早晨进行，同时尽量使仔猪不改变环境，以减少应激。如果条件允许，断奶时可将母猪移走，仔猪留在原圈饲养几天。这样仔猪对原猪舍环境熟悉，无不适应感，可避免仔猪环境应激的发生，仔猪吃食休息基本正常，有利于仔猪顺利渡过断奶关，能促使母猪在断奶后迅速发情。

断奶的方法有一次断奶法、分批断奶法和逐步断奶法等三种方法。

11. 防病

① 防下痢。新生仔猪消化能力差，抵抗力弱，易发生下痢。为控制仔猪下痢，应掌握仔猪下痢的发病规律及其易发的三个阶段。第一阶段下痢多为仔猪黄痢期，常发生在仔猪新生后的 3 日龄前后，即早发性大肠杆菌下痢。第二阶段下痢为仔

猪易发白痢期，2～4周龄时暴发，尤其出生10～20天的仔猪发病最多，占发病总数的35%以上。这是致病性大肠杆菌所引起的哺乳仔猪传染病。第三阶段下痢即断奶仔猪的下痢，仔猪断奶后1～2周内，尤其是断奶后2～10天内，是仔猪下痢死亡的第3次高峰。预防方法是在仔猪出生后往其嘴中用链霉素、庆大霉素滴入2滴，1小时后再喂初乳，以消炎制菌，减少和防止仔猪的下痢。

② 补铁和补硒。铁是动物体不可缺少的矿物质微量元素，因为它是血红蛋白和多种酶（如细胞色素氧化酶等）的重要组成成分。初生仔猪极容易缺铁，不及时补充就会出现贫血和其他毛病，生长不良。仔猪补铁方法是仔猪生后3～4日龄采用注射牲血素、右旋糖酐铁剂等补铁，每头仔猪100～150毫克，14周龄再注射一次。

硒在动物营养中也是重要微量元素，可防止脂类过氧化，保护细胞膜。硒与维生素E有协同抗氧化作用。仔猪缺硒时会突然发病，表现为白肌病、心肌坏死等。仔猪补硒方法是在仔猪生后3～5日龄，每头仔猪肌注0.1%的亚硒酸钠溶液0.5毫升，60日龄再注射0.1%的亚硒酸钠液1毫升。

③ 注射疫苗。主要是在21日龄和60日龄给仔猪注射猪瘟疫苗。其他免疫项目可结合本场受到疫病威胁的状况，制定适合本场实际的免疫程序进行免疫。

八、保育猪管理

保育猪是指仔猪断奶后70日龄左右的仔猪。生产中亦称断奶仔猪。

（一）饲养管理目标

尽量减少仔猪因断奶后脱离母猪、食物和生活环境变化引起的应激，保证断奶仔猪的成活率，提高日增重，为育肥猪的生长打下基础。

（二）饲养管理重点

1. 圈舍要求

保育仔猪应设专门的保育舍进行饲养。保育舍应采用保温设计，使用保温隔热好的材料建设，保证具有良好的环境条件。规模化猪场宜采用高床保育栏饲养保育猪，地面饲养保育猪的宜采用漏缝地板。在提高保育舍温度上宜采用对保育舍环境没有影响的热源，如红外线保温灯、电热板、水暖等保温设备，尽量不使用碳、煤等对空气质量影响大的热源。

2. 执行全进全出制度

全进全出是指让同时出生、同步断奶的仔猪同时进入保育阶段。这样可以对猪舍内外进行彻底消毒，有利于疾病的控制。在猪舍内有猪的情况下，始终难以彻底清洗和消毒。况且目前还没有任何一种消毒剂可以完全杀灭排泄物中的病原体。即使当时消毒非常好，但由于病猪或带毒猪可以通过呼吸道、消化道、泌尿生殖道不断向环境中排放病原，污染猪舍、猪栏，下一批猪进入猪舍后，就可能被这些病原体感染。有些猪场虽然在设计的时候是按照全进全出设计的，但由于生产方面存在问题，如生长缓慢或有些猪发病，可能在原来的猪舍断续饲养，而病猪或生长缓慢的猪带毒量更高、毒力更强，所以更危险。坚持“自繁自养、全进全出”的原则，可以有效地防止从外面购入仔猪而带来传染病的危险。许多疫病往往是由于购入病畜、康复带毒畜或畜产品而引起发生和流行的。如果不是自繁自养，需要外购仔猪饲养时，必须从非疫区选购，并进行严格的检疫，保证健康无病。购入后需隔离观察一个月以上。确认无病后，方可混群饲养。

3. 合理分群

断奶仔猪转群时一般采取原窝培育，即将原窝仔猪（剔除个别发育不良个体）转入保育舍的同一栏内饲养。每栏饲养10头左右，最多不超过25头。夏天数量要少，寒冷冬季数量适当增多，以便仔猪相互取暖，但一定要保证每头仔猪有0.6～0.8平方米的活动空间。如果原窝仔猪过多或过少，可个别调整，日龄不要相差太大，最好控制在7日龄以内。以仔猪较多的一窝为主，从少的向多的合群，尽量避免打乱重新分群，如外购仔猪不可避免要重新分群的，可按其体重大小、强弱进行并群分栏，同栏仔猪体重相差在1～2千克内。有条件的也可将仔猪中的公猪和母猪分别分群饲养，另外将弱小仔猪合并分成小群进行单独饲养。合群仔猪会有争斗位次现象，由于猪相互识别主要凭气味，可在合群前往仔猪身上喷洒来苏水或喷白酒或酒精进行气味伪装和适当看管，防止咬伤。一般2天后分出次序以后即可停止。还有一种方法是先把原存栏猪赶出栏外，在新进猪的猪身上喷白酒或酒精，栏舍也要用酒喷一遍，然后将新猪放进栏，再把原栏猪赶回栏。原存栏猪和新进仔猪间互相闻不出异味，原栏猪识别不了新进的猪，新进的猪只也识别不出原栏猪，就使原栏猪失去霸栏习性，因而不会出现不合群和咬斗现象。这在很大程度上避免了原栏猪和新进猪的咬斗、不合群现象发生。

4. 保育猪调教

新断奶转群的保育猪吃食、卧位、饮水、排泄区尚未形成固定位置，对仔猪的调教主要是训练仔猪定点排便、采食和睡卧的“三点定位”，这有利于保持圈内干燥和清洁卫生。利用猪排粪尿喜欢寻找潮湿的地方的特点，在猪进栏时，对预定排粪尿的地方放点水、粪便暂不清扫，其他区的粪便及时清除干净，诱导仔猪来排泄。如果猪没有在预定的地点排泄，可用小棍轰赶并加以训斥。仔猪睡卧时，可定时轰赶到固定区排泄，经过一周的训练，可建立起定点卧睡和排泄的条件反射，就能定点排泄了。饲养员训练要有耐心。

5. 环境控制

加强通风与保温，保持保育舍干燥舒适的环境。仔猪断奶后转入保育舍，仍然对温度的要求较高，一般刚断奶仔猪要求局部有30℃的温度，以后每周降3～4℃，直到降到22～24℃。断奶仔猪保温可以减少寒冷应激，从而减少断奶后腹泻以及因寒冷引起的其他疾病的发生。解决好冬季通风与保温的矛盾，采用通风设备加强通风，降低舍内氨气、二氧化碳、硫化氢等有害气体的浓度，减少对仔猪呼吸道的刺激物质，从而减少呼吸道疾病的发生。

及时清理猪粪，清扫猪舍，减少冲洗的次数，使舍内空气湿度控制在60%～70%。湿度过大会造成腹泻、皮肤病的发生，湿度过小会造成舍内粉尘增多而诱发呼吸道疾病。

6. 动物福利

每个保育栏内悬挂1～2条铁链、橡胶环等供仔猪玩耍，既可以分散注意力，也可避免仔猪咬尾和咬耳等恶癖的发生。

7. 饲喂管理

使用保育猪专用饲料，并进行饲料过渡。保育仔猪处于强烈的生长发育阶段，各组织器官还需进一步发育，功能尚需进一步完善，特别是消化器官更突出。猪乳极易被仔猪消化吸收，其消化率可高达100%。而断奶后所需的营养物质完全来源于饲料，主要能量来源的乳脂由谷物淀粉所替代，可以完全被消化吸收的酪蛋白变成了消化率较低的植物蛋白，并且饲料中还含有一定量的粗纤维。据研究表明，断奶仔猪采食较多饲料时，其中的蛋白质和矿物质容易与仔猪胃内的游离盐酸相结合，不能充分抑制消化道内大肠杆菌的繁殖，常引起腹泻疾病。为了使断奶仔猪能尽快地适应断奶后的饲料，减少断奶造成的不良影响，除对哺乳仔猪进行早期强制性补料、迫使仔猪在断奶前就能进食较多乳猪料外，还要对进入保育阶段的仔猪进行饲料和饲喂方法的过渡。

过渡的方法是仔猪断奶1周之内应保持饲料不变（仍然饲喂哺乳期使用的乳猪饲料），并添加适量的抗生素、益生素等，以减轻应激反应，1周之后开始在日粮中逐渐减少乳猪饲料的比例，逐渐增加保育猪料的比例，直到完全使用保育猪饲料。

保育猪栏内安装自动饮水器，保证随时供给仔猪清洁饮水。保育猪采食大量干饲料，常会感到口渴，需要饮用较多的水，如供水不足不仅会影响仔猪正常的生长发育，还会因饮用污水造成下痢等病。

8. 仔猪去势

对没有在哺乳期间去势的公仔猪，在保育期间要去势，要合理安排去势、防疫和驱虫的时间，不能同时进行，在时间上应恰当分开。一般是按照去势－防疫－驱虫顺序进行，间隔在7天以上。

9. 及时淘汰残次猪

残次猪生长受阻，即使存活，养成大猪出售也需要较长的时间和较多的饲料，结果必定得不偿失；残次猪大多是带毒猪，存在保育舍中是传染源，对健康猪构成很大的威胁；而且这种猪越多，保育舍内病原微生物越多，其他健康猪就越容易感染；残次猪在饲养治疗的过程中要占用饲养员很多的时间，势必造成恶性循环；照顾残次猪时间越多，花在健康猪群的时间就越少，以后残猪就不断出现，而且越来越多。

10. 防病

① 猪舍清洗消毒。猪舍内外要经常清扫，定期消毒，消灭传染源，切断传播途径，防止病原体交叉感染。仔猪进舍前一周应对空舍的门窗、猪栏、猪圈、食槽、饮水器、天棚及墙壁、地面、通道、排污沟、清扫工具等彻底清洗消毒。用高压水枪冲洗2次，干燥后用火焰消毒一次，再用卫康或百菌消或0.2%过氧乙酸等高效消毒剂反复消毒3次，每日1次，空舍3

天以上进猪。以后每周至少对舍内消毒一次，带猪消毒2次。要保持猪舍干燥卫生，严禁舍内存有污水、粪便，注意通风保持空气新鲜。

② 规范免疫程序，减少免疫应激。疫苗接种的应激不仅表现在注射上，还可以明显地降低仔猪的采食量，影响其免疫系统的发育，过多的疫苗注射甚至会抑制免疫应答，所以在保育舍应尽量减少疫苗的注射；应以猪瘟、口蹄疫疫苗为基础，根据猪场的实际情况来决定疫苗的使用。仔猪60日龄注射猪瘟（第二次免疫）、猪丹毒、猪肺疫和仔猪副伤寒等疫苗。

③ 药物驱虫。仔猪阶段（45日龄）猪体质较弱，是寄生虫的易感时期，每10千克猪体重用阿维菌素或依维菌素粉剂（每袋5克，含阿维菌素或依维菌素10毫克）1.5克拌料内服。或口服左旋咪唑，按每千克体重8毫克。

小贴士：

断奶日龄根据各场的饲养管理水平不同，有所区别。通常有21日龄、28日龄和35日龄。据有关统计数据，断奶期间引起的死亡约占全程死亡率的40%。因为仔猪断奶时，其各种生理功能和免疫功能还不完善，主动免疫系统还未发育成熟，抗病力低，极易受各种病原微生物的侵袭，加之断奶时多种应激因素的影响，易诱发疫病。因此，加强断奶仔猪饲养管理与保健非常重要。

九、生长育肥猪管理

育肥猪是指出生70日龄以后的仔猪，经过保育期的饲养至大猪出栏这一时间段的猪。生长育肥阶段是猪生长速度最快和饲料消耗最大的阶段。

（一）饲养管理目标

根据育肥猪生长规律实行科学管理，提高产品质量、日增重，最大限度地提高饲料利用效率，缩短育肥期，提高出栏率，降低生产成本，提高经济效益。

（二）饲养管理重点

1. 全进全出饲养

全进全出是猪场控制感染性疾病的重要途径。部分猪场是按照全进全出的模式设计的，但在养猪效益好时，盲目扩群，导致密度扩大，做不到完全的全进全出，就易造成猪舍的疾病循环。因为猪舍内留下的猪往往是生长不良猪只、病猪或病原携带者，等下一批猪进来后，这些猪就可作为传染源将病菌传染给新进的猪只，这样影响的猪只更多，如此恶性循环，后果相当严重。如果猪场能够做到全进全出，就会避免这些现象的发生，从而降低这些负面影响给猪场带来的不必要损失。

2. 合理分群

适宜的猪群规模和饲养密度可以提高猪的增重速度和饲料转化率。组群的原则："留弱不留强""夜合昼不合"；同品种、同类型的猪尽可能组成一群；同期出生或出生期相近、体重一致的应组织在一群；同窝仔猪尽可能整窝组群育肥。组群原则一般要保持猪群的稳定，不要轻易拼群或调群，但遇到个别体弱、患病掉队的猪应及时挑出另外护养。

3. 饲养密度

生长育肥猪饲养密度的大小根据体重和猪舍的地面结构确

定，通常以出栏时体重所占面积决定饲养数量。在我国南方地区，夏季因气温较高、湿度较大，应适当降低饲养密度。北方冬季温度低，可适当加大饲养密度。实践证明，15～60千克的生长育肥猪每头所需面积为0.6～1.0平方米，60千克以上的育肥猪每头需0.9～1.2平方米。一般以每群10～20头为宜，最多不超过25头。大群饲养育肥猪，还可在猪圈内设活动板或活动栅栏，根据猪的个体大小调节猪栏面积大小。

4. 调教

调教是饲养员不能忽视的工作。要使猪养成“三定位”（固定地点排泄、躺卧、进食）讲卫生的习惯，这样既有利于其自身的生长发育和健康，也便于进行日常的管理工作。减轻饲养员的劳动强度，并防止强弱争食、咬架等现象，必须加强调教工作。

猪一般多在门口、低洼处、潮湿处、墙角等处排泄，排泄时间多在饲喂前或是在睡觉刚起来时。因此，在调群转入新栏以前，要事先把猪栏打扫干净，特别是猪床处必须保证干爽清洁。在指定的排泄区堆放少量的粪便或泼点水，然后再把猪调入，可尽快使猪养成定点排便的习惯。如果这样仍有个别猪只不按指定地点排泄，应将其粪便铲到指定地点并守候看管，经过三五天猪只就会养成采食、卧睡、排泄三角定位的习惯。

猪圈栏建筑结构合理时，这种调教工作比较容易进行，如将猪床设在暗处，铺筑得高一些，距离粪尿沟或饮水处远一些以保持洁净干燥，而把排泄区设在明亮处，并使其低矮一些。调教成败的关键在于抓得早（猪进入新栏前即进行）和抓得勤（勤守候、勤看管）。

5. 育肥方法

常用的育肥方法有阶段育肥法、一贯育肥法。阶段育肥法，又叫吊架子育肥法或分期育肥法，即把猪分为幼猪、架子猪和催肥猪三个阶段，采用“一头一尾精细喂，中间时间吊架子”的方式育肥。一贯育肥法，又叫一条龙育肥法和直线育肥法，即从仔猪断乳到育肥结束，全程采用较高的饲养水平，实行均衡饲养的方式，一般在6～8月龄时体重可达90～100千克。一贯育肥法适应于规模化养猪场，需要有相应的经济承受力。采用这种育肥方法，就是在整个育肥期，按体重分成两个阶段，即前期30～60千克，后期60～90千克或以上；或者分成三个阶段，即前期20～35千克，中期35～60千克，后期60～90千克或以上。根据育肥猪不同阶段生长发育对营养需要的特点，采用不同营养水平和饲喂技术。一般是从育肥开始到结束，始终采用较高的营养水平，但在育肥后期，采用适当限制喂量或降低饲粮能量水平的方法，以防止脂肪沉积过多，提高胴体瘦肉率。一条龙育肥方法，日增重快，育肥期短，一般出生后155～180天体重即可达90千克左右，因而出栏率高、经济效益好。

无论哪种方法，饲料营养应符合生长育肥猪的营养需要标准。饲料以生料为主，因为生料未经加热，营养成分没有遭到破坏，因而用生料喂猪比用熟料喂猪效果好，节省煮熟饲料的燃料，减少饲养设备，节约劳动力，提高增重率，节约饲料。

6. 饲喂方法

饲喂方法可分为自由采食与限制饲喂两种。自由采食有利于日增重，节省喂料时间和劳动力。但猪体脂肪量多，胴体品质较差。规模化养猪通常采用全价配合饲料全程自由采食的饲喂方式育肥。

限制饲喂可提高饲料转化率和猪体瘦肉率，但增重不如自由采食快。饲喂定时、定量、定质。定时指每天喂猪的时间和次数要固定，这样不仅使猪的生活有规律，而且有利于消化液的分泌，提高猪的食欲和饲料转化率。要根据具体饲料确定饲喂次数。精料为主时，每天喂2～3次即可，青粗饲料较多的猪场每天要增加 1 ～ 2 次。夏季昼长夜短，白天可增喂一次，冬季昼短夜长，应加喂一顿夜食。每日喂 2 次的，时间安排在清晨和傍晚各喂 1 次，因傍晚和清晨猪的食欲较好，可多采食饲料，有利增重。饲喂要定量，不要忽多忽少，以免影响食欲，降低饲料的消化率。如果要获得瘦肉率高的胴体，采用定时定量饲喂比较好。

在生长育肥前期（体重 20 ～ 60 千克）让猪自由采食，在后期（体重 50 ～ 60 千克后）采用定时定量饲喂，这样既可使全期日增重高，又不至于使胴体的脂肪太多，同时可以提高饲料转化率，节省饲料。要根据猪的食欲情况和生长阶段随时调整喂量，每次饲喂掌握在八九成饱为宜，也有的以添完料后 20 分钟猪能吃完为标准，没吃完说明添的料过多，提前吃完说明添得过少，使猪在每次饲喂时都能保持旺盛的食欲。饲料的种类和精、粗、青比例要保持相对稳定，不可变动太大，变换饲料时，要进行过渡，更换饲料要逐渐进行，使猪有个适应和习惯的过程，这样有利于提高猪的食欲以及饲料的消化利用率。

7. 饮水管理

育肥期间要保证有清洁充足的饮水供应。在猪只的饲养过程中，缺水比缺料应激反应更严重。育肥猪的饮水量与体重，环境温、湿度，饲粮组成和采食量相关。一般在冬季，其饮水量应为风干饲料量的 2 ～ 3 倍，或体重的 10%左右；春秋季节，为采食风干饲料量的 4 倍，或体重的 16%；夏季为风干饲料量的 5 倍，或体重的 23%。饮水设备以自动饮水器较好，或在栏内单独设一水槽，经常保持充足而清洁的饮水，让猪自由饮用。饮水器高度不合适、堵塞、水管压力小、水流速度缓慢等，均会影响猪只的饮水量。

8. 去势

去势可以降低猪的基础代谢，有利于提高饲料转化率和猪肉的品质。如果不去势，屠宰后有性激素的难闻气味，尤其是公猪，膻气味更加强烈，所以育肥开始前都需要去势。供育肥用的公猪一般在仔猪哺乳期间去势，因为仔猪体重小、易保定、手术流血少、恢复快。如果没有去势的，可在猪群稳定的情况下尽早去势，以免因去势晚影响育肥猪生长。

9. 温度和湿度控制

生长育肥猪的适宜环境温度为16～23℃，前期为20～23℃，后期为16～20℃，在此范围内，猪的增重速度最快，饲料转化率最高。养猪人都知道，小猪怕冷大猪怕热，因此夏季要防止猪舍内温度过高，可给猪舍铺设遮阳网，勤冲洗圈舍和给猪淋浴。冬季做好防寒保温，特别是防止贼风侵入。无论冬夏都要做好猪舍的通风换气，保持猪舍内空气清新。

生长育肥猪舍适宜的相对湿度为65%～75%，最高不能超过85%，最低不能低于50%，否则不利于猪群的健康和生长。

10. 食品安全

严格执行农业农村部颁布的《无公害食品生猪饲养管理准则》《无公害食品　畜禽饲养兽药使用准则》《无公害食品　畜禽饲料和饲料添加剂使用准则》《食品动物禁用的兽药及其化合物清单》《禁止在饲料和动物饮水中使用的药物品种目录》等规定，育肥猪饲养全程做到不滥用抗生素、不使用违禁添加剂、严格按规定的休药期停止用药等，保证在养殖环节不出现食品安全问题。

11. 适时出栏

出栏体重不仅影响胴体瘦肉率，而且关系着猪肉质量及养猪的经济效益。猪的体重越大，膘越厚，脂肪越多，瘦肉率越低，育肥时间越长，饲料转化率越低，经济效益越差。现在普遍饲养的瘦肉型品种，一般以在5～7月龄时体重达90～110千克为最佳出栏体重。

12. 防病

① 搞好猪舍卫生。猪舍卫生与防病有密切的关系，必须做好猪舍的日常清洁卫生工作和定期消毒制度。猪舍要坚持每天清扫 2 ～ 3 次并及时将粪、尿和残留饲料运走。每周至少 2 次对猪舍及猪体用高效消毒液消毒。每隔两周全面消毒一次，每次消毒要彻底，包括地面、栏杆、墙壁、走道等。每批猪出栏或转群后，也要彻底进行消毒处理。禁止闲杂人员进入猪舍，饲养人员的衣物要勤清洁和消毒。

② 药物保健。猪只从保育舍转群到育肥舍后，可在饲料中连续添加一周的药物，如每吨饲料中添加 80%支原净 125 克、15%金霉素 2 千克或 10%多西环素 1.5 千克，可有效控制转群后感染引起的败血症或育肥猪的呼吸道疾病。此药物组合还可预防甚至治疗猪痢疾和结肠炎。无论是呼吸道疾病还是大肠炎，都会引起育肥猪生长缓慢和饲料转化率降低，造成育肥猪生长不均，出栏时间不一，难以做到全进全出，最终影响经济效益。

对于育肥阶段的种猪，引种客户经过长途运输到场后应先让种猪饮水，并在饮水中添加电解多维水，连续 3 天，以提高其抵抗力。

③ 预防接种。一般仔猪应该在出生后至 70 日龄前做完猪瘟、猪丹毒、猪肺疫、仔猪副伤寒、链球菌病疫苗接种。一般出栏前不再进行疫苗接种。如果确认没做或有疫病威胁时，可根据当地及本场的疫病流行情况做相应的加强免疫。

④ 驱虫。生长育肥猪阶段易患寄生虫病，此阶段的寄生虫主要有蛔虫、囊虫（有囊虫的猪肉常称为“痘猪肉”或“米心肉”）、疥螨和虱子等体内外寄生虫。

通常在育肥期应该驱虫两次，90 日龄和 135 日龄左右各一次，每次驱虫用药两次，间隔时间为 7 天，按 50 千克猪体重用阿维菌素或依维菌素注射液（每毫升含阿维菌素或依维菌素 10 毫克）1.5 毫升各皮下注射一次，进行全群驱虫。

驱除蛔虫常用盐酸左旋咪唑，每千克体重猪 7.5 毫克，驱除疥癣可选用阿维菌素或依维菌素皮下注射。

使用驱虫药后，要注意观察，出现副作用要及时解救，驱虫后排出的虫体和粪便要及时清除，注意环境卫生的综合治理，以防再度感染。

第七章 猪的疾病防治

一、养猪场的生物安全管理

生物安全是近年来国外提出的有关集约化生产过程中保护和提高畜禽群体健康状况的新理论。生物安全的中心思想是隔离、消毒和防疫。关键控制点是对人和环境的控制，最后达到建立防止病原入侵的多层屏障的目的。因此，猪场饲养管理者必须认识到，做好生物安全是避免疾病发生的最佳方法。一个好的生物安全体系将发现并控制疾病侵入养殖场的各种可能途径。

生物安全包括控制疫病在猪场中的传播，减少和消除疫病发生。因此，对一个猪场而言，生物安全包括两个方面：一是外部生物安全，防止病原菌水平传入，将场外病原微生物带入场内的可能性降至最低。二是内部生物安全，防止病原菌水平传播，降低病原微生物在猪场内从病猪向易感猪传播的可能性。

猪场生物安全要特别注重生物安全体系的建立和细节的落实到位。具体包括猪场的选址、引种、加强消毒净化环境、饲料管理、实施群体预防、防止应激、疫苗接种和抗体检测、紧急接种、病死猪无害化处理、灭蚊蝇、灭老鼠和防野鸟、建立各项生物安全制度等。

（一）猪场的选址

猪场位置的确定，在养猪生产中建立生物安全防范体系上至关重要。因此，在新建场的选址问题上要高度重视生物安全性，切忌随意选址和考虑不周全，或者明知不符合生物安全的要求而强行建场。选址重点需要考虑的问题有：符合动物防疫规定，避免交叉感染，远离其他猪场、屠宰场、畜产品加工场和其他污染源，与邻近猪场要有 3.5 千米以上的安全距离。

（二）实行全进全出制度

全进全出是猪场饲养管理、控制疾病的核心。全进全出有利于疾病的控制，要切断猪场疾病的循环，必须实行全进全出。实行全进全出的两点原因如下。

一是在猪舍内有猪的情况下，始终难以彻底清洁、冲洗和消毒。目前还没有任何一种消毒剂可以完全杀灭粪便和排泄物中的病原体，因为穿透能力较低，所以在消毒前最好使用高压水枪将粪便和其他排泄物彻底冲洗干净。猪舍内有猪则不能彻底冲洗，因此消毒效果不能保证。

二是当时消毒非常好，但由于病猪或带毒猪可以通过呼吸道、消化道、泌尿生殖道不断向环境中排放病源，污染猪舍、猪栏。下一批进入猪舍后，就可能被这些病原体感染。有些猪场虽然在设计的时候是按照全进全出设计的，但由于生产方面存在问题，如生长缓慢或有些猪发病，可能在原来的猪舍断续饲养。而病猪或生长缓慢的猪带毒量更高，毒力更强，所以更危险。

所以，要实行严格的全进全出制度。做到猪舍内所有猪出栏后彻底清洗、消毒空舍 14 天，至少 7 天，这样才能保证消毒效果。

（三）实行多点式生产工艺

所谓“多点式”生产是指把种猪舍、保育舍、育肥舍分别建在不同的地方，并且相互之间独立运行。减少猪场内一旦发生传染病全场猪只都被感染的机会，即使某一个点出现问题也比较容易进行消毒、清场、复养，不会影响到整个猪场的生产。采用“多点式”的生产工艺使猪群受各种潜在病原微生物侵袭的机会大大减少，降低或消灭疾病带来的风险，具有较高的健康水平。

“多点式”生产工艺又可以分为“二点式”（种猪 + 分娩、保育猪 + 育肥猪）和“三点式”(种猪 + 分娩、保育猪、育肥猪)。目前应用较多的是“三点式”生产工艺。

“多点式”生产工艺的正常运行需要合理地配置猪场资源和实现科学的管理。做到统一安排生产各个环节、统一调配猪群、统一饲养标准、统一防疫制度，又能分隔管理、分群统计、隔离饲养、杜绝疫病传播。

（四）引种要求

引进种猪和精液时，应从具有种畜禽生产经营许可证和《动物防疫合格证明》的种猪场引进，种猪引进后应隔离观察 30 天以上，并按有关规定进行检疫，保留种畜禽生产经营许可证复印件、动物检疫合格证明和车辆消毒证明。若从国外引种，应按照国家相关规定执行。不得从疫区或可疑疫区引种。

引进的种猪应隔离观察30天以上，经兽医检查确定健康合格后，方可供繁殖使用。

（五）加强消毒，净化环境

猪场应备有健全的清洗消毒设施和设备，制定和执行严格的消毒制度，防止疫病传播。猪场采用人工清扫、冲洗，交替使用化学消毒药物消毒。要选择对人和猪安全、没有残留毒性、对设备没有破坏、不会在猪体内产生有害积累的消毒剂。选用的消毒剂应符合《无公害农产品　兽药使用准则》（NY/T 5030—2016）的规定。在猪场入口、生产区入口、猪舍入口设置防疫规定的长度和深度的消毒池。对养猪场及相应设施进行定期清洗消毒。为了有效消灭病原，必须定期实施以下消毒程序：每次进场消毒、猪舍消毒、饲养管理用具消毒、车辆等运输工具消毒、场区环境消毒、带猪消毒、饮水消毒。

（六）加强饲料卫生管理

饲料原料和添加剂的感官应符合要求。即具有该饲料应有的色泽、嗅、味及组织形态特征，质地均匀，无发霉、变质、结块、虫蛀及异味、异臭、异物。饲料和饲料添加剂的生产、使用，应是安全、有效、不污染环境的产品。符合单一饲料、饲料添加剂、配合饲料、浓缩饲料和添加剂预混合产品的饲料质量标准规定。所有饲料和饲料添加剂的卫生指标应符合《饲料卫生标准》（GB 13078—2017）的规定。

饲料原料和添加剂应符合《无公害食品　畜禽饲料和饲料添加剂使用准则》（NY 5032—2006）的要求，并在稳定的条件下取得或保存，确保饲料和饲料添加剂在生产加工、贮存和运输过程中免受害虫、化学、物理、微生物或其他不期望物质的污染。

在猪的不同生长时期和生理阶段，根据营养需求，配制不同的全价配合饲料。营养水平不低于该品种营养标准的要求，建议参考使用饲养品种的饲养手册标准，配制营养全面的全价配合饲料。不应给育肥猪使用高铜、高锌日粮。禁止在饲料中添加违禁的药品及药品添加剂。使用含有抗生素的添加剂时，在商品猪出栏前，按有关准则执行休药期。不使用变质、霉败、生虫或被污染的饲料。不应使用未经无害化处理的泔水、其他畜禽副产品。

（七）实施群体预防

养猪场应根据《中华人民共和国动物防疫法》及其配套法规的要求，结合当地疫病流行的实际情况，制定免疫计划，有选择地进行疫病的预防接种工作；对国家兽医行政管理部门不同时期规定需强制免疫的疫病，疫苗的免疫密度应达到100%，选用的疫苗应符合《中华人民共和国兽用生物制品质量标准》，并注意选择科学的免疫程序和免疫方法。

进行预防、治疗和诊断疾病所用的兽药应是来自具有兽药生产许可证，并获得农业农村部颁发的兽药GMP证书的兽药生产企业，或农业农村部批准注册进口的兽药，其质量均应符合相关的兽药国家质量标准。使用拟肾上腺素药、平喘药、抗胆碱药与拟胆碱药、糖肾上腺皮质激素类药和解热镇痛药，应严格按国务院兽医行政管理部门规定的作用用途和用法用量使用。使用饲料药物添加剂应符合农业农村部《饲料药物添加剂使用规范》的规定。禁止将原料药直接添加到饲料及饮用水中或直接饲喂。应慎用经农业农村部批准的拟肾上腺素药、平喘药、抗胆碱药与拟胆碱药、糖肾上腺皮质激素类药和解热镇痛药。认真做好用药记录。

（八）防止应激

应激是作用于动物机体的一切异常刺激，引起机体内部发生一系列非特异性反应或紧张状态的统称。对于猪来说，任何让猪只不舒服的动作都是应激。应激会对猪有很大危害，造成猪只机体免疫力、抗病力下降，抑制免疫，诱发疾病。可以说，应激是百病之源。

防止和减少应激的办法很多，在饲养管理上要做到“以猪为本”，精心饲喂，供应营养平衡的饲料，控制猪群的密度，做好通风换气，控制好温度、湿度和噪声，随时供应清洁充足的饮水等。

（九）定期进行抗体检测

养猪场应依照《中华人民共和国动物防疫法》及其配套法规，以及当地兽医行政管理部门有关要求，并结合当地疫病流行的实际情况，制定疫病监测方案并实施，并及时将监测结果报告当地兽医行政管理部门。

养猪场常规监测疫病的种类至少应包括：口蹄疫、猪水疱病、猪瘟、猪繁殖与呼吸综合征、伪狂犬病、乙型脑炎、猪丹毒、布鲁氏菌病、结核病、猪囊尾蚴病、旋毛虫病和弓形虫病。除上述疫病外，还应根据当地实际情况，选择其他一些必要的疫病进行监测。

养猪场应接受并配合当地动物防疫监督机构进行定期或不定期的疫病监督抽查、普查、监测等工作。

（十）疫病扑灭与净化

养猪场发生疫病或怀疑发生疫病时，应依据《中华人民共和国动物防疫法》的规定，驻场兽医应及时进行诊断，并尽快向当地畜牧兽医行政管理部门报告疫情。

确诊发生口蹄疫、猪水疱病时，养猪场应配合当地畜牧兽医管理部门，对猪群实施严格的隔离、扑杀措施；发生猪瘟、伪狂犬病、结核病、布鲁氏菌病、猪繁殖与呼吸综合征等疫病时，应对猪群实施清群和净化措施；全场进行彻底的清洗消毒，病死或淘汰猪的尸体进行无害化处理，消毒按《畜禽产品消毒规范》（GB/T 16569—1996）进行。

（十一）病死猪无害化处理

病死猪无害化处理是指用物理、化学等方法处理病死动物尸体及相关动物产品，消灭其所携带的病原体，消除动物尸体危害的过程。无害化处理方法包括焚烧法、化制法、掩埋法和发酵法。注意因重大动物疫病及人畜共患病死亡的动物尸体和相关动物产品不得使用发酵法进行处理。

猪场不得出售病猪、死猪。有治疗价值的病猪应隔离饲养，由兽医进行诊治。需要淘汰、处死的可疑病猪，应采取不会把血液和浸出物散播的方法进行扑杀，传染病猪尸体应按规定进行处理。病死猪采取焚烧、化尸池生物处理等方式进行无害化处理，病死猪不应随处露天堆放或抛弃。

（十二）防鼠害和鸟害

应有预防鼠害、鸟害等的设施，猪舍四周可铺设碎石带，猪舍窗户、通气口等处设置防鸟网等。

（十三）建立各项生物安全制度

建立生物安全制度就是将有关猪场生物安全方面的要求、技术操作规程加以制度化，以便全体员工共同遵守和执行。如在员工管理方面要求对新参加工作及临时参加工作的人员进行上岗卫生安全培训。定期对全体职工进行各种卫生规范、操作规程的培训。生产人员和生产相关管理人员每年至少进行一次健康检查，新参加工作和临时参加工作的人员，应经过身体检查取得健康合格证后方可上岗，并建立职工健康档案。

进生产区必须穿工作服、工作鞋，戴工作帽，工作服必须定期清洗和消毒。每次猪群周转完毕，所有参加的周转人员的工作服应进行清洗和消毒。各猪舍专人专职管理，禁止各猪舍间人员随意走动。

严格执行换衣消毒制度，员工外出回场时（休假或外出超过 4 小时回场者，要在隔离区隔离 24 小时），要经严格消毒、洗澡，更换场内工作服才能进入生产区，换下的场外衣物存放在生活区的更衣室内，行李、箱包等大件物品需打开照射 30 分钟以上，衣物、行李、箱包等均不得带入生产区。

外来人员管理方面规定禁止外来人员随便进入猪场。如发现外人入场，所有员工有义务及时制止，并请出防疫区。本场员工不得将外人带入猪场。外来参观人员必须严格遵守本场防疫、消毒制度。

工具管理方面做到专舍专用，各舍设备和工具不得串用，工具严禁借给场外人员使用。还有每栋猪舍门口设消毒池、盆，并定期更换消毒液，保持有效浓度。员工每次进入猪舍都必须用消毒液洗手和踩踏消毒池。严禁在防疫区内饲养猫、狗等。养猪场应配备对害虫和啮齿动物等的生物防护设施，杜绝使用发霉变质饲料等。

每群猪都应有相关的资料记录，其内容包括：猪品种及来源、生产性能、饲料来源及消耗情况、兽药使用及免疫接种情况、日常消毒措施、发病情况、实验室检查及结果、死亡率及死亡原因、无害化处理情况等。所有记录应由相关负责人员签字并妥善保存两年以上。

二、养猪场的消毒

视频 7-1 养殖场常规消毒方法

规模化养猪的消毒工作是保障猪场安全生产的重要措施，通过消毒可以达到杀灭和抑制病原微生物扩散或传播的效果（视频 7-1）。消毒这项工作应该是很容易做到的，但有些猪场可能常常会放松这些标准，甚至流于形式，从而在不知不觉中让坏习惯得以形成。为了降低猪群的疾病挑战，提高猪群的健康水平、生长速度和效率，改善猪群福利和生产安全猪肉，必须重视消毒工作。

（一）消毒分类

根据消毒的目的不同，消毒可以分为日常预防性消毒、紧急性消毒和终末消毒三类。

1. 日常预防性消毒

没有明确的传染病存在，对可能受到病原微生物或其他有害微生物污染的场所和物品进行的消毒称为日常预防性消毒。主要是结合平时的饲养管理对猪舍、场地、用具和饮水等进行定期消毒，以达到预防一般传染病的目的。此外，在养猪生产和兽医诊疗中的消毒，如对准备上产床的母猪乳房和阴门用消毒液擦洗，人员、车辆出入栏舍、生产区的消毒等，饲料、饮水乃至空气的消毒，诊疗器械如体温计、注射器等进行的消毒处理，也是预防性消毒。预防性消毒通常按猪场制定的消毒制度按期进行。如定期（间隔 3 ～ 7 天）对栏舍、道路、猪群消毒，向消毒池内投放消毒药等。用一定浓度的次氯酸盐、有机碘混合物、过氧乙酸、新洁尔灭等，用喷雾装置进行喷雾消毒，用于猪舍清洗完毕后的喷洒消毒、带猪消毒（带猪消毒的消毒药有 0.1%新洁尔灭、0.3%过氧乙酸和 0.1%次氯酸钠）、猪场道路和周围以及进入场区的车辆消毒。用一定浓度的新洁尔灭、有机碘混合物或煤酚的水溶液，洗手、洗工作服或胶靴。在猪场入口、更衣室，用紫外线灯照射。在猪舍周围、入口、产床和培育床下面撒生石灰或火碱可以杀死大量细菌或病毒。用酒精、汽油、柴油、液化气喷灯，在猪栏、猪床猪只经常接触的地方，用火焰依次瞬间喷射，对产房、培育舍使用效果更好。

猪舍周围环境每 2 ～ 3 周用 2%火碱消毒或撒生石灰 1 次；场周围及场内污水池、排粪坑、下水道出口，每月用漂白粉消毒 1 次。在大门口、猪舍入口设消毒池，注意定期更换消毒液。工作人员进入生产区净道和猪舍要经过洗澡、更衣、紫外线消毒。严格控制外来人员，必须进生产区时，要洗澡，更换场区工作服和工作鞋，并遵守场内防疫制度，按指定路线行走。

2. 紧急性消毒

当发生传染性疾病时，对疫源地进行的消毒称为紧急性消毒。其目的是及时杀灭或清除传染源排出的病原微生物。紧急性消毒是针对疫源地进行的，消毒的对象包括病猪停留的场所、房舍，病猪的各种分泌物和排泄物，剩余饲料、管理用具以及管理人员的手、鞋、口罩和工作服，以及对发病或死亡动物的消毒及无害化处理等。紧急性消毒应尽早进行，消毒方法和消毒剂的选择取决于消毒对象及传染病的种类。一般细菌引起的，选择价格低廉易得、作用强的消毒剂；由病毒引起的则应选择碱类、氧化剂中的过氧乙酸、卤素类等。病猪舍、隔离舍的出入口处，应放置浸泡消毒药液的麻袋片或草垫。

3. 终末消毒

在病猪解除隔离、痊愈或死亡后，或者在疫区解除封锁前，为了彻底地消灭传染病的病原体而进行的最后消毒，称为终末消毒。一般终末消毒只进行 1 次，不仅病猪周围的一切物品、畜禽舍等要进行消毒，有时连痊愈畜禽的体表也要消毒。此外，对于实行全进全出制度的猪舍，在每批猪群转出后对猪舍及用具进行的彻底消毒，也属于终末消毒。

消毒时应采取清扫→高压水冲洗→喷洒清洗剂→清洗→消毒→熏蒸→干燥（或火焰消毒）等步骤进行。

第一步是清扫。清扫的目的是清除猪舍内外有机质。污物是消毒的障碍，干净是消毒的基础。因此，消毒前必须将栏舍空间、地面全部清理干净，不留任何污物。例如栏舍内粪便、垃圾、杂物、尘埃，设备上、墙壁上、地面上的粪污和血渍、垫草、泥污、饲料残渣和灰尘等必须彻底清除。漏缝底下的粪浆也应清除。如果不可能做到，应确保粪浆水位至少比地板平面低 30 厘米，并且保证不泄漏或溢出。

第二步是高压水冲洗。用高压清洗机对栏舍的地面、墙壁、粪污沟、产床、保温箱、补料槽、饲料车、料箱、保育床、猪栏等进行冲洗。

第三步是喷洒清洗剂。用冷水浸透所有表面（天花板、墙壁、地板以及任何固定设备的表面），并低压喷洒清洗剂，如洗衣粉、洗洁精、多酶洗液等，最好是猪场专用的洗涤剂。至少浸泡 30 分钟（最好更长时间，例如过夜）。注意一定不能把这个步骤省掉，洗涤剂可提高冲洗、清洁的效率，减少高压冲洗所需的时间，最主要的是因为有机质会令消毒剂失活，即便是彻底的热水高压冲洗都不足以打破保护细菌免遭消毒剂杀灭的油膜，只有洗涤剂可以做到这一点。

第四步是清洗。使用高压清洗机将栏舍用清水按照从顶棚→墙壁→地板，自上向下的顺序反复冲洗干净，特别要注意看不见的和够不到的角落，例如风扇和通风管、管道上方、灯座等，确保所有的表面和设备均达到目测清洁。最好用温度达到70℃以上的净水高压冲洗。注意不能使用高压冲洗的设备，例如仔猪采暖灯，必须通过手工清洗。要确保脏水可自由排出，而不会污染其他区域。

第五步是消毒。采用消毒剂（如 0.1％新洁尔灭或 0.2％～0.5％过氧乙酸）进行正式消毒。猪舍地面、墙壁、猪栏可用 3％～5％的烧碱水洗刷消毒，待 10～24 小时后再用水冲洗一遍。舍内空气可采用喷雾消毒法，气雾粒子越细越好。消毒剂选择复合酚类、强效碘、氯类均可。按标签推荐用量配制药剂，特殊时期、疫病流行期可适当加大浓度。墙面也可用生石灰水粉刷消毒。如果是钢结构的隔栏可涂刷防锈漆，既能防腐蚀，又能消毒。

第六步是熏蒸。每立方米用福尔马林（40％甲醛溶液）42 毫升、高锰酸钾 21 克，21℃以上温度、70％以上相对湿度，封闭熏蒸 24 小时。

第七步是干燥。细菌和病毒在潮湿条件下会持续存在，所以在下一批猪进舍之前舍内应彻底干燥。消毒完毕后，栏舍地面必须干燥 3～5 天，整个消毒过程不少于 7 天。

（二）常用消毒方法

猪场常用的消毒方法有紫外线消毒、火焰消毒、煮沸消毒、喷洒消毒、生物热消毒、焚烧法、深埋法、高压蒸汽灭菌法和熏蒸消毒等九种方法。

1. 紫外线消毒

紫外线杀菌消毒是利用适当波长的紫外线能够破坏微生物机体细胞中的 DNA（脱氧核糖核酸）或 RNA（核糖核酸）的分子结构，造成生长性细胞死亡和（或）再生性细胞死亡，达到杀菌消毒的效果。猪场的大门入口、人行通道、更衣室，可安装紫外线灯消毒，工作服、鞋、帽也可用紫外线灯照射消毒。紫外线对人的眼睛有损害，要注意保护。

2. 火焰消毒

火焰消毒是用酒精、汽油、柴油、液化气喷灯，直接用火焰杀死微生物，适用于一些耐高温的器械（金属、搪瓷类）及不易燃的圈舍地面、墙壁和金属笼具的消毒。在急用或无条件用其他方法消毒时可采用此法，将器械放在火焰上灼烧 1 ～ 2 分钟。灼烧效果可靠，但对消毒对象有一定的破坏性。应用火焰消毒时必须注意房舍物品和周围环境的安全。对金属笼具、地面、墙面可用喷灯进行火焰依次瞬间喷射消毒，对产房、培育舍使用效果更好。

3. 煮沸消毒

煮沸消毒是一种简单消毒方法。将水煮沸至 100℃，保持 5 ～ 15 分钟可杀灭一般细菌的繁殖体，许多芽孢需经煮沸 5 ～ 6 小时才死亡。在水中加入碳酸氢钠至 1% ~2% 浓度时，沸点可达 105℃，既可促进芽孢的杀灭，又能防止金属器皿生锈。在高原地区气压低、沸点低的情况下，要延长消毒时间（海拔每增高 300 米，需延长消毒时间 2 分钟）。此法适用于饮水和不怕潮湿耐高温的搪瓷、金属、玻璃、橡胶类物品的消毒。

煮沸前应将物品刷洗干净，打开轴节或盖子，将其全部浸入水中。锐利、细小、易损物品用纱布包裹，以免撞击或散落。玻璃、搪瓷类放入冷水或温水中煮，金属橡胶类则待水沸后放入。消毒时间均从水沸后开始计时。若中途再加入物品，则重新计时，消毒后及时取出物品。

4. 喷洒消毒

喷洒消毒最常用。将消毒药（如用一定浓度的次氯酸盐、有机碘混合物、过氧乙酸、新洁尔灭等）配制成一定浓度的溶液，用喷雾器对消毒对象表面进行喷洒，要求喷洒消毒之前应把污物清除干净，因为有机物特别是蛋白质的存在，能减弱消毒药的作用。顺序为从上至下，从里至外。其主要用于猪舍清洗完毕后的喷洒消毒、带猪消毒、猪场道路和周围以及进入场区的车辆消毒。

5. 生物热消毒

生物热消毒指利用嗜热微生物生长繁殖过程中产生的高热来杀灭或清除病原微生物的消毒方法。将收集的粪便堆积起来后，粪便中便形成了缺氧环境，粪中的嗜热厌氧微生物在缺氧环境中大量生长并产生热量，能使粪中温度达 60 ～ 75℃，这样就可以杀死粪便中病毒、细菌（不能杀死芽孢）、寄生虫卵等病原体。适用于污染的粪便、饲料及污水、污染场地的消毒净化。

6. 焚烧法

焚烧法是一种简单、迅速、彻底的消毒方法，是消灭一切病原微生物最有效的方法，因对物品的破坏性大，故只限于处理传染病动物尸体、污染的垫料、垃圾等。焚烧应在野外挖深坑或在专用的焚烧炉内进行。焚烧时要注意安全，须远离易燃易爆物品，如氧气、汽油、乙醇等。燃烧过程中不得添加乙醇，以免引起火焰上蹿而致灼伤或火灾。对猪舍垫料、病猪死尸可进行焚烧处理。

7. 深埋法

深埋法是将病死猪、污染物、粪便等与漂白粉或新鲜的生石灰混合，然后深埋在地下 2 米左右处。

8. 高压蒸汽灭菌法

高压蒸汽灭菌是在专门的高压蒸汽灭菌器中进行的，是利用高压和高热进行灭菌，是热力灭菌中使用最普遍、效果最可靠的一种方法。其优点是穿透力强、灭菌效果可靠、能杀灭所有微生物。高压蒸汽灭菌法适用于敷料、手术器械、药品、玻璃器皿、橡胶制品及细菌培养基等的灭菌。

9. 熏蒸消毒

熏蒸消毒是指利用福尔马林与高锰酸钾反应，产生甲醛气体，经一定时间后杀死病原微生物，是猪舍常用和有效的一种消毒方法。其最大优点是熏蒸药物能均匀地分布到猪舍的各个角落，消毒全面彻底省事省力，特别适用于猪舍内空气污染的消毒。每立方米用福尔马林（40%甲醛溶液）42 毫升、高锰酸钾 21 克，21℃以上温度、70%以上相对湿度。操作时，先将水倒入陶瓷或搪瓷容器内，然后加入高锰酸钾，搅拌均匀，再加入福尔马林，人即离开，密闭猪舍。用于熏蒸的容器应尽量靠近门，以便操作人员能迅速撤离。封闭熏蒸 24 小时以上，如不急用，可密闭 1 周。甲醛熏蒸猪舍应在进猪前进行。

注意：猪舍要密闭完好，操作人员要避免甲醛与皮肤接触，消毒时必须空舍。盛放药品的容器应足够大，并耐腐蚀。甲醛只能对物体的表面进行消毒，所以在熏蒸消毒之前应进行机械性清除和喷洒消毒，这样消毒效果会更好。消毒后猪舍内甲醛气味较浓、有刺激性，因此，要打开猪舍门窗，通风换气 2 天以上，等甲醛气体完全散净后再使用。如急需使用时，可用氨气中和甲醛，按空间用氯化铵 5 克 / 米^3、生石灰 10 克 / 米^3、75℃热水 10 毫升 / 米^3，混合后放入容器内，即可放出氨气（也可用氨水来代替，用量按25%氨水15毫升/米^{3}计算）。30分钟后打开猪舍门窗，通风30～60分钟后即可进猪。

（三）消毒注意事项

① 参加消毒的人员穿着必要的防护服装，了解消毒剂的安全使用事项和处置办法。

② 搬出可移动物件，例如料槽、饮水器、清扫工具，另清洗消毒。

③ 要记住将固定的供电设施绝缘。

④ 准备消毒药物：消毒药物按作用效果分为高效、中效、低效三类。高效消毒药对病毒、细菌、芽孢、真菌等都有效，如戊二醛、氢氧化钠、过氧乙酸等，但其副作用较大，对有些消毒不适用；中效消毒药对所有细菌有效，但对芽孢无效，如乙醇、碘制剂等；低效消毒药属抑菌剂，对芽孢、真菌、亲水性病毒无效，如季铵盐类等。

选择消毒液时，要根据消毒对象、目的、疫病种类，调换不同类型的药物。如有些病毒对普通消毒药不敏感，特别是圆环病毒，应选择高效消毒药。再如，对带猪消毒，刺激性大、腐蚀性强的消毒药不能使用，如氢氧化钠等，以免对人畜皮肤造成伤害；对注射部位消毒可选择中效消毒药等。

配制消毒药液时，应按照生产厂家的规定和说明，准确称量消毒药，将其完全溶解，混合均匀。大多数消毒药能溶于水，可用水作稀释液来配制，应选择杂质较少的深井水或自来水，但需注意水的硬度，如配制过氧乙酸消毒液，最好用蒸馏水。有些不溶于或难溶于水的消毒药，可用降低消毒液表面张力的溶剂，以增强药液的消毒效果或消除拮抗作用。临床表明，乙醇配制的碘酊比用水配制的碘液好，相同条件下碘所发挥的消毒效力更强。

⑤ 清洗消毒饮水系统（包括主水箱和过滤器）应单独进行。注意用消毒液清洗饮水系统的过程中乳头饮水器可能会堵塞，因此清洗完成后要检查所有的饮水器。

三、猪群免疫

免疫接种是给猪只接种疫（菌）苗或免疫血清，使猪只机体自身产生或被动获得对某一病原微生物特异性抵抗力的一种手段，通过免疫接种使猪只产生或获得特异性抵抗力，预防猪传染病的发生。对猪群进行预防免疫接种，是预防和控制猪传染病发生的极其重要的措施。家庭农场在猪群免疫工作上，要做好猪群免疫监测，制定科学的免疫程序和掌握紧急免疫技术。

（一）猪群免疫监测

规模化养猪的免疫监测是一项十分重要的，也是必须进行的日常工作。通过疫情监测实时了解和掌握本场猪群中到底有哪些疫病的存在，同时掌握检测出的疫病感染的程度，什么时间、什么疫病感染了哪个阶段的猪群。有的放矢、有针对性地制定和调整本场预防免疫程序，这样才能因地制宜、适时而正确地选择疫苗接种的种类和接种的时机，同时也能够掌握疫苗的免疫效果，也就是掌握接种后某些疫病抗体水平的高低、群体猪的抗体效价的均匀度、疫苗的保护率和保护时间等。

家庭农场应定期对不同群体、不同阶段的猪进行血样采集（视频 7-2），采集的血样应尽量广泛而具有代表性。通常按照猪群分类，将猪群按照后备公母猪、公猪、母猪、商品猪划分为四个群体，各猪群随机抽取 20%的猪只进行抽检。如果有疾病需要净化，则要求公猪群及后备猪群全部采样。抽检频率一般为一个季度进行一次抽检，每年 4 次。种猪抽检时间指定 1、4、7 和 10 月份的第一个星期。仔猪抽检从断奶阶段开始，在 28 日龄、35 日龄、42 日龄、49 日龄和 63 日龄进行采样。采集的血样应送到国家的权威鉴定机构，如各省的疫病控制中心、种猪测定中心以及一些农业大学实验室，从而做出科学的检测报告。

视频 7-2 耳静脉采血操作

（二）制定科学的免疫程序

制定适合本场的免疫程序，需要根据本场疫病实际发生情况，考虑当地猪疫病流行特点，并结合猪群种类、年龄、饲养管理、母源抗体干扰及疫苗类型、免疫途径等各方面的因素和免疫监测结果等，制定科学的、符合本场的猪群免疫程序。

1. 根据本猪场猪群状况确定免疫种类

根据本猪场以及周边猪场已发生过什么病、发病日龄、发病频率及发病批次，并结合本场猪群抗体检测结果，确定哪些传染病需要免疫或终生免疫，哪些传染病需要根据季节或猪的年龄进行免疫防制。对于本地区尚未证实发病的新流行疾病，建议不做相应疫苗免疫。而对猪场影响重大的传染病如猪瘟和蓝耳病则必须做疫苗免疫。猪瘟和猪繁殖与呼吸综合征病毒是猪场的万病之源，做好猪群这两项疾病的防控工作，基本可以保证猪场的安全生产。实践证明：凡是猪瘟、蓝耳疫苗接种科学的猪场，其猪群发生混合感染、继发感染的情况轻微，疫情对生产损失也不大。所以在确定免疫程序时，要考虑做好猪瘟、蓝耳病疫苗的接种。

2. 充分考虑母源抗体水平的影响

母源抗体水平是制定免疫程序的重要参数。在仔猪母源抗体水平合格的情况下，盲目注射疫苗不仅造成浪费，而且不能刺激猪机体产生抗体，反而中和了具有保护力的母源抗体，使得仔猪面临更大的染病危机。如根据猪瘟母源抗体下降的规律，建议一般猪场对 20 ～ 25 日龄的猪实施首免。对于猪瘟发病严重的猪场，这种免疫程序显然不能有效防病。因此建议超前免疫，仔猪刚出生时就接种猪瘟疫苗，2 小时后吃初乳，50 ～ 60 日龄实施二免。

3. 避免疫苗之间的干扰

短期内免疫不同种类的疫苗，会产生干扰作用。比如免疫猪伪狂犬弱毒疫苗时必须与猪瘟疫苗免疫间隔一周以上。蓝耳病活疫苗对猪瘟的免疫也有干扰作用。因此，需要间隔一段时间进行另一种疫苗的免疫，以保证免疫效果，当然多联苗不用。

4. 根据疾病的季节性流行特点免疫

有些疾病的流行具有一定的季节性。比如夏季流行乙型脑炎，秋冬季流行传染性胃肠炎和流行性腹泻，因此要把握适宜的免疫时机。需要特别指出的是，在免疫接种后，如果猪场短期内感染了病毒，由于抗原（疫苗）竞争，机体对感染病毒不产生免疫应答，这时的发病情况有可能比不接种疫苗时还要严重。还要注意由于猪病的混合感染和继发感染，猪病有愈演愈烈之势，有些季节性的猪病也变得季节性不明显了，如生产中口蹄疫的季节性已不明显。

5. 注意生产管理因素的影响

在猪场生产管理中，如果在运输、转群、换料等情况下，动物处于应激状态，进行疫苗的接种，将导致免疫抗体产生受到影响。在养猪使用多种类、大剂量药物的今天，有些药物对接种的疫苗影响比较大，特别是接种的活菌苗，一般的抗生素都会对接种疫苗产生不利影响。这些都需要注意以便随时进行调整。特别是注意引进猪群的免疫种类、免疫时机、免疫方法等。

6. 选择恰当的免疫途径和方法

同种疫苗采用不同的免疫途径所获得的免疫效果不同。合理的免疫途径能刺激机体快速产生免疫应答，而不合适的免疫途径可能导致免疫失败和造成不良反应。根据疫苗的类型、疫病特点来选择免疫途径。例如灭活苗、类毒素和亚单位疫苗一般采用肌内注射。有的猪气喘病不是很重，毒冻干苗采用胸腔接种。伪狂犬病基因缺失苗对仔猪采用滴鼻效果更好，既可建

视频 7-3 伪狂犬疫苗滴鼻免疫操作

立免疫屏障，又可避免母源抗体的干扰（滴鼻免疫方法见视频 7-3）。

总之，制定猪场的免疫程序时，应充分考虑本地区常发多见或威胁大的传染病分布特点、疫苗类型及其免疫效能和母源抗体水平等因素。同时，由于病原微生物的致病力常常会受到环境的影响而改变其传染的规律，做好的免疫程序在实际生产中则需要不断变化和改进。因此对于已制定的免疫接种计划，也要根据防疫效果和当地疫病流行情况的变化，定期进行修订。最适合生产需要的免疫程序才是最好的免疫程序，才能给猪群提供较好的保护力，这样才能使免疫程序具有科学性和合理性。

附：农业农村部关于印发《常见动物疫病免疫推荐方案（试行）》的通知（节录）

农业部关于印发《常见动物疫病免疫推荐方案（试行）》的通知

为认真贯彻落实《国家中长期动物疫病防治规划（2012—2020 年）》，我部根据《中华人民共和国动物防疫法》等法律法规，组织制定了《常见动物疫病免疫推荐方案（试行）》，现印发给你们，请结合实际贯彻实施。

农业部

2014 年 3 月 12 日

常见动物疫病免疫推荐方案（试行）

为贯彻落实《国家中长期动物疫病防治规划（2012—2020 年）》，指导做好动物防疫工作，结合当前防控工作实际，根据《中华人民共和国动物防疫法》等法律法规有关规定，制定本方案。

一、免疫病种

布鲁氏菌病、新城疫、狂犬病、绵羊痘和山羊痘、炭疽、猪伪狂犬病、棘球蚴病（包虫病）、猪繁殖与呼吸综合征（经典猪蓝耳病）、猪乙型脑炎、猪丹毒、猪圆环病毒病、鸡传染性支气管炎、鸡传染性法氏囊病、鸭瘟、低致病性（H9 亚型）禽流感等动物疫病。

二、免疫推荐方案

有条件的养殖单位应结合实际，定期进行免疫抗体水平监测，根据检测结果适时调整免疫程序。

（一）布鲁氏菌病

1. 区域划分

一类地区是指北京、天津、河北、内蒙古、山西、黑龙江、吉林、辽宁、山东、河南、陕西、新疆、宁夏、青海、甘肃等15个省份和新疆生产建设兵团。以县为单位，连续3年对牛羊实行全面免疫。牛羊种公畜禁止免疫。奶畜原则上不免疫，个体病原阳性率超过2%的县，由县级兽医主管部门提出申请，报省级兽医主管部门批准后实施免疫。免疫前监测淘汰病原阳性畜。已达到或提前达到控制、稳定控制和净化标准的县，由县级兽医主管部门提出申请，报省级兽医主管部门批准后可不实施免疫。

连续免疫3年后，以县为单位，由省级兽医主管部门组织评估考核达到控制标准的，可停止免疫。

二类地区是指江苏、上海、浙江、江西、福建、安徽、湖南、湖北、广东、广西、四川、重庆、贵州、云南、西藏等15个省份。原则上不实施免疫。未达到控制标准的县，需要免疫的由县级兽医主管部门提出申请，经省级兽医主管部门批准后实施免疫，报农业部备案。

净化区是指海南省，禁止免疫。

2. 免疫程序

经批准对布鲁氏菌病实施免疫的区域，按疫苗使用说明书推荐程序和方法，对易感家畜先行检测，对阴性家畜方可进行免疫。

使用疫苗：布鲁氏菌活疫苗（M5株或M5-90株）用于预防牛、羊布鲁氏菌病；布鲁氏菌活疫苗（S2株）用于预防山羊、绵羊、猪和牛的布鲁氏菌病；布鲁氏菌活疫苗（A19株或S19株）用于预防牛的布鲁氏菌病。

（二）～（四）

略。

（五）炭疽

对近3年曾发生过疫情的乡镇易感家畜进行免疫。

每年进行一次免疫。发生疫情时，要对疫区、受威胁区所有易感家畜进行一次紧急免疫。

使用疫苗：无荚膜炭疽芽孢疫苗或Ⅱ号炭疽芽孢疫苗。

（六）猪伪狂犬病

对疫病流行地区的猪进行免疫。

商品猪：55日龄左右时进行一次免疫。

种母猪：55 日龄左右时进行初免；初产母猪配种前、怀孕母猪产前 4 ~ 6 周再进行一次免疫。

种公猪：55 日龄左右时进行初免，以后每隔 6 个月进行一次免疫。

使用疫苗：猪伪狂犬病活疫苗或灭活疫苗。

（七）猪繁殖与呼吸综合征（经典猪蓝耳病）

对疫病流行地区的猪进行免疫。

商品猪：使用活疫苗于断奶前后进行免疫，可根据实际情况 4 个月后加强免疫一次。

种母猪：150 日龄前免疫程序同商品猪，可根据实际情况，配种前使用灭活疫苗进行免疫。

种公猪：使用灭活疫苗进行免疫。70 日龄前免疫程序同商品猪，以后每隔 4 ~ 6 个月加强免疫一次。

使用疫苗：猪繁殖与呼吸综合征活疫苗或灭活疫苗。

（八）猪乙型脑炎

对疫病流行地区的猪进行免疫。

每年在蚊虫出现前 1 ~ 2 个月，根据具体情况确定免疫时间，对猪等易感家畜进行两次免疫，间隔 1 ~ 2 个月。

使用疫苗：猪乙型脑炎灭活疫苗或活疫苗。

（九）猪丹毒

对疫病流行地区的猪进行免疫。

28 ~ 35 日龄时进行初免，70 日龄左右时进行二免。

使用疫苗：猪丹毒灭活疫苗。

（十）猪圆环病毒病

对疫病流行地区的猪进行免疫。

可按各种猪圆环病毒疫苗的推荐程序进行免疫。

使用疫苗：猪圆环病毒灭活疫苗。

三、其他事项

（一）各种疫苗具体免疫接种方法及剂量按相关产品说明操作。

（二）切实做好疫苗效果监测评价工作，免疫抗体水平达不到要求时，应立即实施加强免疫。

（三）对开展相关重点疫病净化工作的种畜禽场等养殖单位，可按净化方案实施，不采取免疫措施。

（四）必须使用经国家批准生产或已注册的疫苗，并加强疫苗管理，严格按照疫苗保存条件进行贮存和运输。对布鲁氏菌病等常见动物疫病，如国家批准使用新的疫苗产品，也可纳入本方案投入使用。

（五）使用疫苗前应仔细检查疫苗外观质量，如是否在有效期内、疫苗瓶是否破损等。免疫接种时应按照疫苗产品说明书要求规范操作，并对废弃物进行无害化处理。

（六）要切实做好个人生物安全防护工作，避免通过皮肤伤口、呼吸道、消化道、可视黏膜等途径感染病原或引起不良反应。

（七）免疫过程中要做好消毒工作，猪、牛、羊、犬等家畜免疫要做到"一畜一针头"，鸡、鸭等家禽免疫做到勤换针头，防止交叉感染。

（八）要做好免疫记录工作，建立规范完整的免疫档案，确保免疫时间、使用疫苗种类等信息准确详实、可追溯。

农业部办公厅

2014 年 3 月 13 日印发

（三）紧急接种

紧急接种是当猪群发生传染病时，为迅速控制和扑灭疫病流行，对疫区和受威胁区域尚未发病的猪群进行的应急性免疫接种。通常应用高免血清或血清与疫苗共同接种。

如在受猪瘟威胁地区和猪瘟暴发区，采用紧急接种猪瘟疫苗的措施，可有效地控制猪瘟的蔓延。在发生猪瘟的猪场对除哺乳仔猪外的所有猪只紧急接种，5 ～ 8 头份 / 头，虽在注苗后 3 ～ 5 天可能会出现部分猪只死亡，但 7 ～ 10 天后猪瘟可平息。对已确诊的病猪采取扑杀的方法，如有条件应在疫情控制后进行普查，淘汰隐性带毒猪，控制传染源。

当猪群发生猪伪狂犬病疫情时，可给全场未病猪只（尤其是母猪）及时注射猪伪狂犬病基因缺失弱毒疫苗。在疫情平息后，按免疫程序执行常规免疫接种。

使用圆环病毒蛋白复合疫苗，对已经发生圆环病毒病的猪场进行紧急接种免疫注射，可取得满意的效果。

猪流行性腹泻发病后，对母猪紧急接种疫苗，母猪后海穴接种每头猪 2 头份传染性胃肠炎、猪流行性腹泻与猪轮状病毒三联活疫苗，同时肌内注射每头猪 4 毫升病毒性腹泻二联灭活疫苗（猪传染性胃肠炎、猪流行性腹泻），免疫后 7 ～ 10 天新生仔猪腹泻明显减少或完全控制。紧急免疫 3 周后，按上述方案母猪全群再免一次。

当然，使用疫苗进行紧急接种在临床上是迫不得已采取的手段。而且对正在发生传染病或潜伏期的猪只使用弱毒活疫苗紧急接种，可能会引起机体发病，甚至死亡，应慎重使用紧急接种。

四、常见病防治

（一）猪传染性疾病的防治

1. 猪瘟病的防治

猪瘟俗称“烂肠瘟”，是一种具有高度传染性的疫病，是由黄病毒科猪瘟病毒属猪瘟病毒引起的一种高度接触性、出血性和致死性传染病。世界动物卫生组织（OIE）将其列为必须报告的动物疫病，我国将其列为一类动物疫病。其是威胁养猪业的主要传染病之一，一年四季都可发生。

（1）流行病学　猪是本病唯一的自然宿主，发病猪和带毒猪是本病的传染源，不同年龄、性别、品种的猪均易感。一年四季均可发生。感染猪在发病前即能通过分泌物和排泄物排毒，并持续整个病程。与感染猪直接接触是本病传播的主要方式，病毒也可通过精液、胚胎、猪肉和泔水等传播，人、其他动物如鼠类和昆虫、器具等均可成为重要的传播媒介。

感染和带毒母猪在怀孕期可通过胎盘将病毒传播给胎儿，导致新生仔猪发病或产生免疫耐受。

（2）临床症状　潜伏期为 3 ～ 10 天，隐性感染可长期带毒。根据临床症状可将本病分为急性、亚急性、慢性和隐性感染四种类型。

典型症状：发病急、死亡率高；体温通常升至41℃以上、厌食、畏寒；先便秘后腹泻，或便秘和腹泻交替出现；腹部皮下、鼻镜、耳尖、四肢内侧均可出现紫色出血斑点，指压不褪色（图7-1），眼结膜和口腔黏膜可见出血点。

（3）病理变化　淋巴结水肿、出血，呈现大理石样变；肾脏呈土黄色，表面可见针尖状出血点（图7-2）；全身浆膜、黏膜和心脏、膀胱、胆囊、扁桃体均可见出血点和出血斑，脾脏边缘出现梗死灶；脾不肿大，边缘有暗紫色突出表面的出血性梗死；慢性猪瘟在回肠末端、盲肠和结肠常见"纽扣状"溃疡。

图7-1 全身毛根处有出血点，指压不褪色

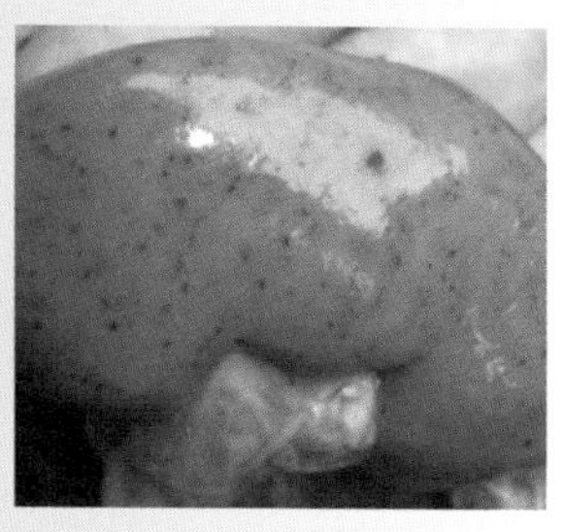

图7-2 肾脏表面有针尖状出血点

（4）诊断　根据流行病学、临诊症状和病理变化可做出初诊。实验室诊断手段多采用免疫荧光技术、酶联免疫吸附测定法、血清中和试验、琼脂凝胶沉淀试验等，比较灵敏迅速，且特异性高。中国现推广应用免疫荧光技术和酶联免疫吸附测定法。采用抗猪瘟血清在病初可有一定疗效，此外尚无其他特效药物。

中国的猪瘟兔化弱毒疫苗免疫期可达一年以上，已被公认为一种安全性良好、免疫原性优越、遗传性稳定的弱毒疫苗。本病与非洲猪瘟不同。

（5）防治措施　猪瘟是一种传染性非常强的传染病，常给养猪业造成毁灭性损失。目前在我国的养猪业生产中，猪瘟严重威胁着整个养猪业的生产和发展，也是导致和引起与其他疾病混合感染的重要原因之一。全国每年在死亡猪的总数中，仅猪瘟导致死亡就占 1/3。

目前尚无有效的治疗药物，合理选择和使用疫苗是防治猪瘟唯一有效的方法。同时，要改变养殖观念，加强饲养管理为猪群创造适宜的生存环境，从而减少应激，提高机体的抗病能力。

一是做好免疫，制定科学合理的免疫程序，以提高群体的免疫力，并做好免疫抗体的跟踪监测。种猪 20 日龄首免，60 日龄二免，以后每半年免疫 1 次（母猪可按胎次免疫，在仔猪断奶时免疫 1 次，但要注意其空怀母猪不能漏免）。商品猪 20 日龄首免，60 日龄二免。发生猪瘟时，在猪瘟疫区或受威胁区应用大剂量猪瘟疫苗 10 ～ 15 头剂 / 头，进行紧急预防接种。加大疫苗接种剂量，是排出母源抗体的最好方法，也是防治非典型猪瘟发生的有效措施。

二是加强净化种猪群，及时淘汰带毒种猪，铲除持续感染的根源，建立健康种群，繁育健康后代。

三是猪场的科学管理，实施定期消毒。

四是采用全进全出计划生产，防止交叉感染。

五是加强对其他疫病的协同防治，如确诊有其他疫病存在，则还需同时采取其他疫病的综合防治措施。

2. 猪繁殖与呼吸综合征的防治

猪繁殖与呼吸综合征自 20 世纪 80 年代末期开始流行，1992 年 OIE 正式命名。主要感染猪，尤其是母猪。该病严重影响其生殖功能，临床主要特征为流产，产死胎、木乃伊胎、弱胎，呼吸困难，在发病过程中会出现短暂性的两耳皮肤发绀

(图 7-3)，故又称为蓝耳病。

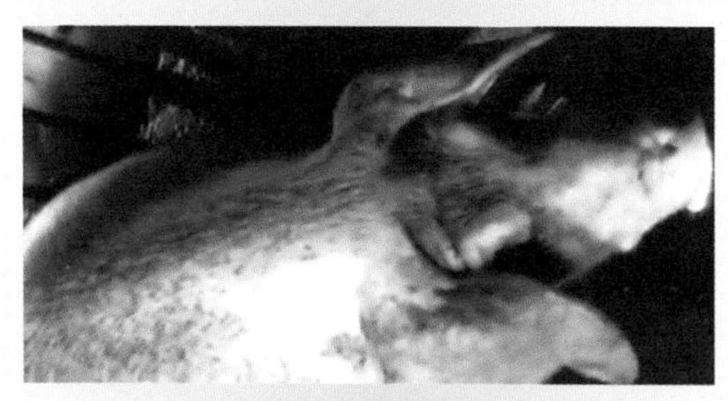

图7-3 两耳皮肤发绀

（1）流行病学　自然流行，感染谱很窄，仅见于猪。各种年龄、品种、性别的猪均可感染，但以妊娠母猪和 1 月龄内的仔猪最易感，患病的仔猪临床症状典型。主要传染源是本病患猪和死猪。哺乳仔猪和断奶仔猪是本病毒的主要宿主。该病的传染性强，主要传染途径是呼吸道。除了直接接触传染外，空气传播是主要方式。该病流行期间即使严格的封闭式管理的猪群也同样感染，感染猪的转移也可传播。该病流行没有明显的季节性，但饲养管理差的猪场发病率高，损失大；饲养管理好的发病率低，损失小。

（2）临床症状　潜伏期表现不定。自然感染条件下，健康猪与感染猪接触后约 2 周表现临床症状。人工感染的潜伏期为 1 ～ 7 天。本病初期表现与流行性感冒相似，发热、嗜睡、食欲不振、呼吸困难、喷鼻、咳嗽、倦怠等。症状随感染的猪群不同个体有很大差异。

母猪：精神沉郁、食欲减退，可持续 7 ～ 10 天，尤以怀孕后期为重，群内大批发生厌食现象。一些母猪有呼吸症状，体温稍升高（40℃以上），有1%～2%感染耳朵，猪耳变为蓝紫色，腹部、尾部、四肢发绀。感染的母猪表现明显的繁殖障碍症状，母猪妊娠后期发生流产、死亡、产木乃伊胎或弱仔，泌乳停止，断奶母猪不发情，受胎率下降。

仔猪：断奶前的高发病率和死亡率是本病的主要特征之一。断奶前后仔猪感染后死亡率高，部分新生仔猪表现呼吸加快，运动失调及轻瘫，多数是通过患病母猪的胎盘感染。病仔猪虚弱，精神不振，少数感染猪口鼻奇痒，常用鼻盘、口端摩擦圈栏墙壁。鼻流水样或面糊状分泌物。体温39.6～40℃，呼吸快，腹式呼吸，张口呼吸，昏睡。食欲减退或废绝，丧失吃奶能力。腹泻，排土黄、暗色稀便。离群独处或扎堆。病猪易引起二重感染，多发关节炎、脑膜炎、肺炎、慢性下痢久治不愈，且易反复，导致脱水。生长缓慢，常常由于二次感染而症状恶化。

育肥猪：沉郁，体温40～41℃，嗜睡、厌食、咳嗽、呼吸加快等轻度流感症状，病后继发呼吸和消化道病（肺炎、排稀便）、饲料转化率降低、生长迟缓、出现死亡。少数病猪双耳、背面或边缘及尾部，母猪外阴、后肢内侧出现一过性青紫色或蓝色斑块。

（3）病理变化　可见脾脏边缘或表面出现梗死灶，显微镜下见出血性梗死；肾脏呈土黄色，表面可见针尖至小米粒大出血点（斑），皮下、扁桃体、心脏、膀胱、肝脏和肠道均可见出血点和出血斑。显微镜下见肾间质性炎，心脏、肝脏和膀胱出血性、渗出性炎等病变；部分病例可见胃肠道出血、溃疡、坏死。

（4）诊断　目前主要根据流行病学、临床症状、病毒分离鉴定及血清抗体检测，进行综合判断。

（5）防治措施　该病在20世纪80年代末、90年代初，曾经迅速传遍世界各个养猪国家，在猪群密集、流动频繁的地区更易流行，常造成严重经济损失。近几年，该病在国内呈现明显的高发趋势，对养猪业造成了重大损失，已成为严重威胁我国养猪业发展的重要传染病之一。

猪繁殖与呼吸综合征的主要感染途径为呼吸道，空气传播、接触传播、精液传播和垂直传播为主要的传播方式，病猪、带毒猪和患病母猪所产的仔猪以及被污染的环境、用具都是重要的传染源。此病在仔猪中传播比在成猪中传播更容易。当健康猪与病猪接触，如同圈饲养、频繁调运、高度集中，都容易导致本病发生和流行。猪场卫生条件差，气候恶劣、饲养密度大，可促进猪繁殖与呼吸综合征的流行。老鼠可能是猪繁殖与呼吸综合征病原的携带者和传播者。

目前尚无有效的治疗药物，也没有切实可行的防治办法，应以综合防治为主。一旦发病，对发病场（户）实施隔离、监控，禁止生猪及其产品和有关物品移动，并对其内外环境实施严格的消毒措施。对病死猪、污染物或可疑污染物进行无害化处理。必要时，对发病猪和同群猪进行扑杀并做无害化处理。治疗采用应急的对症疗法，缓解症状，防止继发感染，用抗生素、维生素 E 等进行解热、消炎，给排稀便严重的仔猪灌服肠道抗生素、口服补液盐溶液以补充电解质，也可用复方黄芪多糖或干扰素进行治疗。

预防上采取以下措施：

一是加强饲养管理。减少环境应激，猪群实行定期药物保健，加强营养，增强机体的免疫和抗病力。

二是加强卫生管理。搞好环境卫生和消毒工作，严格遵守防疫制度。

三是免疫接种，用高致病性猪蓝耳病灭活疫苗免疫。

推荐的免疫程序：种猪和后备母猪，使用灭活苗免疫；后备母猪在配种前使用 2 次，间隔 20 ～ 30 天。种公猪每年免疫 2 次，间隔 20 ～ 30 天。在发生过本病的猪场，仔猪可用弱毒苗免疫。仔猪应在猪瘟首免（20 ～ 25 日龄）7 天后进行，避免疫苗之间的干扰。确诊蓝耳病的病猪，无论母猪、仔猪，只要猪瘟疫苗免疫效果确切，应立即进行蓝耳病疫苗的紧急预防接种，这在减缓临床症状、保护猪只、减少死亡方面有明显优势。健康猪群，使用弱毒苗应慎重。

3. 猪圆环病毒病的防治

猪圆环病毒病（PCVD）是由猪圆环病毒2型（PCV2）感染引起的一系列疾病的总称，包括断奶仔猪多系统衰竭综合征（PMWS）、肠炎、肺炎、繁殖障碍、新生仔猪先天性震颤、猪皮炎和肾病综合征（PDNS）等。本病已经遍及世界各养猪国家和地区，目前在我国养猪业中造成的损失不可忽视，已经成为养猪生产中突出的问题之一。

（1）流行病学　猪圆环病毒2型的宿主范围局限于猪（家养、野生）。因此，病源是PCV2感染猪。猪圆环病毒2型对温度、过度潮湿和许多消毒药具有很强的抵抗力。

猪圆环病毒2型感染的血清学调查发现该病毒实际上存在于有猪生长的任何地方。猪圆环病毒2型病毒存在于几乎所有猪的体内，表现持续的亚临床感染，经常无症状。病猪和带毒猪是主要传染源，该病可水平传播，传播途径为口鼻传播，已有证据表明猪圆环病毒2型可通过胎盘垂直传播。

（2）临床症状　新生仔猪先天性震颤程度可由中度至重度，震颤可致1周龄内初生仔猪无法吸乳，饥饿死亡。出生超过1周龄者可存活，大多数于3周内康复。

断奶仔猪表现多系统衰竭综合征多发于5～12周龄断奶猪，哺乳猪少发，是一种高死亡率的疾病综合征。临床症状包括消瘦和生长缓慢，还可见呼吸困难、发烧、毛松、苍白、腹泻、贫血和黄疸。急性发病猪群死亡率高于10%，环境恶化可加重病情。

猪皮炎和肾病综合征最常见的临床症状是猪皮肤上形成圆形或形状不规则、呈红色到紫色的病变，病变中央呈黑色，病变常融合成大的斑块（图7-4）。通常先由后腿开始向腹部、体侧、耳发展，感染轻的猪可自行康复，严重的可表现出跛行、发热、厌食、体重下降。

感染猪圆环病毒2型的母猪临床表现包括流产，产死胎、木乃伊胎和产弱仔，仔猪断奶前死亡率高等繁殖障碍。猪圆环病毒2型感染的猪只可以引起肺炎，也可表现为腹泻、消瘦。

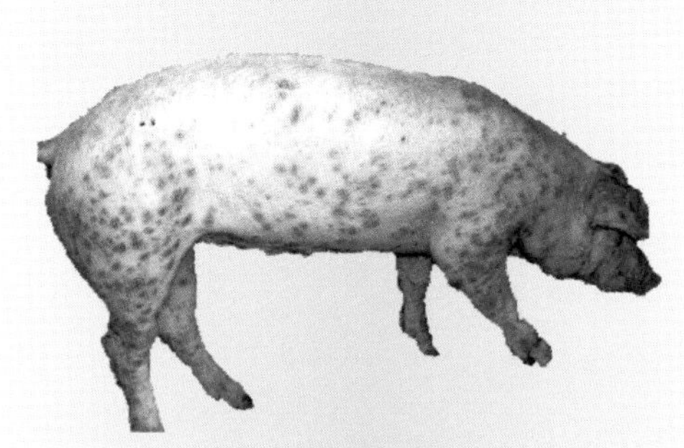

图7-4 皮肤上形成圆形或形状不规则、呈红色到紫色的病变，病变中央呈黑色

断奶仔猪多系统衰竭综合征是猪圆环病毒病的重要表现，其确诊尤为重要，它必须符合3个指标：一是临床症状与断奶仔猪多系统衰竭综合征符合；二是淋巴组织有病变，并且与断奶仔猪多系统衰竭综合征一致；三是断奶仔猪多系统衰竭综合征病变部位可检测到病毒蛋白或病毒DNA。如只有1～2个指标则不能诊断为PMWS。而与PCV2感染有关的繁殖障碍、肺炎、肠炎等，需要实验室做病毒检测。

（3）防治措施　目前我国尚无注册的圆环病毒疫苗。世界上研发的圆环病毒疫苗主要种类有PCV2全病毒灭活疫苗、PCVl-PCV2嵌合病毒灭活疫苗、杆状病毒表达多肽PCV2基因工程疫苗，有的已在发达国家注册。目前，可通过综合性的防治控制措施进行预防。

一是建立、完善生物安全体系。新建猪场考虑选址建场问题；引种；检疫；隔离疑似病猪，隔离圈要远离保育猪舍和育肥猪舍；猪场灭虫、灭鼠；卫生消毒，包括良好的卫生实践，减少污染源、使用有效消毒药；适当淘汰病猪；病死猪无害化处理等。

二是加强饲养管理。降低应激因素；提高仔猪营养水平；关注饲料霉菌问题；改善舍内空气质量，尤其在断奶和生长期；采用适当的饲养密度；对阉割猪要特殊照顾；减少混群，尽量做到全进全出；关注其他疫苗如气喘病疫苗矿物油佐剂的免疫刺激问题。

三是做好原发病的控制。预防猪瘟、气喘病、伪狂犬病、蓝耳病、猪细小病毒病发生。

四是做好药物保健工作。在母猪产前、产后 1 周的饲料中添加支原净 100 克 / 吨＋金霉素或土霉素 300 克 / 吨。小猪断奶后 1 ～ 2 周在 3、7、21 日龄注射长效土霉素 200 毫克 / 毫升。

五是对细菌性感染的病猪对症治疗。采用注射途径给予有效抗生素，至少连续 3 ～ 5 天。

六是平时对猪场猪病做监测。当前猪的疫病种类多，病情复杂，常见混合感染、亚临床感染，诊防困难，需实验室手段进行检测（监测），并对检测项目合理设计，对检测结果正确理解、运用。

4. 猪伪狂犬病的防治

猪伪狂犬病（狂痒症），是引起家畜和野生动物的一种急性、高致死性的传染病，是危害世界养猪业的一种重要疾病，具有隐性带毒、亚临床型、持续感染和垂直传播四大特点。一般认为，此病的发展与严重程度是由封闭式集约化饲养或中断猪霍乱（古典猪瘟）预防接种造成的。

（1）病原　病原体是疱疹病毒科的伪狂犬病毒，常存在于脑脊髓组织中，病猪发热期间，其鼻液、唾液、乳汁、阴道分泌物及血液、实质器官中含有病毒。本病毒的抵抗力较强，病毒对低温、干燥有较强抵抗力，在污染的猪圈或干草上能存活 30 天以上，在肉中能存活 5 周以上，55 ～ 60℃经 30 ～ 50 分钟才能灭活。一般消毒药都可将其杀灭，如 2%火碱液和 3%

来苏水能很快杀死病毒。

（2）流行病学　对伪狂犬病毒有易感性的动物甚多，有猪、牛、羊、犬、猫及某些野生动物等，而发病最多的是哺乳仔猪，且病死率极高，成年猪多为隐性感染。这些病猪和隐性感染猪可较长期地带毒排毒，是本病的主要传染源。鼠类粪尿中含大量病毒，也能传播本病。本病的传播途径较多，经消化道、呼吸道、损伤的皮肤以及生殖道均可感染。但主要传播方式是通过鼻与鼻直接接触传染病毒。仔猪常因吃了感染母猪的奶汁而发病。怀孕母猪感染本病后，病毒可经胎盘而使胎儿感染，以致引起流产死产。一般呈地方流行性发生，一年四季均可发生，但多发生于冬、春两季。

（3）临床症状　猪的临床症状随着年龄的不同有很大的差异。但是，都无明显的局部瘙痒现象。哺乳仔猪及断奶仔猪症状最严重。

① 妊娠母猪发生流产，产死胎、木乃伊胎，以死胎为主。母猪导致不育症。

视频 7-4 仔猪出现神经症状的表现

②伪狂犬病引起新生仔猪大量死亡，主要表现在刚生下第二天就开始发病，3 ～ 5 天是死亡高峰，发病仔猪表现出明显的神经症状（视频 7-4）、昏睡、鸣叫、呕吐、排稀便，发病后 1 ～ 2 天死亡。

③ 引起断奶仔猪发病死亡，发病率为 20%～ 40%，死亡率为 10%～ 20%，主要表现为神经症状、排稀便、呕吐（图 7-5）等。

成年猪无明显症状，常见微热、食欲下降、分泌大量唾液、咳嗽、打喷嚏、腹泻、便秘、中耳感染和失明等。

（4）病理变化　临床上呈现严重神经症状的病猪，死后常见明显的脑膜充血、出血，脑脊髓液增加；扁桃体肿胀、出血；喉头黏膜出血，肝和胆囊肿大，心包液增加，肺可见水肿和出血点。

（5）诊断　依据流行特点和临床症状，可以初步诊断。确诊需要进行实验室的血清学检测或动物接种试验。

（6）防治措施　导致猪伪狂犬病猖獗的原因有以下几方

面：其一，圆环病毒、蓝耳病病毒广泛存在造成猪免疫抑制。其二，伪狂犬病毒可在多种组织细胞和鼻咽黏膜、扁桃体局部淋巴结、肺等组织器官中增殖。所有疫苗只抑制出现临床症状，不能控制感染和排毒，隐性潜伏和随后激化的弱毒株可向未注苗猪散毒。不同毒株（包括弱毒疫苗株）感染同一动物时，病毒可以重组，产生强毒力毒株，引起新的疫情暴发。其三，应激因素，如饲料霉变、环境恶劣等，可以诱发本病。

图7-5 出现四肢划动、呕吐等神经症状

本病目前没有特效的治疗药物。预防猪伪狂犬病最有效的方法是采取免疫、消毒、隔离和淘汰病猪及净化猪群等综合性防治措施。

一是猪场实行伪狂犬病净化。

二是从没有疫病的猪场购猪。引进猪隔离饲养 30 天，经检验确认无病毒携带后方可解除隔离。

三是加强饲养管理，做好消毒工作。同时，猪场应坚持做好灭鼠工作，因为鼠是猪伪狂犬病的重要传播媒介。猪场不要有犬、猫和野生动物。

四是发病猪舍严格消毒。暴发本病时，猪舍的地面、墙壁、设施及用具等用百毒杀隔日喷雾消毒 1 次，粪尿要发酵处理，分娩栏和病猪栏用 2% 的烧碱溶液消毒，每隔 5 ～ 6 天消毒 1 次，哺乳母猪乳头用 2% 的高锰酸钾溶液清洗后，才允许仔猪吃初乳。采取焚烧或深埋的方式处理病死猪。

五是免疫接种。免疫接种是预防伪狂犬病的重要手段，使用基因缺失弱毒苗免疫。建议免疫程序：种猪（包括公猪），第一次注射后，间隔 4 ～ 6 周加强免疫 1 次，以后每次产前 1 个月左右加强免疫 1 次，可获得非常好的免疫效果。留作后备种猪的仔猪，在断奶时注射 1 次，间隔 4 ～ 6 周加强免疫 1 次，以后按种猪免疫程序进行。商品猪断奶时注射 1 次，直到出栏。

六是当猪群发生疫情时，通常的做法是对未发病猪只（尤其是母猪）进行紧急免疫接种。全场未发病的猪均用伪狂犬病基因缺失弱毒苗进行紧急免疫注射，一般可有效控制疫情；对刚刚发生流行的猪场，用高滴度的基因缺失苗进行鼻内接种，可以达到很快控制病情的作用；对于仔猪，在病的初期可使用抗伪狂犬病高免血清，或以此制备的丙种免疫球蛋白治疗，有一定的效果。

5. 猪流感病的防治

猪流感是由正黏病毒科 A 型流感病毒属的猪流感病毒（一种 RNA 病毒）引起的猪的一种急性、高度接触性传染病。家畜传染病将其归类为呼吸道疾病。猪流感病毒是呼吸道综合征（PRDC）的主要病因之一，容易使患病猪只继发和并发感染，导致猪只病情加重，生产性能下降，发生肺炎而死亡，死亡率上升，如不及时控制，猪场损失将极为严重。

（1）流行病学　本病一年四季均可发生，尤其以晚秋、初冬、早春时期多发；发病猪不分品种和年龄均易感染，一般发病急、病程短、传播速度快，发病率可达 100%，但死亡率较低；病原主要存在于病猪的鼻液、痰液、口涎等分泌物中，多由飞沫经呼吸道感染。

（2）临床症状　猪流感发病猪主要表现为发病突然，几小时至几天达全群感染，病猪体温升高，可达 41 ～ 42℃，呼吸急促、腹式呼吸、精神委顿，食欲减退，伴发肌肉、关节疼痛和呼吸道症状，粪便干硬，结膜充血；重症者眼鼻分泌物增多，无并发或继发感染时死亡率低；个别病猪可转为慢性，表现为长期咳嗽、消化不良、发育缓慢、消瘦等，病程可达一个月以上，最终常以死亡告终。

临床多见混合感染，主要是因为发病多集中在冬春季节，昼夜温差较大，空气流通差，湿度大，为部分致病病毒和细菌提供了有利的条件，如在发病初期未能及时治疗，将体温控制住，则使猪群的免疫系统紊乱，其他各种体内、体外的致病菌乘虚而入，造成混合感染，使治愈难度加大，死亡率提高。容易继发的疾病主要有猪瘟、高热病、猪链球菌病、附红细胞体病和弓形虫病等。

（3）病理变化　猪流感的剖解病变表现为颈部、肺部及膈淋巴结明显增大、水肿，呼吸道黏膜充血、肿胀并覆有黏液，有的气管由于渗出物堵塞而使相应的肺组织萎缩，重症猪有明显的支气管肺炎和胸膜病灶，肺水肿、脾肿大。

（4）防治措施　一是提高猪体抗病能力。主要通过对猪进行科学饲养来获取，做到精心养、科学喂。饲料要干净、多样化、合理搭配，保证猪生长发育和繁殖所需要的能量、蛋白质、维生素和钙、磷等的需要，以增强猪的体质，从而提高其抗病能力。

二是加强栏舍的卫生消毒工作。流感病毒对碘类消毒剂、过硫酸氢钾复合物特别敏感。可用消毒剂消毒被污染的栏舍、工具和食槽，防止本病扩散蔓延。同时用无刺激性的消毒剂定期对猪群进行带猪喷雾消毒，以减少病原微生物的数量。

三是在疫病多发季节，应尽量避免从外地引进种猪，引种时应加强隔离检疫工作，猪场范围内不得饲养禽类，特别是水禽。

四是防止与感染猪和感染流感的动物接触，如与禽类、鸟类及患流感的人员接触。本病一旦暴发，几乎没有任何措施能防止病猪传染其他猪。

五是尽量为猪群创造良好的生长条件。保持栏舍清洁、干燥，特别注意冬春、秋冬季节交替和气候骤变，在天气突变或潮湿寒冷时，要注意做好防寒保暖工作。猪是恒温动物，正常体温为38.9℃左右。如猪舍不能做到保温，猪遇阴冷潮湿、气温多变、受贼风侵袭受凉，就会打破猪体内外温度的平衡，降低猪的抵抗力而发生流感。为此，必须注意猪舍的保温、干燥和通风。

六是重在预防。可在多发季节进行针对性预防用药，如在初冬、初春气温变化比较明显的时期，在饲料中添加300～500克70%阿莫西林+1千克扶正解毒散/吨，连续使用7天，可有效地预防猪流感的发生。猪流感危害严重的地区，应及时进行疫苗接种。

七是临床上治疗要做到对症治疗。采用提高机体免疫力，抗病毒、抗混合与继发感染，抗应激及对症治疗相结合的综合方法进行治疗，可起到良好的效果。常采用以下治疗方法：

① 可选用柴胡注射剂（小猪每头每次注射3～5毫升，大猪5～10毫升）；或用30%安乃近3～5毫升（50～60千克体重），复方氨基比林5～10毫升（50～60千克体重）；也可选用青霉素、氨苄西林、阿莫西林、先锋霉素等抗生素。

② 对于重症病猪每头选用青霉素600万国际单位+链霉素300万国际单位+安乃近50毫升，再添加适量的地塞米松，一次性肌内注射，每天两次。

③ 对严重气喘病猪，需加用对症治疗药物，如平喘药氨茶碱，改善呼吸的尼可刹米，改善精神状况和支持心脏的苯甲酸钠咖啡因，解热镇痛药复方氨基比林、安乃近等。

④ 治疗过程中饮用电解多维水，可促进病猪康复。对隔离后的病猪要优化护理，病猪舍要卫生、干燥、保温性能好，猪床铺垫草，让猪充分休息，保证有足够的睡眠时间。

6. 猪流行性腹泻病的防治

猪流行性腹泻，由猪流行性腹泻病毒引起的一种接触性肠道传染病，其特征为呕吐、腹泻、脱水。临床变化和症状与猪传染性胃肠炎极为相似。1971年首发于英国，20世纪80年代初我国陆续发生本病。猪流行性腹泻现已成为世界范围内的猪病之一。

（1）流行病学　本病与传染性胃肠炎很相似，在我国多发生在每年 12 月份至翌年 1 ～ 2 月份，夏季也有发病的报道。可发生于任何年龄的猪，年龄越小，症状越重，死亡率高。

各种年龄的猪都能感染。哺乳仔猪、架子猪或育肥猪发病率有时可达 100%，尤以哺乳仔猪受害最严重，母猪发病率为 15%～ 90%。人工感染的潜伏期为 1 ～ 2 天，自然发病的潜伏期较长，消化道感染是主要的传播方式，但也有经呼吸道传播的报道。病猪是主要传染源。有明显的季节性，主要在冬季发生，也能发生于夏季或秋冬季节，我国以 12 月份到翌年 2 月份发生较多。传播迅速，数日之内可波及全群。一般流行过程延续 4 ～ 5 周，可自然平息。

（2）临床症状　病猪表现为呕吐、腹泻和脱水。病猪开始体温稍升高或仍正常，精神沉郁，食欲减退，继而排水样粪便，呈灰黄色或灰色（图 7-6），吃食或吮乳后部分仔猪发生

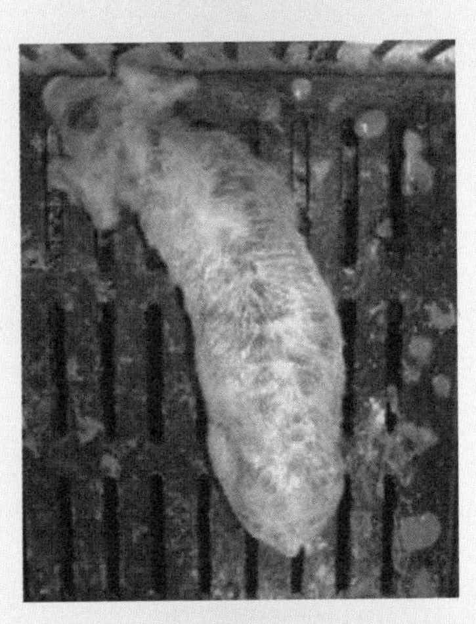

图 7-6　排水样粪便，呈灰黄色或灰色

呕吐。感染猪只在腹泻初期或在腹泻出现前，会发生急性死亡，应激性高的猪死亡率更高。猪只年龄越小，症状越严重。1 周以内仔猪，发生腹泻后 2 ～ 4 天脱水死亡，死亡率平均为 50%；1 周龄以上仔猪持续 3 ～ 4 天腹泻后可能会死于脱水，平均死亡率为 70%；部分康复猪会发育受阻成僵猪；育肥猪的死亡率为 1%～ 3%。成年猪感染可表现为精神沉郁、厌食、呕吐，一般经 4 ～ 5 天即可康复。

（3）病理变化　主要病变在小肠。可见小肠扩张，内充满大量黄色液体，小肠黏膜、肠系膜充血，肠壁变薄，肠系膜淋巴结水肿。个别猪小肠黏膜有轻度出血。

（4）诊断　依据流行特点和临床症状可以做出初步诊断，但不能与猪传染性胃肠炎区别。确诊需要实验室检查。

（5）防治措施　病猪和带毒猪是猪流行性腹泻病的主要传染源，病毒存在于肠绒毛上皮和肠系膜淋巴结中，它们从粪便、呕吐物、乳汁、鼻分泌物以及呼出气体排泄病毒，污染周围环境、饲料、饮水及用具等，通过消化道和呼吸道而传染给易感猪。目前并无特效治疗药物，只能采用预防措施对其进行控制，以减少猪流行性腹泻造成的损失。猪只发病期间也可用抗生素或磺胺类药物，防止继发感染。

猪流行腹泻病毒（PEDV）属于冠状病毒科的冠状病毒，主要存在于小肠上皮细胞及粪便中，对外界因素的抵抗力不强，一般碱性消毒药都有良好的消毒作用。

一是加强饲养管理，特别是哺乳仔猪、保育猪，必须做好保温，给仔猪提供一个干净卫生、舒适（没有应激）的环境。

二是预防和控制青年猪感染的最佳方法是确保仔猪出生时及早吃到足够的初乳。

三是实行全进全出的饲养管理方式，并搞好群与群之间的环境卫生和消毒工作。应缩短同一舍内母猪间的产仔间隔期，以防止较大的仔猪感染给较小的仔猪。

四是加强环境消毒，特别是除对粪便进行消毒、无害化处理外，呼吸道分泌物消毒也是不容忽视的重要环节。

五是疫苗免疫。可用猪传染性胃肠炎、猪流行性腹泻二联灭活疫苗，妊娠母猪于产仔前 20 ～ 30 日每头注射 4 毫升；仔猪于断奶后 7 日内每头注射 1 毫升。

六是发病时的治疗。包括提供充足饮水、饥饿疗法、对症疗法和隔离消毒等防治措施。防止病猪脱水死亡是提高该病治愈率的重要一环。发病后对发病猪提供充足的饮水，及时补充电解质和水分，可在饮水中添加补液盐。处方：氯化钠 3.5 克、氯化钾 1.5 克、碳酸氢钠 2.5 克、葡萄糖 20 克，加水至 1000 毫升。

饥饿疗法是指当中大猪或保育猪发生本病时，要采取停食或大幅度限食措施。具体做法是先清理猪舍内剩余的饲料，做好猪舍内环境卫生，停食时间持续 2 ～ 3 天，停食过程中为防止猪腹泻脱水，要在食槽内放入一些干净的淡盐水或补液盐，这样有助于缩短病程，降低死亡率。

可添加一些广谱抗生素（如黏杆菌素、四环素、庆大霉素），控制继发感染，提高治愈率。

应对进入猪场的猪、饲料、工作人员等采取严格的检疫防范措施。

7. 猪传染性胃肠炎病

猪传染性胃肠炎又称幼猪的胃肠炎，是一种高度接触性，以呕吐、严重腹泻、脱水，致两周龄内仔猪高死亡率为特征的病毒性传染病，属于世界动物卫生组织（OIE）规定的 B 类疫病中必须检疫的猪传染病。目前，本病广泛存在于许多养猪国家和地区，造成较大的经济损失。

（1）流行病学　各种年龄的猪均有易感性，5 周龄以上的病猪死亡率很低，10 日龄以内的仔猪发病率和死亡率均很高。断奶猪、育肥猪和成年猪的症状较轻，大多数能自然恢复。病猪和带毒猪是主要传染源，它们从粪便、乳汁、鼻汁中排出病毒，污染饲料、饮水、空气及用具等，由消化道和呼吸道侵入易感猪体内。本病多发生于深秋、冬季、早春。一旦发生本病便迅速传播，在 1 周内可散播到各年龄组的猪群。

（2）临床症状　潜伏期随感染猪的年龄而有差别，仔猪

12～24小时，大猪2～4天。各类猪的主要症状是：哺乳仔猪发病时，先突然发生呕吐（呕吐物呈白色凝乳块，混有少量黄水）（图7-7），多发生在哺乳之后，接着发生剧烈水样腹泻。下痢为乳白色或黄绿色，带有小块未消化的凝固乳块，有恶臭。在发病末期，由于脱水，粪稍黏稠，体重迅速减轻，体温下降，常于发病后2～7天死亡。耐过的仔猪，严重消瘦，被毛粗乱，生长缓慢，体重下降。出生后5天以内仔猪的病死率常为100%。

图7-7 呕吐物呈白色凝乳块

育肥猪发病率接近100%。突然发生水样腹泻，食欲不振，下痢，粪便呈灰色或茶褐色，含有少量未消化的食物。在腹泻初期，偶有呕吐。病程约1周。在发病期间，增重明显减慢。

成年猪感染后常不发病。部分猪表现轻度水样腹泻，或一时性的软便，对体重无明显影响。

母猪常与仔猪一起发病。有些哺乳中的母猪发病后，表现高度衰弱，体温升高，泌乳停止，呕吐，食欲不振，严重腹泻。妊娠母猪的症状往往不明显，或仅有轻微的症状。

（3）病理变化　主要病变在胃和小肠，哺乳仔猪的胃常膨满，滞留有未消化的凝固乳块。3 日龄小猪中，约 50%在胃横膈膜面的憩室部黏膜下有出血斑。小肠膨大，有泡沫状液体和未消化的凝固乳块，小肠绒毛萎缩，小肠壁变薄，在肠系膜淋巴管内见不到乳白色乳糜。

（4）诊断　依据流行特点和临床症状，可做出初步诊断。与猪流行性腹泻区别时，需进行实验室检查。

（5）防治措施　为防止该病传入，严格消毒卫生，避免各种应激因素。在寒冷季节注意仔猪的保温防湿，勤换垫草，使猪不受潮。一旦发病，限制人员往来，粪便须严格控制，进行发酵处理，地面可用生石灰消毒。

该病对哺乳仔猪危害较大，致死的主要原因是脱水、酸中毒和细菌性疾病的继发感染。对于病仔猪应加强饲养管理，防寒保暖和进行对症治疗，减少死亡，促进早日康复。

采取对症治疗，包括补液、收敛、止泻等。让仔猪自由饮服电解多维水或口服补液盐。为防止继发感染，对 2 周龄以下的仔猪，可适当应用抗生素及其他抗菌药物。最重要的是补液和防止酸中毒，可静脉注射葡萄糖生理盐水或 5%碳酸氢钠溶液（静脉注射方法见视频 7-5）。同时还可酌情使用黏膜保护药如淀粉（玉米粉等），吸附药如木炭末，收敛药如鞣酸蛋白等药物。

视频 7-5 猪静脉输液法

在免疫方面，按免疫计划定期进行接种。目前预防本病的疫苗有活疫苗和油剂灭活苗两种，活疫苗可在本病流行季节前对猪开展防疫注射，而油剂苗主要接种怀孕母猪，使其产生母源抗体，让仔猪从乳汁中获得被动免疫。由于该病多发于寒冷季节，可于每年 10 ～ 11 月份对猪群进行免疫注射；对妊娠母猪可于产前 45 天及 15 天左右用猪传染性胃肠炎弱毒疫苗免疫 2 次，并保证哺乳仔猪吃足初乳；哺乳仔猪应于 20 日龄用传染性胃肠炎弱毒疫苗免疫。

8. 猪细小病毒病的防治

猪细小病毒病是由猪细小病毒引起的一种猪的繁殖障碍

病，以怀孕母猪发生流产、产死胎、产木乃伊胎为特征。猪细小病毒病可引起猪的繁殖障碍，故又称猪繁殖障碍病，是最常见的繁殖障碍病之一。早期不易发现，因为感染的初产母猪或经产母猪在怀孕期间表现典型的健康状态。

（1）流行病学　猪是唯一已知的易感动物。不同年龄、性别的家猪和野猪均易感。病猪、带毒猪及带毒公猪的精液是本病的主要传染源。一般经口、鼻和交配感染，出生前经胎盘感染。污染的猪舍和带毒猪是细小病毒的主要贮存所。本病主要发生于初产母猪，呈地方性或散发性流行。发生本病的猪群，1 岁以上大猪的阳性率可高达 80％～ 100％，传播相当广泛。易感的猪群一旦传入，几乎在 2 ～ 3 个月可导致母猪 100％的流产。多数初产母猪受感染后可获得坚强的免疫力，甚至可持续终生。细小病毒感染对公猪的性欲和受精率没有明显影响。

（2）临床症状　怀孕母猪感染时，主要临床表现为繁殖障碍，如多次发情而不受孕，或产出死胎、木乃伊胎或只产出少数仔猪。在怀孕早期感染时，则因胚胎死亡而被吸收，使母猪不孕和不规则地反复发情。怀孕中期感染时，则胎儿死亡后逐渐木乃伊化，产出木乃伊化程度不同的胎儿和虚弱的活胎儿。在一窝仔猪中有木乃伊胎儿存在时，可使怀孕期或胎儿娩出间隔时间延长，这样就易造成外表正常的同窝仔猪的死胎。怀孕后期（70 天后）感染时，则大多数胎儿能存活下来，并且外观正常，但可长期带毒排毒，若将这些猪作为繁殖用种猪，则可使本病在猪群中长期扎根，难以清除。

（3）病理变化　怀孕母猪感染后未见病变。胚胎的病变是死后液体被吸收，组织软化。受感染而死亡的胎儿可见充血、水肿、出血、体腔积液、脱水（木乃伊化）等病变。

（4）诊断　母猪发生流产和产死胎、木乃伊胎，胎儿发育异常等情况，而母猪本身没有明显的症状，结合流行情况，应考虑到感染该病的可能性。若要确诊则须进行实验室检查，对流产、死产胎儿或木乃伊胎儿进行荧光抗体技术检测。

（5）防治措施　目前本病尚无有效的防治方法。

一是坚持自繁自养，防止带毒猪传入。

二是免疫接种。重点是母猪在配种前进行猪细小病毒灭活疫苗预防注射，产生对此病的免疫力。

三是自然感染。采用后备母猪与阳性的经产母猪接触或将后备母猪赶到可能受到污染的地区，促进自然感染而获得主动免疫。

9. 猪流行性乙型脑炎的防治

猪流行性乙型脑炎因首先在日本发现并分离出乙脑病毒，又称日本乙型脑炎，是一种人、畜共患的传染病。猪主要特征为高热、流产、产死胎和公猪睾丸炎。其分布很广，被世界动物卫生组织列为需要重点控制的传染病，也是我国重点防治的传染病之一。

（1）流行病学　本病主要由带毒媒介蚊子等吸血昆虫的叮咬传播，常于夏末初秋流行，有明显的季节性。本病多发生在出生后 6 月龄左右的猪，天气炎热的月份蚊子滋生最多，我国南方（华南）6 ～ 7 月份、华北和东北 8 ～ 9 月份达到高峰。以蚊为媒介传播居多。本病呈散发，而隐性感染者甚多。感染初期有传染性。

（2）临床症状　人工感染的潜伏期为 3 ～ 4 天。猪突然发病，体温升高至 40 ～ 41℃，持续数日不退，精神委顿、嗜睡，食欲减退或废绝，饮水增加，结膜潮红，粪便干燥。少数后肢轻度麻痹，关节肿大，跛行。公猪睾丸一侧或两侧肿胀。

妊娠母猪感染后发生不同程度的流产，流产前只有轻度减食或发热，常不被饲养员发现。流产后体温、食欲恢复正常。流产可产出死胎、木乃伊胎或弱仔，也有发育正常的胎儿。本病的特征之一是同胎的流产儿，其大小差别很大，小的如人的拇指，大的与正常胎儿一样。有的超过预产期也不分娩，胎儿长期滞留，特别是初产母猪，但以后仍能正常配种和产仔。

育肥猪和仔猪感染本病后，体温升高至 40℃以上，稽留热可持续 1 周左右。病猪的精神沉郁，食欲减少，饮水增加，嗜眠喜卧，强迫驱赶，病猪显得十分疲乏，随即又卧下。眼结膜潮红，粪便干燥，尿呈深黄色。

仔猪感染可发生神经症状，如磨牙，口流白沫，转圈运动，视力障碍，盲目冲撞，严重者倒地不起而死亡（图 7-8）。

图 7-8 病猪出现神经症状

公猪感染后主要表现为睾丸炎，一侧或两侧睾丸肿胀，肿胀程度为正常的 0.5 ～ 1 倍，局部发热，有疼感。以后炎症消散而发生睾丸萎缩、变硬缩小，丧失配种能力，精子的数量、活力下降，同时在精液中含有本病病毒，能传染给母猪。

（3）病理变化　病变主要发生在脑、脊髓、睾丸和子宫。流产胎儿常见脑水肿，脑膜和脊髓充血，皮下水肿，胸腔和腹腔积液，淋巴结充血，肝和脾有坏死灶，部分胎儿可见到大脑或小脑发育不全的变化，组织学检查可见到非化脓性脑炎的变化。睾丸组织有坏死灶，子宫充血，易发生子宫内膜炎。死胎皮下和脑水肿，肌肉如水煮样，以此可与布鲁氏菌病相区别。

（4）诊断　流行特点和临床症状只有参考价值，经实验室检查才能确诊。注意本病与布鲁氏菌病的区别。

（5）防治措施　本病目前无特效的治疗药物。

一是免疫接种。这是防治本病的首要措施。由于本病需经蚊子传播，有明显的季节性，故应在蚊子滋生前1个月开展免疫接种。可注射乙型脑炎弱毒疫苗，第一年以2周的间隔注射2次，以后每年注射1次，可预防母猪发生流产。

二是综合性防制措施。蚊子是本病的重要传染媒介，因此，开展猪场的驱蚊工作是控制本病的一项重要措施。要经常保持猪场周围的环境卫生，消灭蚊子的滋生场所。同时也可使用驱虫药在猪舍内外经常进行喷洒灭蚊，黄昏时在猪圈内喷洒灭蚊药。

三是疑为本病时可采用下列治疗措施对症治疗：

① 抗菌药物。主要是防治继发感染并排除细菌性的疾病，如用抗生素、磺胺类药物等，如20%磺胺嘧啶钠液5～10毫升，静脉注射。

② 脱水疗法。治疗脑水肿、降低颅内压。常用的药物有20%甘露醇、10%葡萄糖溶液，静脉注射100～200毫升。

③ 镇静疗法。对兴奋不安的病猪可用氯丙嗪3毫克/千克。

④ 退热镇痛疗法。若体温持续升高，可使用氨基比林10毫升或30%安乃近5毫升，肌内注射。

10. 猪口蹄疫病的防治

口蹄疫是一种以猪的口腔黏膜、蹄部出现水疱为特征的传染病。在世界上的分布很广，欧洲、亚洲、非洲的许多国家都有流行。由于本病传播快，发病率高，不易控制和消灭而引起各国的重视，联合国粮农组织和世界动物卫生组织把本病列为成员国发生疫情必须报告和互相通报并采取措施共同防范的疾病，归属于A类中第一位烈性传染病。

口蹄疫给养猪业带来的损失不仅是其死亡率，而是由于本病的发生，使发病猪场的生猪贸易受到限制，病猪被迫扑杀深埋，场地要求不断反复消毒，给猪场造成的经济损失无法估量。

（1）病原　口蹄疫病毒分为7个主型，即A型、O型、C

型、南非 1 型、南非 2 型、南非 3 型和亚洲 1 型，其中以 A 型和 O 型分布最广，危害最大。以各型病毒接种动物，只对本型产生免疫力，没有交叉保护作用。

口蹄疫病毒对外界环境的抵抗力很强，不怕干燥，在自然条件下，含病毒的组织与污染的饲料、饲草、皮毛及土壤等保持传染性达数周至数月之久。粪便中的病毒，在温暖的季节可存活 29 ～ 33 天，在冻结条件下可以越冬。但对酸和碱十分敏感，易被碱性或酸性消毒药杀死。

（2）流行病学　口蹄疫是猪的一种急性接触性传染病，只感染偶蹄兽，人也可感染，是一种人畜共患病。猪对口蹄疫病毒特别具有易感性。传染源是病畜和带毒动物，尤其以发病初期的病畜最为危险。病畜发热期，其粪尿、奶、眼泪、唾液和呼出气体均含病毒，以后病毒主要存在水疱皮和水疱液中。康复的猪可成为带毒携带者。近来发现口蹄疫还可能隐性感染和持续感染。通过直接和间接接触，病毒可进入易感畜的呼吸道、消化道和损伤的皮肤黏膜，均可感染发病。最危险的传播媒介首先是病猪肉及其制品的泔水，其次是被病毒污染的饲养管理用具和运输工具。

本病传播迅速，流行猛烈，常呈流行性发生。不同年龄的猪易感程度有差异，仔猪发病率和死亡率都很高。本病一年四季均可发生，多发生于冬、春季，夏季呈零星发生。

（3）临床症状　潜伏期 1 ～ 2 天，病猪以蹄部水疱为主要特征，病初体温升高至 40 ～ 41℃，精神不振，食欲减退或不食，蹄冠、趾间、蹄踵出现发红、微热、触之敏感等症状，不久形成黄豆大、蚕豆大的水疱，水疱破裂后形成出血性烂斑（图 7-9），1 周左右恢复。有时病猪的口腔黏膜和鼻盘也出现水疱和烂斑（图 7-10）。若有细菌感染，则局部化脓坏死，可引起蹄壳脱落，在临床上多见，患肢不能着地，常卧地不起。部分病猪的口腔黏膜（包括舌、唇、齿、龈、咽、颌），鼻盘和哺乳母猪的乳头，也可见到水疱和烂斑，呈急性胃肠炎和心肌炎，突然死亡，病死率可达 60%；继发感染者，仔猪多有脱壳现象。

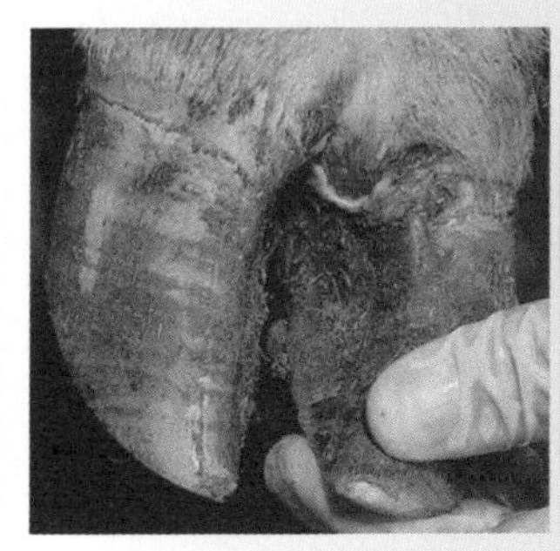
图 7-9 蹄叉溃烂

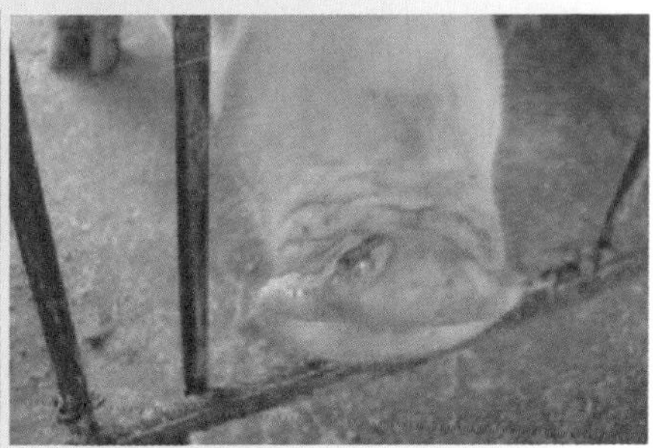
图 7-10 鼻盘水疱

（4）诊断　以该病的特征临床症状，结合流行情况，一般可以确诊。为了确定口蹄疫的病毒型，应进行实验室检查。

（5）防治措施

① 平时的预防措施。一是加强检疫工作。搞好猪产地检疫、宰后检疫和运输检疫，引进猪要隔离，以便及时采取相应的措施，防止该病的发生。

二是及时接种疫苗。由于口蹄疫是国际、国内严格控制的疾病，必须采取预防为主、强制免疫的原则，对饲养的猪用注射口蹄疫疫苗的方法进行预防。注射强毒灭活疫苗或猪用的 O 型弱毒疫苗，使用时其用量和用法按使用说明书进行。猪注射疫苗后 15 天产生免疫力，免疫持续期 6 个月。值得注意的是，所用疫苗的病毒型必须与该地区流行的口蹄疫病毒型一致，否则不能预防和控制口蹄疫的发生和流行。在使用疫苗时做到：每瓶疫苗在使用前及每次吸取时，均应仔细振摇，瓶口开封后，最好当日用完。注苗用具和注射局部应严格消毒，每注射 1 头猪应更换 1 个针头。注射时，进针要达到适当深度（耳根后肌肉内）；注射前，对猪进行检查。如发现患病以及瘦弱和临产期母猪（防止引起机械性流产）、长途运输后的猪，则不予注射。因猪个体差异，个别猪注苗后可能会出现呼吸急促、呕吐、发抖、体温升高、精神沉郁、厌食等现象。因此，注苗后多观察，轻度反应一般可自行恢复。对个别有过敏反应者可采用肾上腺素抢救；注射疫苗人员，严格遵守操作程序。疫苗一定要注入肌肉内（剂量大时应考虑肌肉内多点注射法）。25千克以下仔猪注苗时应提倡肌肉内分点注射法。使用疫苗时注意登记所使用疫苗批号、日期。加强相应防疫措施。严禁从疫区（场）购猪及其肉制品，农户应改变饲养习惯，不用未经煮开的洗肉水喂猪。猪舍定期用消毒药如喷雾灵（2.5%聚维酮碘溶液）带猪喷雾消毒。

② 发病时的防制措施。口蹄疫是国家规定的控制消灭的传染病，不能治疗，只能采取强制性扑杀措施。因为治愈的病猪将终身带毒，是最危险的传染源。要做好以下措施：

第一，一旦怀疑口蹄疫发生，应立即上报当地动物防疫监督部门，迅速确诊，并对疫点采取封锁措施，防止疫情扩散蔓延。

第二，按照当地畜牧兽医行政管理部门的要求，配合搞好封锁、隔离、扑杀、销毁、消毒等扑灭疫病的措施。

第三，疫点周围及疫点内尚未感染的猪、牛、羊，应按照《动物防疫法》的要求采取紧急免疫接种口蹄疫疫苗。先注射疫区外围的牲畜，后注射疫区内的牲畜。

第四，对疫点（包括猪圈、运动场、用具、垫料等）用2%火碱溶液进行彻底消毒，每隔2～3天消毒1次。

第五，疫点内最后一头病猪处理后的14天，如再未发生口蹄疫，经过大消毒后，可申报解除封锁。

11. 猪气喘病的防治

猪气喘病或猪喘气病，又名猪地方流行性肺炎或猪支原体肺炎，是猪的一种慢性呼吸道传染病。主要临床症状是患猪长期生长不良、咳嗽和气喘。病理变化部位主要位于胸腔内。肺脏是病变的主要器官。发病猪的生长速度缓慢，饲料转化率低，育肥饲养期延长。本病一直被认为是对养猪业造成重大经济损失，最常发生、流行最广、最难净化的重要疫病之一。

（1）病原　猪肺炎支原体，曾经称为霉形体，是一群介于细菌和病毒之间的多形微生物。本病原存在于病猪的呼吸道及肺内，随咳嗽和打喷嚏排出体外。

（2）流行病学　不同年龄、品种和性别的猪均可感染。其中哺乳仔猪及幼猪最易发病，其次是妊娠后期及哺乳母猪。成年猪多呈隐性感染，怀孕母猪和哺乳母猪症状最重，病死率较高。本病的传播途径为呼吸道，病猪及隐性感染猪为本病的传染源，病原体长期存在于病猪的呼吸道及其分泌物中，随咳嗽和喘气排出体外后，通过接触经呼吸道而使易感猪感染。本病的发生没有明显的季节性，一年四季均可发病，但以寒冷潮湿气候多变时多发，而且本病与饲养管理、卫生和防制措施有关。新发病地区常呈暴发性流行，症状重，发病率和病死率均较高，多呈急性经过。老疫区多呈慢性经过，症状不明显，病死率很低，当气候骤变、阴湿寒冷、饲养管理和卫生条件不良时，可使病情加重，病死率增高。如有巴氏杆菌、肺炎双球菌等继发感染，可造成较大的损失。

（3）临床症状　本病的潜伏期7～14天，长的1个月以上。主要症状为咳嗽和气喘。病初为短声连咳，在早晨赶猪喂猪时或剧烈运动后，咳嗽最明显，病重时流灰白色黏性或脓性鼻汁。在病的中期出现气喘症状，呼吸次数每分钟达60～80次，呈明显的腹式呼吸，此时咳嗽少而低沉。体温一般正常，食欲无明显变化。至病的后期，则气喘加重，甚至张口喘气，同时精神不振，猪体消瘦，不愿走动（图7-11）。这些症状可随饲养管理和生活条件的好坏而减轻或加重，病程可拖延数月，病死率一般不高。

隐性型病猪没有明显症状，有时发生轻咳，全身状况良好，生长发育几乎正常。如果加强饲养管理，病变可逐渐局灶化或消散，若饲养条件差则转变为急性或慢性，甚至死亡。

（4）病理变化　病变主要在肺部和肺门淋巴结及纵隔淋巴结。病变由肺的心叶开始，逐渐扩展到尖叶、中间叶及膈的前下部。病变部与健康组织的界限明显，两侧肺叶病变分布对称，呈灰红色或灰黄色、灰白色，硬度增加，外观似肉样或胰样，切面组织致密，可从小支气管挤出灰白色物质，淋巴组织呈弥漫性增生。急性病例有明显的肺气肿病变。

图 7-11　病猪张口喘气，精神不振，猪体消瘦，不愿走动

（5）诊断　一般可以根据病理变化的特征和临床症状来确诊，但对慢性和隐性病猪的诊断，需做血清学试验。

（6）防治措施　由于本病发病无品种、年龄和性别的差异，全年均可能发生，在寒冷、多雨、潮湿或气候骤变时较为多见。饲料质量差，猪舍拥挤、潮湿、通风不良是其主要诱因。单独感染时死亡率不高，可猪群一旦传入后，如不采取严密措施则很难彻底清除。本病原对外界环境的抵抗力不强，在室温条件下 36 小时即失去致病力，在低温或冻干条件下可保存较长时间。在温热、日光、腐败和常用的消毒剂作用下都能很快死亡，猪肺炎支原体对青霉素及磺胺类药物不敏感，但对卡那霉素、林可霉素敏感。应采取综合性防疫措施，以控制本病的发生和流行。

一是坚持自繁自养。若必须从外地引进种猪时，应了解产地的疫情，证实无病后方可引进；新引入的猪应严格执行隔离的规定，确认健康方可混群。

二是做好饲养管理。严格实行全进全出制度。保持空气新鲜，结合季节变换做好小环境的控制，控制饲养密度。注意观察猪群的健康状况，有无咳嗽、气喘情况。如发现可疑病猪，应及时隔离或淘汰。

三是做好消毒管理。多种化学消毒剂定期交替消毒。

四是保证猪群各阶段的合理营养，避免饲料霉败变质。

五是进行免疫接种。猪气喘病弱毒菌苗的保护率大约70%。冷干菌苗4～8℃不超过15天，-15℃可保存6个月。注意：在接种该苗15天和用后60天内禁止使用抗生素等。免疫期8个月，具体使用方法见说明书。

六是药物预防。用支原净每千克体重每天拌料50毫克，连服2周。或者用氟苯尼考粉剂拌料，连喂7天，每季度一次。

12. 猪丹毒病的防治

猪丹毒是猪丹毒杆菌引起的一种急性热性传染病，其主要特征为高热、急性败血症、皮肤疹块（亚急性）、慢性疣状心内膜炎及皮肤坏死与多发性非化脓性关节炎（慢性）。目前集约化养猪场比较少见，但仍未完全控制，有的地方又开始死灰复燃。本病呈世界性分布。

（1）流行病学　本病主要发生于架子猪，其他家畜和禽类也有病例报告。人也可以感染本病，称为类丹毒。病猪和带菌猪是本病的传染源。35%～50%健康猪的扁桃体和其他淋巴组织中存在此菌。病猪、带菌猪以及其他带菌动物（分泌物、排泄物）排出菌体污染饲料、饮水、土壤、用具和场舍等，经消化道传染给易感猪。本病也可以通过损伤皮肤及蚊、蝇、虱等吸血昆虫传播。屠宰场，加工场的废料、废水，食堂的残羹，动物性蛋白质饲料（如鱼粉、肉粉等）喂猪常常引起发病。猪丹毒一年四季都有发生，有些地方炎热多雨季节流行最盛。本病常为散发性或地方流行性传染，有时也发生暴发性流行。

（2）临床症状　一般将猪丹毒分为急性败血型、亚急性疹块型和慢性型。人工感染的潜伏期为 3 ～ 5 天，短的 1 天，长的可达 7 天。

急性败血型：表现为突然暴发，病程短，死亡率高。体温升高达 42 ～ 43℃，以稽留热为主，厌食呕吐，结膜充血，眼睛发亮有神，耳、颈背部皮肤潮红继而发紫，粪便干燥呈球状，病程 2 ～ 4 天。

亚急性疹块型：亚急性疹块型病猪出现典型猪丹毒的症状。体温升高至 41℃以上，急性型症状出现后，在胸、背、四肢和颈部皮肤出现大小不一、形状不同的疹块，凸出于皮肤，呈红色或紫红色，中间苍白，用手指压后褪色（图 7-12）。当疹块出现后，体温恢复正常，病情好转，病程 1 周左右。少数严重病例，皮肤疹块发生炎性肿胀，表皮和皮下坏死，或形成干痂，呈盔甲状覆盖于体表。

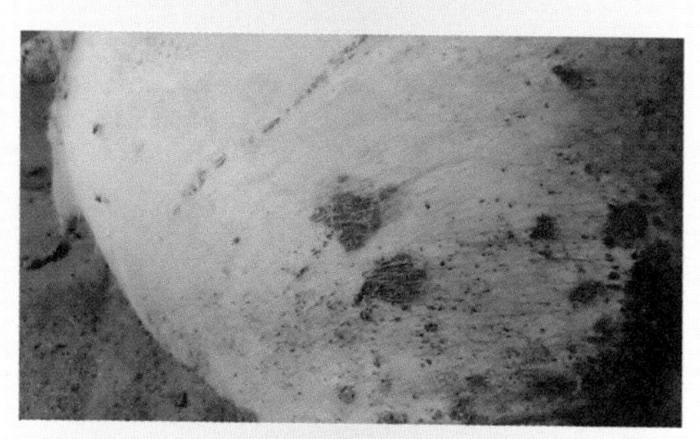

图 7-12　皮肤出现菱形、方形红色疹块，稍突起

慢性型：病猪主要表现四肢关节炎性肿胀和心内膜炎，跛

行，消瘦，皮肤出现坏死，生长缓慢。

（3）病理变化　急性型皮肤上有大小不一和形状不同的红斑或弥漫性红色。脾肿大，呈樱桃红色。肾瘀血肿大，呈暗红色，皮质部有出血点。淋巴结充血肿大，也有小出血点。肺瘀血、水肿。胃及十二指肠发炎，有出血点，关节液增加。亚急性型的特征是皮肤上方形和菱形的红色疹块，内脏的变化比急性型轻。慢性型的特征是房室瓣常有疣状心内膜炎，瓣膜上有灰白色增生物，呈菜花状。其次关节肿大，有炎症，在关节腔内有纤维素性渗出物。

（4）诊断　根据临床症状和流行情况，结合疗效，一般可以确诊。但在流行初期，往往呈急性经过，无特征症状，需做实验室检查才能确诊。

（5）防治措施　猪丹毒其实并不可怕，只是复杂，积极治疗，治愈率还是较高的。青霉素治疗本病疗效非常好，到目前为止还未发现对青霉素有耐药性。其次土霉素和四环素也有效。卡那霉素、新霉素和磺胺药基本无效。

一是加强饲养管理，提高猪群的自然抗病能力。保持栏舍清洁卫生和通风干燥，避免高温高湿，加强定期消毒。

二是对圈、用具定期消毒。定期用消毒剂（10%石灰乳等）消毒。

三是预防防疫。种公、母猪每年春秋两次进行猪丹毒氢氧化铝甲醛苗免疫。育肥猪60日龄时进行一次猪丹毒氢氧化铝甲醛苗或猪三联苗免疫一次即可。如果生长猪群不断发病，则有必要选用二联苗或三联苗，在8周龄免疫一次，10～12周龄最好再进行一次。为防母源抗体干扰，一般8周以前不做免疫接种。

疫病流行期间，进行预防性投药，全群用70%水溶性阿莫西林600克/吨，均匀拌料，连用5天。

四是发生疫情时对病猪隔离治疗、未发病猪投药和消毒。急性型病例，将个别发病猪只隔离，每千克体重静脉注射1万单位青霉素，同时肌内注射常规剂量的青霉素，每天两次，等待食欲、体温恢复正常后再持续2～3天。药量和疗程一定要足够，不宜停药过早，以防复发或转为慢性。

未发病猪用药拌料预防。

13. 猪传染性胸膜肺炎的防治

猪传染性胸膜肺炎是由胸膜肺炎放线杆菌（过去曾命名为胸膜肺炎嗜血杆菌或副溶血性嗜血杆菌）引起的一种高度传染性、致死性呼吸道病，以急性出血和慢性的纤维素性坏死性胸膜炎病变为主要特征。本病对各种猪均易感，最新引进猪群多呈急性暴发，其发病率和死亡率常在20%以上，最急性型的死亡率可高达80%～100%。常呈慢性经过，患猪表现慢性消瘦，或继发其他疾病造成急性死亡。无症状的猪或康复猪在体内可长期带菌，成为稳定的传染源。

（1）病原　本病病原为胸膜肺炎放线杆菌。革兰氏阴性，具有典型的球杆菌形态，两极染色，无运动性，兼性厌氧，在血琼脂上的溶血能力是鉴别的特征。本菌为严格的黏膜寄生菌，在适当条件下，致病菌可在不同器官中引起病变。本菌现已鉴定分为12个血清型，各地流行的血清型不尽相同。

（2）流行病学　引入的带菌猪或慢性感染猪是本病的传染源。病菌主要存在于病猪的呼吸道内，通过猪群接触和空气飞沫传播。因此，本病常见于寒冷的冬季，在工厂化、集约化大群饲养的条件下，门窗紧闭，空气不流通，湿度大，氨气浓，是激发本病暴发的诱因。

各种年龄，不同品种和性别的猪都有易感性，但其发病率和病死率的差异很大，其中以外来品种猪、繁殖母猪和仔猪的急性病例较高。本病的另一特点是呈“跳跃式”传播，有小规模的暴发和零星散发的流行方式。

（3）临床症状　急性型呈败血症，体温升高至41～42℃，呼吸困难，常站立或呈犬坐姿势而不愿卧下，表情漠然，食欲减退，有短期的下痢和呕吐。发病3～4天后，心脏和循环发生障碍，鼻、耳、腿、内侧皮肤发绀，病猪卧于地上，后期张嘴呼吸，临死前从鼻中流出带血的泡沫液体（图7-13）。

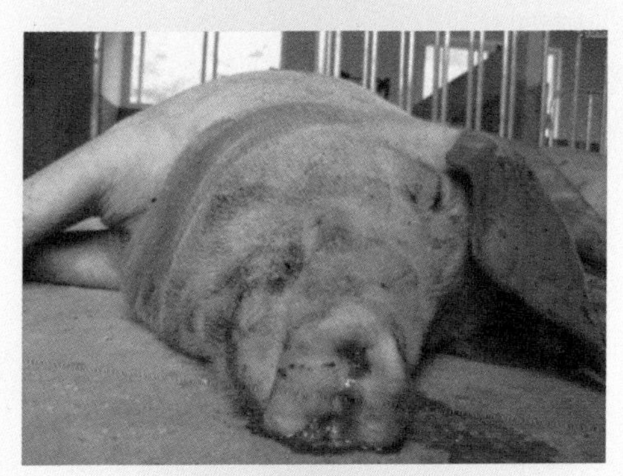

图 7-13 鼻、耳、腿、内侧皮肤发绀，病猪卧于地上，临死前从鼻中流出带血的泡沫液体

亚急性和慢性感染的病例，仅出现亚临床症状，也有的是从急性病例转归而来，不发热，有不同程度的间歇性咳嗽，食欲不振。若环境良好，无其他并发症，则能耐过。影响日增重。

（4）病理变化　主要病变存在于肺和呼吸道内，肺呈紫红色，肺炎多是双侧性的，并多在肺的心叶、尖叶和隔叶出现病灶，其与正常组织界线分明。最急性死亡的病猪气管、支气管中充满泡沫状、血性黏液及黏膜渗出物，无纤维素性胸膜炎出现。发病 24 小时以上的病猪，肺炎区出现纤维素性物质附于表面，肺出血、间质增宽、有肝变，气管、支气管中充满泡沫状、血性黏液及黏膜渗出物，喉头充满血性液体，肺门淋巴结显著肿大。随着病程的发展，纤维素性胸膜炎蔓延至整个肺脏，使肺和胸膜粘连。

（5）诊断　从气管或鼻腔采取分泌物，或采取肺病变部，涂片，做革兰氏染色，显微镜检查可看到红色（革兰阴性）的小球杆菌。或将病料送实验室进行细菌分离培养和鉴定。也可采取血清进行补体结合试验、凝集试验或酶联免疫吸附试验，以酶联免疫吸附试验更为适用，多用来进行血清学检查，以清除猪场的隐性感染猪。

（6）防治措施　猪传染性胸膜肺炎是由胸膜肺炎放线杆菌引起的一种接触性传染病，是猪的一种重要呼吸道疾病，在许多养猪国家流行，已成为世界性工业化养猪的五大疫病之一，造成重大的经济损失。抗生素对本病无明显疗效。虽然对本病及其病原菌已做了广泛而深入的研究，在疫苗及诊断方法上已取得一定的成果，但到目前为止，还没有很有效的措施控制本病。

一是药物预防。这是目前主要的方法，在本病流行的猪场使用土霉素制剂混入饲料中喂给，可暂时停止出现新病例。其他如金霉素、红霉素、磺胺类药物亦有效。若产生耐药性，可使用新一代的抗菌药物，如恩诺沙星、氧氟沙星等。

二是免疫。疫苗是预防本病的主要措施。虽已研制出胸膜肺炎菌苗，但各血清学之间交叉保护性不强、同型菌制备的菌苗只能对同型菌株感染有保护作用。通过使用来看，现有疫苗效果不理想，只能减少发病率和死亡率，对减轻肺部病变程度、提高饲料报酬作用不大。目前有菌苗和灭活油佐剂苗，用于母猪和仔猪，仔猪于 6 ～ 8 周龄第 1 次肌内注射，到 8 ～ 10 周龄再注射 1 次，可获得有效免疫效果。也有人用从当地分离到的菌株，制备自家菌苗对母猪进行免疫，使仔猪得到母源抗体保护，有很好的效果。

三是发病猪治疗。首选药物有恩诺沙星、阿莫西林。用恩诺沙星，肌内注射，1 次量 5 毫克 / 千克，每天 1 次，连续应用 5 ～ 7 天。或者用阿莫西林，肌内注射，1 次量 5 ～ 10 毫克 / 千克，每天 2 次；内服，1 次量 10 毫克 / 千克，每天 2 次；混饲，300 毫克 / 千克；饮水，150 毫克 / 升，连续应用 5 天。

14. 猪副猪嗜血杆菌病的防治

猪副猪嗜血杆菌病，又称多发性纤维素性浆膜炎和关节炎，可以引起猪的格氏病。临床上以体温升高、关节肿胀、呼吸困难、多发性浆膜炎、关节炎和高死亡率为特征，严重危害仔猪和青年猪的健康。目前，猪副猪嗜血杆菌病已经在全球范围内影响着养猪业的发展，给养猪业带来巨大的经济损失。

（1）流行病学　该病通过呼吸系统传播。当猪群中存在繁殖呼吸综合征、流感或地方性肺炎的情况下，该病更容易发生。环境差、断水等情况下该病更容易发生。饲养环境不良时本病多发。断奶、转群、混群或运输也是常见的诱因。猪副猪嗜血杆菌病曾一度被认为是由应激所引起的。

副猪嗜血杆菌也会作为继发的病原伴随其他主要病原混合感染，尤其是地方性猪肺炎。在肺炎中，副猪嗜血杆菌被假定为一种随机入侵的次要病原，是一种典型的“机会主义”病原，只在与其他病毒或细菌协同时才引发疾病。近年来，从患肺炎的猪中分离出副猪嗜血杆菌的比例越来越高，这与支原体肺炎的日趋流行有关，也与病毒性肺炎的日趋流行有关。这些病毒主要有猪繁殖与呼吸综合征、圆环病毒、猪流感和猪呼吸道冠状病毒。副猪嗜血杆菌与支原体结合在一起，患 PRRS 猪肺的检出率为 51.2%。

（2）临床症状　副猪嗜血杆菌只感染猪，可以影响从 2 周龄到 4 月龄的青年猪，主要在断奶前后和保育阶段发病，通常见于 5 ～ 8 周龄的猪，发病率一般在 10%～ 15%，严重时死亡率可达 50%。急性病例，往往首先发生于膘情良好的猪，病猪发热（40.5 ～ 42.0℃），精神沉郁，食欲下降，呼吸困难，腹式呼吸，皮肤发红或苍白，耳梢发紫，眼睑皮下水肿，行走缓慢或不愿站立，腕关节、跗关节肿大（图 7-14），共济失调，临死前侧卧或四肢呈划水样，有时会无明显症状突然死亡；慢性病例多见于保育猪，主要是食欲下降，咳嗽，呼吸困难，被毛粗乱，四肢无力或跛行，生长不良，直至衰竭而死亡。

临床症状取决于炎症部位，包括发热、呼吸困难、关节肿胀、跛行、皮肤及黏膜发绀、站立困难，甚至瘫痪、僵猪或死亡。母猪发病可流产，公猪有跛行。哺乳母猪的跛行可能导致母性的极端弱化。

（3）病理变化　死亡时体表发紫，肚子大，有大量黄色腹水，以浆膜的纤维素性炎症为特征。肠系膜上有大量纤维素渗出，尤其肝脏整个被包住，肺的间质水肿。关节液增多、混浊、黏稠（图 7-15）。

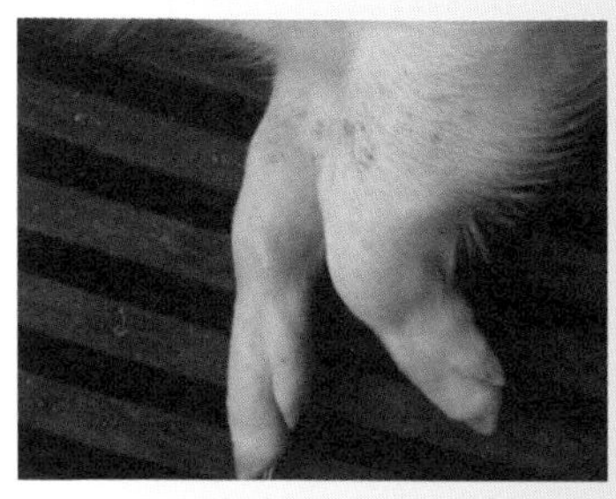

图 7-14 关节明显肿胀

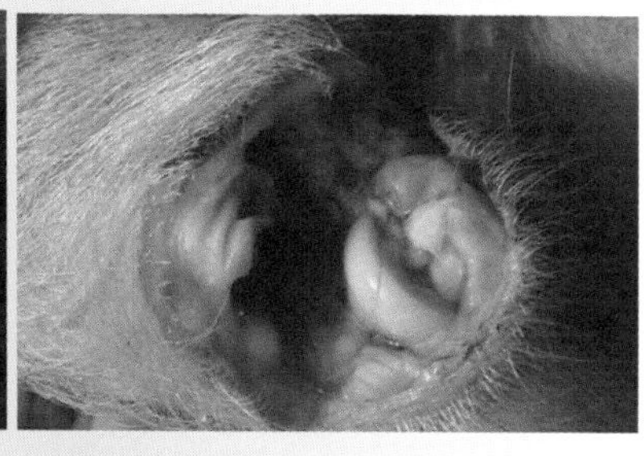

图 7-15 关节液增多、混浊、黏稠

（4）防治措施 猪副猪嗜血杆菌病的有效防治，如同猪场其他任何一种疾病的防治一样，是一项系统工程，需要我们加强主要病毒性疾病的免疫、选择有效的药物组合对猪群进行常规的预防保健、改善猪群饲养管理、重新思考猪舍设计，只有这样，才能有一个稳定生产的猪群。

目前，猪副猪嗜血杆菌病发生呈递增趋势，且以多发性浆膜炎和关节炎及高发病率和高死亡率为特征，影响猪生产的各个阶段，给养猪业带来了严重的损失，因此，应对本病高度重视。

猪副猪嗜血杆菌病控制关键在预防保健，消除诱因，加强饲养管理与环境消毒，减少各种应激。在疾病流行期间有条件的猪场仔猪断奶时可暂不混群，对混群的一定要严格把关，把病猪集中隔离在同一猪舍，对断奶后保育猪“分级饲养”，这样也可减少 PRRSV、PCV2 在猪群中的传播。注意保温和温差的变化。猪群断奶、转群、混群或运输前后可在饮水中加一些抗应激的药物如维生素 C 等。

发病猪治疗：首先是隔离病猪，然后用敏感的抗生素进行治疗，并用抗生素进行全群性药物预防。为控制本病的发生发展和耐药菌株出现，应进行药敏试验，科学使用抗生素。

一旦出现临床症状，应立即采取抗生素拌料的方式对整个猪群治疗，发病猪大剂量肌注抗生素。大多数血清型的副猪嗜血杆菌对氟苯尼考、替米考星、头孢菌素、庆大霉素、壮观霉素、磺胺及喹诺酮类等药物敏感，对四环素、氨基苷类和林可霉素有一定抵抗力。

15. 猪链球菌病的防治

猪链球菌病是由多种致病性链球菌感染引起的一种人畜共患病，包括猪淋巴结脓肿和猪败血性链球菌病。败血症、化脓性淋巴结炎、脑膜炎以及关节炎是本病的主要特征。猪链球菌 2 型可导致人类的脑膜炎、败血症和心内膜炎，严重时可导致人的死亡。猪链球菌病在养猪业发达的国家都有发生。随着中国规模化养猪业的发展，猪链球菌病已成为养猪生产中的常见病和多发病。

（1）病原　病原体为多种溶血性链球菌。各种链球菌都呈链状排列，是革兰氏阳性球菌。在环境中的存活力较强。在 0℃、9℃和 22 ～ 25℃中可分别存活 104 天、10 天和 8 天，但在灰尘中的存活时间不超过 24 小时。本菌抵抗力不强，对干燥、湿热均较敏感，常用消毒药都易将其杀死。本菌对多种抗生素及其他抗菌药虽然敏感，但极易产生耐药性。

（2）流行病学　链球菌广泛分布于自然界。人和多种动物都有易感性，猪的易感性较高。各种年龄的猪都可发病，但败血症型和脑膜脑炎型多见于仔猪，化脓性淋巴结炎型多见于中猪。病猪、临床康复猪和健康猪均可带菌，当它们互相接触时，可通过口、鼻、皮肤伤口而传染，新生仔猪常经脐带感染。一般呈地方流行性，本病传人之后，往往在猪群中陆续地出现。

（3）临床症状　潜伏期多为 3 ～ 17 天或稍长。

急性败血型：突然发病，体温升高，精神沉郁，食欲减退或拒食，便秘，粪干硬。常有浆液性鼻漏，眼结膜潮红，流泪。几小时或数天内一部分病猪出现多发性关节炎、跛行，或不能站立。有的病猪出现运动共济失调、磨牙、空嚼或昏睡等神经症状。有的病猪的颈、背部皮肤呈广泛性充血、潮红（图 7-16）。病的后期出现呼吸困难，如果治疗不及时，常在 1 ～ 3 天内死亡或转为亚急性或慢性。

脑膜脑炎型：多见于哺乳仔猪和断奶小猪。病初猪体温升高，不食、便秘，有浆性或黏性鼻液。病猪很快出现神经症状，四肢运动共济失调、转圈、磨牙、空嚼、仰卧，继而出现后肢麻痹，前肢爬行，侧卧时，四肢划动似划水状或昏迷，部分猪出现多发性关节炎，关节肿大。部分病猪的头、颈和背部出现水肿。病程为 1 ～ 2 天，长的可达 5 天。剖检常见脑膜与脑脊髓出血、充血。心、胸腔、腹腔有纤维素性炎，淋巴结肿大、充血、出血。部分猪的头、颈、背部皮下、胃壁、肠系膜及胆囊壁水肿。

关节炎型：由急性或脑膜脑炎型转来或从一开始就呈现关节炎症状。关节肿胀，热痛，跛行，甚至不能站立（图 7-17）；精神时好时坏，逐渐消瘦，衰竭死亡，少数猪可能康复。

图 7-16　病猪全身皮肤呈广泛性充血、潮红

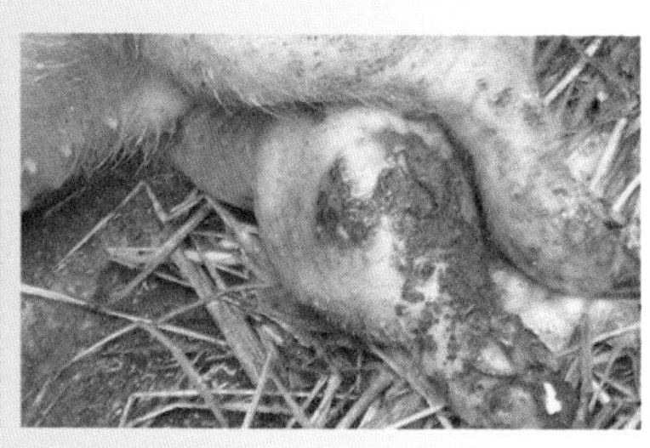

图 7-17　跗关节明显肿大

淋巴结脓肿型：多见于颌下淋巴结、咽部和颈部淋巴结。患病淋巴结肿胀，较硬，有热、疼反应，可影响采食、咀嚼、吞咽和呼吸。有的咳嗽、流鼻涕。淋巴结肿大、化脓、变软。中央皮肤坏死、破溃，流出脓液，随后全身症状好转，经治疗局部愈合。病程3～5周。

（4）诊断　猪链球菌病的病型较复杂，其流行情况无特征，需进行实验室检查才能确诊。根据不同的病型采取相应的病料，如脓肿，取化脓灶、肝、脾、肾、血液、关节囊液、脑脊髓液及脑组织等，制成涂片，用碱性亚甲蓝染色液和革兰氏染色液染色，显微镜检查，见到单个、成对、短链或呈长链的球菌。并且革兰氏染色呈紫色（阳性），可以确认为本病。也可进行细菌分离培养鉴定。

（5）防治措施

一是搞好预防性消毒。消除蚊蝇，清洁猪舍，消灭环境中的病原体，养猪场（户）应坚持每月用百菌消或卫康喷雾消毒栏舍和用具，生猪出栏后进行火焰消毒和火碱水消毒。

二是消除易造成感染的因素，如猪圈和饲槽上的尖锐物体，这些可造成猪的外伤，从而增加感染病菌的机会。

三是接种菌苗。预防接种是防治本病的最重要措施。疫区（场）在60日龄第1次免疫，以后每年春秋各免疫1次。不论大小猪一律肌内或皮下注射猪链球菌苗1毫升，免疫期约6个月。

四是实行全进全出，改善猪群健康状况，提高日粮营养水平和饲料转化率，是减少本病发生和流行的有效措施。

五是发病猪的治疗：抗生素仍是治疗本病的主要药物。选择抗生素时必须考虑到链球菌对该药的敏感性不低于80%～95%，以及感染类型、药物途径、最适剂量、给药时间、猪只体况等。抗生素最小抑菌浓度的测定表明：大多数分离菌株对青霉素敏感，对阿莫西林、氨苄西林敏感率在90%左右。发现链球菌性脑膜脑炎症状后，立即用敏感抗生素非肠道途径治疗，是目前提高仔猪成活率的最好方法。

（二）母猪产前、产后常见病的防治

1. 母猪产后热

（1）病因　母猪产后感染或护理不当，受寒、受潮引起发病。

（2）临床症状　母猪产后体温升高，少食或不食，喜卧或步态不稳，奶汁骤减或无奶，有寒战，呼吸加快，阴道内流出白色或污红有臭味的分泌物。

（3）诊断　根据临床症状即可做出确诊。

（4）防治措施　一是母猪产前要搞好产房清洁消毒，垫上清洁干草，栏舍天冷时注意防寒，避免破漏通风。助产时注意术者手臂消毒，操作时要谨慎，避免刺破子宫和阴道。

二是发病猪的治疗，可用青霉素、链霉素等抗生素治疗。也可肌内注射穿心莲注射液，10 ～ 20 毫升 / 次。据介绍复方氨基比林与呋塞米注射液，分左右两个部位同时肌内注射，疗效很好。复方氨基比林用量，75 千克以下的猪为 10 ～ 15 毫升，75 千克以上的为 15 ～ 20 毫升。呋塞米用量，75 千克以下的为 80 ～ 100 毫克，75 千克以上的为 100 ～ 140 毫克。为了促使子宫排出恶露，可注射脑垂体后叶。

也可采用下列中药进行治疗，如益母草 40 克，柴胡 20 克，黄芪 20 克，乌梅 20 克，黄酒、红糖各 150 克为引，煎汤，候温灌服，每天 1 剂，连服 3 ～ 5 天。

2. 母猪缺乳症

母猪产仔后泌乳少，甚至无乳汁，乳房松弛或缩小，挤不出乳汁或乳汁稀薄如水，称为缺乳症，泌乳受神经内分泌的调节，一旦分泌发生紊乱，就会影响泌乳。此外，泌乳的多少，还与遗传有关。

（1）病因　饲料配合不当，缺乏营养，致使母猪肉质软弱；精料过多、缺乏运动，致使母猪过胖、内分泌失调；母猪早配、早产或猪内分泌不足，严重疾病或热性传染病等，都可以引起母猪缺乳。

（2）诊断　根据临床症状即可做出确诊。

（3）防治措施　一是加强饲养管理，给母猪增补蛋白质饲料和多汁饲料；二是防止仔猪咬伤母猪乳头，如发现母猪乳头有外伤，应及时治疗以防止感染；三是保持猪舍干燥卫生，每天按摩母猪乳房数次。

（4）发病猪的治疗

① 采用青霉素 100 万单位，1% 普鲁卡因 20 ～ 50 毫升，乳房局部封闭注射。或者用中药催乳，如用花生仁 500 克，鸡蛋 4 个，加水煮熟，分两次喂服，一天后就可下奶。或者将鲜鱼不放盐煮熟，取出鱼汤喂母猪，能促进母猪泌乳，增加产奶量。

② 因猪体肥胖而致缺乳的，可选用下方：

鲜柳树皮 250 克，木通 15 克，当归 30 克，水煎，一次灌服。

因猪内分泌功能失调而致缺乳的，可用以下药物和方法治疗：己烯雌酚 2 ～ 4 毫升，肌内注射，连用 7 ～ 8 天。或者用绒毛膜促进腺激素 500 ～ 1000 单位，用生理盐水 2 毫升稀释，肌内注射，每 7 天 1 次，连续注射数次。

3. 母猪产后不食

母猪产后不食是指母猪产后胃肠功能紊乱、食欲减退或废绝的一种疾病。

（1）病因　引起产后不食的原因较多，主要是由于产前饲喂精料过多，或突然变换饲料，分娩过程体力消耗过大，造成胃肠消化功能失调所致的不食。产后母猪患其他疾病，如产后热、子宫炎、低血糖、缺钙等也将影响食欲，表现不食。

（2）临床症状　患猪表现精神疲乏，消化不良，食欲减退，开始尚吃少量精料或青绿饲料，严重时则完全不食，粪便先稀后干，体温正常或略高。

（3）诊断　根据病史和临床症状可初步确诊。

（4）防治措施　以调节胃肠功能为主，结合强心补液、中药治疗，分辨症型，或补气健脾，或活血化瘀。病猪肌内或皮下注射新斯的明注射液 2 ～ 6 毫升，每日一次，人工盐 30 克。复合维生素 B 片 10 片、陈皮酊 20 毫升一次喂服，每天 1 次，连用 5 天。

也可试用中药如厚朴、枳壳、陈皮、苍术、大黄、龙胆、郁李仁、甘草各 10 ～ 15 克，共研为末，或水煎取汁，一次内服，每天 1 次，连用 2 ～ 3 次；柴胡、黄芩、神曲、陈皮、生姜、姜半夏各 5 克，党参 10 克，甘草 3 克，大枣 3 个，青皮 3 克，煎汤去渣喂服，每日 1 剂，连服 2 剂。

4. 母猪产后瘫痪

本病是产后母猪突然发生的一种严重的急性神经障碍性疾病，其特征是知觉丧失及四肢瘫痪。

（1）病因　本病的病因目前还不十分清楚。一般认为是由于血糖、血钙浓度过低引起的，产后血压降低等原因也可引起瘫痪。

（2）临床症状　本病多发生于产后 2 ～ 5 天。病猪精神极度萎靡，一切反射变弱，甚至消失。食欲显著减退或废绝，躺卧昏睡，体温正常或稍高，粪便干硬且少，以后则停止排便、排尿。轻者站立困难，重者不能站立。

（3）诊断　本病根据产后、瘫痪等症状即可做出初步诊断。

（4）防治措施　首先，静脉注射 10% 葡萄糖酸钙注射液 50 ～ 150 毫升和 50% 葡萄糖注射液 50 毫升，每天 1 次，连用数次。同时应投给缓泻剂（如硫酸钠或硫酸镁），或用温肥皂水灌肠，清除直肠内蓄粪。其次，对猪进行全身按摩，以促进血液循环和神经功能的恢复。增垫柔软的褥草，经常翻动病猪，防止发生褥疮。

5. 母猪阴道炎

母猪阴道炎是指阴道黏膜表层或深层的炎症，临床上以阴道流出浆液、黏液或脓性分泌物，阴道黏膜潮红肿胀为特征。

（1）病因　母猪常在产后或交配时，阴道黏膜遭到损害，感染了链球菌、葡萄球菌或大肠杆菌等，引起阴道炎。

（2）临床症状　母猪出现阴唇肿胀，有时可见溃疡，手触摸阴唇时母猪表现有疼痛感，阴道黏膜肿胀、充血，肿胀严重时手伸入即感到困难，并有热疼或干燥之感。病猪常呈排尿姿势异常，尿量很少。当发生伪膜性阴道炎时症状加剧，病猪精神沉郁，常努责排出有臭味的暗红色黏液（图 7-18），并在阴门周围干涸形成黑色的痂皮，检查阴道时可见黏膜上被覆一层灰黄色薄膜。

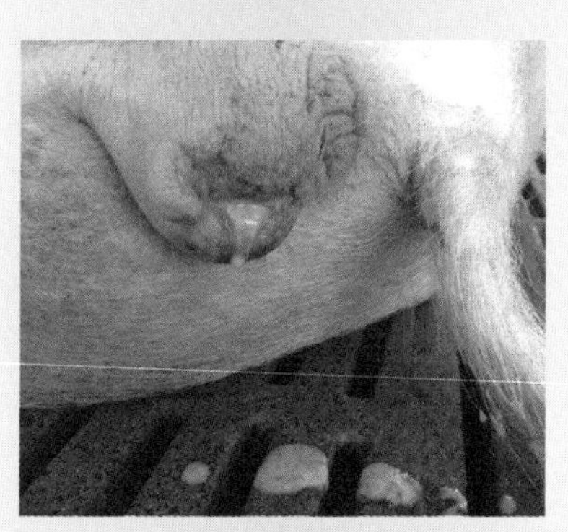

图 7-18 阴道流出黏液

（3）诊断 根据临床症状一般即可确诊。

（4）防治措施 一是在配种、助产时切忌动作粗暴，人工授精时要注意消毒。分娩及助产时的检查操作，要注意保护阴道和做好消毒卫生工作，以防对阴道的损伤和感染。患有阴茎炎、尿道炎的公猪，在治愈前应停止配种。

二是发病猪的治疗。阴道用温的消毒防腐液如 0.1%高锰酸钾溶液、0.05%新洁尔灭溶液或 3%双氧水等洗涤，冲洗后应将洗涤液全部导出，以免感染扩散，若为伪膜性阴道炎，则禁止冲洗，用青霉素、磺胺粉或碘仿、硼酸等软膏涂抹黏膜。如疼痛剧烈，则可在软膏中加入 1%～2%的普鲁卡因，黏膜上有创伤或溃疡时可涂抹等量的碘甘油溶液，症状严重的阴道炎，亦可全身应用抗生素。

6. 母猪子宫炎

母猪子宫炎是其子宫内膜发生炎症疾病。

（1）病因　主要原因是人工授精时不遵守卫生规则，器皿和输精管消毒不严，使母猪子宫发生感染；母猪难产时，手术助产不卫生也可感染。另外，子宫脱出、胎衣不下、子宫复旧不全、流产、胎儿腐败分解、死胎存留在子宫内等，均能引起子宫炎。

（2）临床症状　患猪主要表现为拱背，努责，从阴门流出液性或脓性分泌物。重病例的分泌物呈污红色或棕色，并有恶臭味，站立走动时向外排出，卧下时排出更多。急性病例表现为体温升高，精神沉郁，食欲不振，不愿给仔猪哺乳。有的患猪发情不正常，发情时流出更多的炎性分泌物（图 7-19），这种猪通常屡配不孕，偶尔妊娠，也易引起流产。

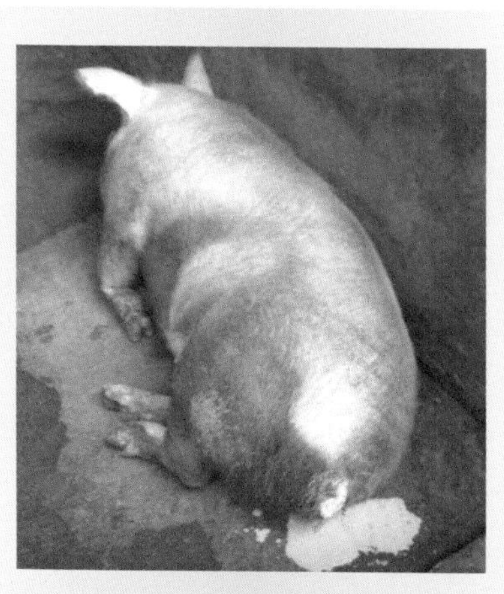

图 7-19　从阴门流出炎性分泌物

（3）防治措施

一是猪舍保持清洁干燥，母猪临床时要调换清洁垫草，在助产时严格消毒，操作要轻巧细微，产后加强饲养管理，人工授精要严格进行消毒。在难产时，取出胎儿、胎衣后，将抗生素装入胶囊内直接塞入子宫腔，可预防子宫炎的发生。

二是发病治疗时用10％氯化钠溶液、0.1％高锰酸钾、0.1％雷夫努尔、1％明矾液、2％碳酸氢钠，任选一种冲洗子宫，必须把液体导出，最后注入青霉素、链霉素各100万单位。对体温升高的患猪，用安乃近10毫升或安痛定10～20毫升，肌内注射；用青霉素、链霉素各200万单位，肌内注射。

7. 母猪乳腺炎

乳腺炎是由病原微生物侵入乳房引起的炎症病变。

（1）病因　主要由于母猪腹部下垂接触粗糙地面，在运动中容易擦伤乳房而感染发炎。或因猪舍潮湿，天气寒冷，乳房冻伤，仔猪咬伤乳头等导致细菌感染而发炎。另外，在母猪产前产后，突然喂给大量多汁和发酵饲料，乳汁分泌过多，积聚于乳房内，也易引起乳腺炎。

（2）临床症状　患猪一个乳房和几个乳房同时发生肿胀、疼痛，当仔猪吃乳时，母猪突然站立，不让仔猪吃乳。诊断检查乳房时，可见乳房充血、肿胀（图7-20），触诊乳房发热、硬结、疼痛，挤出乳汁稀薄如水，逐渐变为乳清样，乳汁中有絮状物。患化脓性乳腺炎时，挤出的乳汁呈黄色或淡黄色的絮状物。脓肿破溃时，流出大量脓汁。患坏疽性乳腺炎时，乳房肿大，皮肤紫红色，乳汁红色，并带有絮状物和腥臭味。严重病例，母猪精神不振，食欲减退或废绝，伏卧不起，泌乳停止，体温升高。

（3）防治措施　一是哺乳母猪舍应保持清洁干燥，冬季产仔应多垫柔软干草，仔猪断乳前后最好能做到逐渐减少喂乳次数，使乳腺活动慢慢降低。

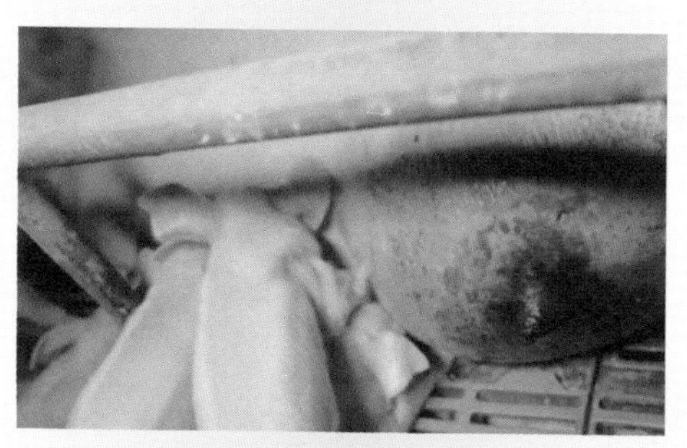

图 7-20　母猪乳房充血、肿胀

二是发病猪的治疗。母猪发病后，病初用毛巾或纱布浸冷水，冷敷发炎局部，然后涂擦10%鱼石脂软膏；对体温升高的病猪，用安乃近10毫升或安痛定10～20毫升，肌内注射；或用青霉素、链霉素各200万单位，肌内注射，每日两次，连用2～3天。乳房脓肿时，必须成熟之后才可切开排脓，用3%双氧水或0.3%高锰酸钾液冲洗脓腔，之后，涂紫药水和消炎软膏。

（三）仔猪常见病的防治

1. 猪副伤寒

猪副伤寒又称猪沙门菌病或仔猪副伤寒，是由沙门杆菌属的细菌引起仔猪的一种传染病。主要表现为败血症和坏死性肠炎，有时发生脑炎、脑膜炎、卡他性或干酪性肺炎。本病在世界各地均有发生，是猪的一种常见病和多发病。

（1）流行病学　病猪及某些健康带菌猪是主要传染来源。本病主要侵害5月龄以下，特别是1～3月龄（体重10～15千克）的密集饲养断奶后的仔猪，成年猪及哺乳仔猪很少发生。此病通过粪—口的路线传播。主要是由于病猪及带菌猪排出的病原体污染了饲料、饮水及土壤等，健康猪吃了这些污染的食物而感染发病。另外是病原体平时存在于健康猪体内，当饲养管理不当、寒冷潮湿、气候突变、断奶过早，使猪的体质减弱、抵抗力降低时，病原体即乘机繁殖，毒力增强而致病。一年四季均可发生，但春初、秋末气候多变多雨潮湿季节常发，且常与猪瘟、猪气喘病并发或继发。一般呈散发或地方性流行。

（2）临床症状　潜伏期 3 ～ 30 天。临床上分为急性型和慢性型。

急性型：其特征是急性败血症症状，主要发生在不到 5 月龄的断奶猪。体温升高至 40.6 ～ 41.7℃，食欲不振，精神沉郁，病初便秘，以后下痢，粪便恶臭，有时带血，常有腹部疼痛症状，弓背尖叫。耳、腹部及四肢皮肤呈深红色，后期呈青紫色。最后病猪呼吸困难，体温下降，偶尔咳嗽，痉挛，一般经 4 ～ 10 天死亡，不死的变为慢性型，很少自愈。

慢性型（结肠炎型）：此型最为常见，主要发生在断奶到 4 月龄之间的仔猪，临床表现与肠型猪瘟相似。体温稍升高，精神不振，食欲减退，便秘和下痢反复交替发生，粪便呈灰白色、淡黄色或暗绿色，形同粥状，有恶臭，有时带血和坏死组织碎片，以后逐渐脱水消瘦，皮肤上出现痂样湿疹。有些病猪表现为肺炎症状，发生咳嗽。病程 2 ～ 3 周或更长，最后由于连续几天的腹泻导致脱水而死。也有恢复健康的，但康复猪生长缓慢，多数成为带菌的僵猪。

（3）病理变化　病猪急性型主要以败血症为主，淋巴器官肿大、瘀血、出血，全身黏膜、浆膜有出血点，耳及腹下皮肤有紫斑。脾脏明显肿大呈暗紫色，肝肿大，有针头大小的灰白色坏死灶。慢性型特征病变是坏死性肠炎，肠壁肥厚，黏膜表面坏死和纤维蛋白渗出形成轮状。肝有灰黄色针尖样坏死点。肺有卡他性或干酪样肺炎病灶，往往是由巴氏杆菌继发感染所致。

（4）诊断　根据病理变化，结合临床症状和流行情况进行诊断，类症鉴别有困难时，可做实验室检查。

（5）防治措施　一是加强饲养管理，初生仔猪应争取早吃初乳。断奶分群时，不要突然改变环境，猪群尽量分小一些。

在断奶前后（1月龄以上），应口服仔猪副伤寒弱毒冻干菌苗等预防。

二是发病后，将病猪隔离治疗，被污染的猪舍应彻底消毒。未发病的猪可用药物预防，在每吨饲料中加入金霉素100克，或磺胺二甲基嘧啶100克，可起一定的预防作用。

三是发病猪的治疗。要在改善饲养管理的基础上进行隔离治疗才能收到较好疗效。沙门菌对各种药物均有耐药性，因此应选择对沙门菌敏感的药物进行治疗，有条件最好先做药敏试验。常用药有土霉素、新霉素、氟哌酸、环丙沙星、恩诺沙星、多西环素、卡那霉素、磺胺类药物等。注意，将抗生素加入饲料和饮水中治疗急性型病猪，疗效不显著。

2. 仔猪红痢

仔猪红痢，又称仔猪梭菌性肠炎、仔猪传染性坏死肠炎，是由C型魏氏梭菌的外毒素所引起。主要发生于1周龄以内的新生仔猪。其特征是排红色粪便，肠黏膜坏死，病程短，病死率高。在环境卫生条件不良的猪场，发病较多，危害较大。

（1）流行病学　本病发生于1周龄以下的仔猪，多发生于1～3日龄的新生仔猪，4～7日龄的仔猪即使发病，症状也较轻微。1周龄以上的仔猪很少发病。本病一旦侵入猪场，如果扑灭措施不力，可顽固地在猪场内扎根，不断流行，使一部分母猪所产的全部仔猪发病死亡，在同一猪群内，各窝仔猪的发病率高低不等。

（2）临床症状　本病的病程长短差别很大。最急性病例排血便，后躯沾满血样稀粪，往往于生后当天或第二天死亡；急性病例排出含有灰色坏死组织碎片的浅红褐色水样粪便（图7-21），迅速消瘦和虚弱，多于生后第三天死亡；亚急病例，开始排黄色软便，以后粪便呈淘米水样，含有灰色坏死组织碎片，有食欲，但逐渐消瘦，于5～7日龄死亡；慢性病例呈间歇性或持续性下痢，排灰黄色黏液便，病程十几天，生长很缓慢，最后死亡或因无饲养价值而被淘汰。

（3）病理变化　病变常局限于小肠和肠系膜淋巴结，以回肠的病变最重。最急性病例，回肠呈暗红色，肠腔充满血染液体，腹腔内有较多的红色液体，肠系膜淋巴结呈鲜红色。急性病例的肠黏膜坏死变化最重，而出血较轻，肠黏膜呈黄色或灰色，肠腔内有血染的坏死组织碎片黏着于肠壁，肠绒毛脱落，遗留一层坏死性伪膜，有些病例的空肠约有40厘米长的气肿。亚急性病例的肠壁变厚，容易碎，坏死性伪膜更为广泛。慢性病例，在肠黏膜可见一处或多处坏死带。

图7-21　粪便中带血

（4）诊断　依据临床症状和病理变化，结合流行特点，可做出诊断。

（5）防治措施　由于本病发生急，死亡快，治疗效果不好，或来不及治疗，药物治疗意义不大，主要依靠平时预防。

一是要加强猪舍与环境的清洁卫生和消毒工作，产房和分娩母猪的乳房应于临产时彻底消毒，产仔房和笼舍应彻底清洗消毒，母猪在分娩时，应用消毒药液（百毒杀等）擦洗母猪乳房，并挤出乳头内的头一把乳汁（以防污染）后才能让仔猪吃奶。

二是在常发本病的猪场，给母猪接种C型魏氏梭菌类毒素，使母猪产生免疫力，并从初乳中排出母源抗体，这样仔猪在易感期内可获得被动免疫。其免疫程序是在母猪分娩前30天首免，于产前15天做二免，各肌内注射仔猪红痢病苗1次，剂量5～10毫升，可使仔猪通过哺乳获得被动免疫。如连续产仔，前1～2胎在分娩前已经2次注射过菌苗的母猪，下次分娩前15天注1次，剂量3～5毫升。

三是药物预防。在本病常发地区，对新生仔猪于接产的同时口服抗菌药物，仔猪生下后，在未吃初乳前及以后的8天内投服青霉素，或与链霉素并用，有防治仔猪红痢的效果。用量：预防时用8万国际单位/千克，治疗时用10万国际单位/千克，每天2次。

3. 仔猪黄痢

仔猪黄痢又称早发性大肠杆菌病，由致病性大肠杆菌所引起，是5日龄以内初生仔猪易患的一种急性、致死性传染病。以腹泻、排黄色黏液状稀便为特征。发病率和病死率均很高，是养猪场常见的传染病。若防治不及时，可造成严重的经济损失。

（1）流行病学　主要发生于1～3日龄的乳猪。生后24小时左右发病的仔猪，如不及时治疗，死亡率可达100%，7日龄以上乳猪发病极少。带菌母猪是黄痢的主要传染源，病原菌随粪便污染环境，母猪的皮肤、乳头而致仔猪发病。通常一头开始排稀便，接着全窝排稀便，往往一窝一窝地发生，不仅同窝乳猪都发病，继续分娩的乳猪也几乎都感染发病，形成恶性循环。环境卫生不好的可能多发，环境卫生良好的也常有发生。

（2）临床症状　一般在出生几小时后，一窝仔猪相继发病。最早发病的见于生后8～12小时，发现有一两头仔猪精神沉郁，全身衰竭，迅速死亡，继之其他仔猪相继腹泻，排出水样粪便，黄色糊状或稀薄如水，含有凝乳小片，有气泡并带腥臭味，顺肛门流下（图 7-22）。病猪精神不振，不吃奶，很快消瘦、脱水，由于脱水，病猪双眼下陷，腹下皮肤呈紫红色，最后衰竭而死。病程 1 ～ 5 天。

（3）病理变化　病猪尸体严重脱水，主要变化是肠黏膜有急性卡他性炎症，表现为肠内有大量黄色液状内容物和气体，肠腔扩张，肠壁很薄，肠黏膜呈红色，病变以十二指肠最为严重，空肠和回肠次之，结肠较轻。胃内充满黄色凝乳块，有酸臭味，胃黏膜水肿，胃底呈暗红色。肠系膜淋巴结有弥漫性小出血点。肝肾有小的坏死灶。

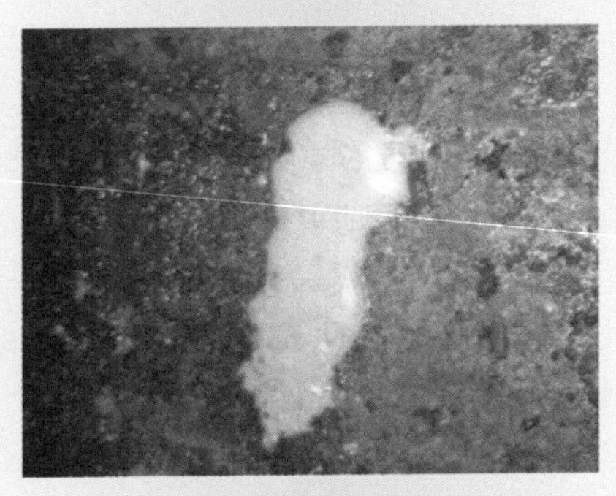

图 7-22　患病仔猪排出的黄色糊状稀便

（4）诊断　根据其流行情况和症状，一般可做出诊断。也可采取小肠前段的内容物，送实验室进行细菌分离培养和鉴定。

（5）防治措施　一是本病必须严格采取综合卫生防疫措施。加强母猪的饲养管理，做好产房的消毒以及用具卫生和消毒，控制好猪舍环境的温度和湿度。分娩前要对母猪乳房进行消毒，先用清温水洗刷乳头，再用 1% 高锰酸钾水按顺序将乳头、乳房、腹下及肛门周围擦洗干净。同时，让仔猪早吃初乳，增强自身免疫力。

二是在经常发生本病的猪场，对母猪进行免疫接种，以提高其初乳中母源抗体的水平，从而使仔猪获得被动免疫力。在产前 15 ～ 30 天注射大肠杆菌 K88、K99 双价基因工程苗等，对初生仔猪可进行预防性投药，也可给母猪注射抗菌药物，通过乳汁被仔猪利用。对发病的仔猪应及时治疗。

三是治疗可选用土霉素、磺胺甲基嘧啶、庆大霉素、链霉素、诺氟沙星、卡那霉素等药物。治疗时应用几种药物交替使用效果较好。在发病初期用抗血清进行治疗，有较好疗效。在出生后用抗血清口服或肌内注射，有较好的预防效果。

4. 仔猪白痢

仔猪白痢又称迟发性大肠杆菌病，由致病性大肠杆菌所引起的哺乳仔猪急性肠道传染病。临床特征为排灰白色、粥状、有腥臭味粪便。发病率较高，病死率较低。发生很普遍，几乎所有猪场都有本病，是危害仔猪的重要传染病之一。

（1）流行病学　本病主要发生于 5 ～ 30 日龄的仔猪，30 日龄以上很少发生。本病无明显季节性，但一般以炎夏和冬季多发。开始发病是一窝中少数的猪只，不久整窝或其他窝群就发生。健康仔猪吃了病猪粪便污染物，就可引起发病。本病的发生和流行还与多种因素有关，如气温突变或阴雨连绵，舍温过冷、过热、过湿，圈栏污秽，通风不良等易诱发本病。此外也与母猪和仔猪的健康状况有关。

（2）临床症状　仔猪出现白痢前，有一定的预兆，如不活泼，吮奶不积极，排出粒状便（似兔子便），经 0.5 ～ 1 天后出现典型的症状，排出浆状、糊状的稀便，呈乳白色、灰白色或黄白色，其中含有气泡，有特殊的腥臭味（图 7-23）。随着病情的加重，腹泻次数增加，病猪弓背，被毛粗乱污秽、无光泽，行动缓慢，迅速消瘦；有的病猪排粪失禁，在尾、肛门及其附近常沾有粪便，眼窝凹陷，脱水，卧地不起。当细菌侵入血液时，病猪的体温升高，食欲减退，日渐消瘦，精神沉郁，被毛粗乱无光，眼结膜苍白，怕冷，恶寒战栗，喜卧于垫草中。有的并发肺炎，呼吸困难。病程 3 ～ 7 天，绝大部分可以康复。

图 7-23 病猪排灰白色浆状粪便

（3）病理变化 病死仔猪无特殊病变。肠内有不等量的食糜和气体，肠黏膜轻度充血潮红，肠壁菲薄。肠系膜淋巴结水肿。实质脏器无明显变化。

（4）诊断 根据流行情况和临床症状，可做出诊断。

（5）防治措施 一是本病的主要预防措施是消除病原和各种诱因，增强仔猪消化道的抗菌能力，加强母猪饲养管理，搞好圈舍的卫生和消毒。其次是给仔猪提早开食，在 5 ～ 7 日龄时就可开始补料，经 10 天左右就主动吃料，能有效地减少白痢病的发病率。用土霉素等抗菌添加剂预防有一定疗效。

二是及时治疗是关键。治疗的方法和药物种类很多，一般大多是抑菌、收敛及促进消化的药物。对发病仔猪，可选用土霉素、磺胺脒、呋喃唑酮、微生态活菌制剂等药物。对母猪投服中草药瞿麦散，通过母猪的吸收进入乳汁中，仔猪吸奶也能起到很好的治疗作用。对脱水严重的仔猪可补充口服补液盐或腹腔注射5%葡萄糖生理盐水200～300毫升，每天1次，连用2～3天。

5. 猪水肿病

猪水肿病是由溶血性大肠杆菌产生的毒素而引起的疾病。其临床特征是突然发病，头部、胃肠水肿，运动失调，惊厥和麻痹，剖检可见胃壁和结肠系膜显著水肿。常发生于刚断奶的仔猪，发病率虽低，病死率却高，已成为养猪业危害较严重的疾病之一。

（1）流行病学　本病无明显的季节性，一年四季均发生，以气候剧变和阴雨后多发，有时呈地方流行性发生，各种年龄、品种、性别的猪都能感染。发病者多为体格健壮，营养良好的仔猪。特别是刚断奶不久1～3周的青年猪，育肥猪或10日龄以下的仔猪少见。从本病的流行病学调查中发现，仔猪开料太晚，骤然断奶，仔猪的饲料质量不稳定，特别是日粮中含过量的蛋白质，缺乏某种微量元素、维生素和粗饲料，仔猪的生活环境和温度变化较大，不合理地服用抗菌药物使肠道正常菌群紊乱等，是促使本病发生和流行的诱因。

（2）临床症状　突然发病，精神沉郁，食欲减退或废绝，体温升高，常便秘，但发病前几天有轻度腹泻。病初表现兴奋、共济失调、转圈、痉挛、口吐白沫等神经症状。后期卧地不起，肌肉震颤，骚动不安，四肢滑动作游泳状，眼睑肿胀，两眼之间成一条缝。结膜潮红，四肢下部及两耳发绀。头部、颈部水肿，严重的可引起全身水肿，身体水肿部位指压下陷（图7-24）。体表淋巴结肿大，最后嗜睡或昏迷，因衰竭而死亡。

（3）病理变化　主要病变为水肿。胃壁水肿，严重的厚达2～3厘米。偶尔见胃底部有弥漫性出血变化，切开水肿部位，常有大量透明或微带黄色液体流出，胃大弯部水肿最明显。肠系膜水肿（图7-25），水肿液量多透明或微黄，切开呈胶冻状。

淋巴结有水肿和充血出血变化，心包和胸腔有较多的积液，肺水肿也常见，水肿严重者大脑间有水肿变化。肾包膜增厚水肿，积有红色液体，皮质纵切面贫血，髓质充血或有充血变化。膀胱黏膜有轻度出血变化。

图7-24 头部水肿

图7-25 肠系膜水肿大肠

（4）诊断　根据临床症状和病理变化，结合流行情况可做出初步诊断，进一步诊断可做实验室检查。

（5）防治措施　一是预防该病，主要是加强对断乳前后仔猪的饲养管理，早期补料，以提高消化吸收能力，增强断奶后抗应激、抗过敏的能力等。注意饲料不要突然改变，饲料中的蛋白质不要太高。

二是在仔猪日粮中添加亚硒酸钠 - 维生素 E 粉和 0.2％土霉素碱粉，以解决饲料中硒不足和限制仔猪肠道内致病性大肠杆菌的繁殖。同时，给断奶仔猪群饮用电解多维水和口服补液盐，减少断奶时形成的应激。

三是母猪分娩后及时注射维生素 E 和 0.1％亚硒酸钠针，剂量：每头肌内注射维生素 E 100 毫克，0.1％亚硒酸钠针 2 毫升，连续 2 次，间隔 15 天。

四是为抑制大肠杆菌的作用，在饲料或饮水中添加土霉素、链霉素等抗生素。

五是免疫预防。用大肠杆菌致病株制成疫苗，接种妊娠母猪，也有一定的被动免疫效果，对仔猪于 14 ～ 18 日龄接种水肿病疫苗。

六是对发病仔猪采取以下方法治疗：肌内注射 2%海达注射液、亚硒酸钠注射液，静脉推注浓糖具有良好的治疗效果；或者 2%氧氟沙星葡萄糖注射液 100 毫升、维生素 C 2 克、20%甘露醇 50 ～ 100 毫升，静脉注射，每天 1 次。

总之，猪水肿病要想达到最佳的治疗和控制效果就必须禁食（24 小时）或在很短时间内迅速减少饲料用量，避免各种应激。

6. 仔猪早期断奶综合征

仔猪早期断奶后，往往引起仔猪惊恐不安、休息不好、食欲差、消化不良、生长发育慢、饲料转化率低、抗病力下降等，统称为早期断奶综合征。

（1）病因　仔猪消化功能不健全，早期断奶引起应激。仔猪消化道在 8 周龄以前发育都不健全，因为在 8 周龄后胃酸才基本上正常化。仔猪胃分泌盐酸的能力差，使胃中的 pH 值较高，为 4 左右，而成年猪的正常 pH 值为 2 ～ 3.5，pH 值过高抑制了胃蛋白酶的活性。胃蛋白酶活性降低后，就引起由仔猪消化不良而诱发的腹泻，在断奶前，仔猪从母乳中获得乳糖，乳糖在胃内乳酸杆菌的发酵作用下，转为乳酸，从而调节胃酸分泌不足，保持 pH 值在 4 左右。当断奶后，仔猪要采食饲料，由于胃酸不足，pH 值增高，使胃蛋白酶的活性降低而固体饲料中蛋白质的吸收又需要胃蛋白酶的活性提高，造成供需之间的矛盾。所以，很多仔猪采食饲料后，会出现腹泻。

日粮抗原反应，引起仔猪腹泻与生长发育不良。仔猪在哺乳期间，既从母体中获得了免疫抗体，又获得了高质量的营养物质，保证了胃肠道内的 pH 值与有益微生物的滋生。断奶后，仔猪采食量上升，日粮中植物饲料所含的抗原蛋白会提高腺窝细胞生长速度，促使肠道绒毛萎缩，从而导致腹泻与死亡。

微量元素对仔猪的影响。微量元素中的铁直接影响着仔猪的成活率，仔猪出生后的 30 天中，对铁的需要量为 400 毫克左右，而从母乳中获得的铁仅占需要量的很少部分，若不及时补铁，轻则会导致仔猪皮肤苍白，被毛蓬乱无光，重则会导致仔猪生长停滞、消瘦，乃至死亡。铜与锌对仔猪有特效的促生长作用，它们通过影响肠道内微生物群落，从而提高消化道对饲料营养物质吸收。高铜还可显著提高小肠脂肪酶和磷脂酶的活性，从而使仔猪提高对饲料脂肪的消化。而当硒缺乏时，易诱发仔猪肝营养不良，易形成桑葚心与白肌病。

环境条件差，给各种有害微生物提供了场所。当温度、湿度、卫生条件、饲养管理不合理时，也会导致仔猪感染得病，而产生早期断奶综合征。

（2）防治措施　一是降低胃内 pH 值，刺激胃蛋白酶的活性。在仔猪日粮中添加 2%～3%的酸化剂，如在日粮中添加柠檬酸、延胡索酸等，可提高胃蛋白酶的活性，从而减少胃肠中有害微生物，促进仔猪生长，减少仔猪早期断奶综合征的发生。

二是减少日粮中的抗原蛋白。在日粮中使用 6%～10%乳清粉、乳糖粉、脱脂奶粉，降低豆粕的使用量，以改善肠道过敏反应，促进肠黏膜绒毛发育。

三是及时补充微量元素。在仔猪出生 3 天内肌内注射或口服铁制剂，在 21 天左右再补注 1 次，既可防止缺铁性下痢的发生，又能促进生长和提高仔猪成活率。在仔猪采食时，可在仔猪日粮中添加铜 250 毫克 / 千克与锌 300 毫克 / 千克，既可使仔猪生长加快，还可使仔猪粪便中细菌总数极大降低，降低细菌诱发的疾病。在日粮中加硒，能有效防止仔猪肝营养不良及桑葚心与白肌病的发生，添加量为每千克日粮 0.2 毫克。

四是若病情严重，可根据发病时的临床症状，用药物给予治疗。对已经腹泻的仔猪要及时补液，用口服补液盐，让仔猪自由饮服，直至腹泻消失为止。抗菌消炎可用环丙沙星、恩诺沙星、氧氟沙星、庆大霉素等药物。

五是在饲料中添加大蒜素。大蒜素不仅具有诱食性助消化和广谱而强烈的杀菌作用，控制水肿病、细菌性腹泻，而且具有增强免疫的作用，添加量为0.01%～0.02%。

7. 仔猪贫血

仔猪贫血是指15日龄至21日龄哺乳仔猪因缺铁所引起的一种营养性贫血。多发生于寒冷的冬末、春初季节的舍饲仔猪，特别是猪舍为木板或水泥地面而又不采取补铁措施的猪场内常大批发生，造成严重的损失。

（1）流行病学　本病主要是由于铁的需要量大而供应不足所致。15～21日龄的哺乳仔猪生长发育很快，随着体重的增加，全血量也相应增加，如果铁供应不足，就会影响血红蛋白的合成而发生贫血，因此本病又称为缺铁性贫血。正常情况下，仔猪也有一个生理性贫血期。若铁的供应及时而充足，则仔猪易渡过此期。

（2）临床症状　病猪精神沉郁，离群伏卧，食欲减退，营养不良，被毛逆立，体温不高，极度消瘦。消瘦的仔猪周期性出现下痢与便秘，可视黏膜呈淡蔷薇色，轻度黄染。严重病例，黏膜苍白如白瓷，光照耳壳呈灰白色，几乎见不到明显的血管，针刺也很少出血。有的仔猪，外观很肥胖，生长发育也较快，但可在奔跑中突然死亡。

（3）病理变化　皮肤及黏膜显著苍白，有时轻度黄染，病程长的多消瘦，胸腹腔积有浆液性纤维蛋白性液体。肾实质变性，血液稀薄，肌肉色淡，心脏扩张，胃肠和肺常有炎性病变。

（4）诊断　据流行病学调查、临诊症状，化验室数据如红细胞计数、血红蛋白含量测定，特异性治疗如用铁制剂时疗效明显，可做出诊断。

（5）防治措施　一是主要加强哺乳母猪的饲养管理，多喂食富含蛋白质、无机盐和维生素的饲料。在水泥地面的猪舍内长期舍饲仔猪时，必须从仔猪生后 3 ～ 5 天即开始补加铁剂。补铁方法是将上述铁铜合剂洒在饲料或土盘内，或涂于母猪乳头上，或逐头按量灌服。

二是补铁，注射铁制剂，效果确实而迅速。供肌内注射的铁制剂，国产的有右旋糖酐铁、铁钴注射液（葡聚糖铁钴注射液）等。实践证明，铁钴注射或右旋糖酐铁 2 毫升肌内深部注射，通常 1 次即愈。必要时隔 7 天，1/2 量注射 1 次。

第八章 家庭农场的经营管理

一、采用种养结合的养殖模式是养猪家庭农场的首选

种养结合是一种种植业和养殖业结合的生态农业模式。种植业是指植物栽培业。通过栽培各种农作物以取得粮食、副食品、饲料和工业原料等植物性产品。养殖业是利用畜禽等已经被人类驯化的动物，或者野生动物的生理功能，通过人工饲养、繁殖，使其将牧草和饲料等植物能转变为动物能，以取得肉、蛋、奶、皮、毛和药材等畜产品。种养结合模式是将畜禽养殖产生的粪便、有机物作为有机肥的基础，为养殖业提供有机肥来源；同时，种植业生产的作物又能够给畜禽养殖提供食源。该模式能够充分将物质和能量在动植物之间进行转换及良好的循环。

那么，养猪家庭农场如何做好种养结合呢？我们可以参照农业农村部重点推广的十大类型生态模式和配套技术，并结合本场的实际，因地制宜、科学合理地在本场进行种养结合工作。

为进一步促进生态农业的发展，2002 年，农业部向全国征集了 370 种生态农业模式或技术体系，通过专家反复研讨，遴选出经过一定实践运行检验，具有代表性的十大类型生态模式，并正式将这十大类型生态模式作为今后一个时期农业部的重点任务加以推广。十大典型模式和配套技术包括：北方“四位一体”生态模式及配套技术；南方“猪—沼—果”生态模式及配套技术；平原农林牧复合生态模式及配套技术；草地生态恢复与持续利用生态模式及配套技术；生态种植模式及配套技术；生态畜牧业生产模式及配套技术；生态渔业模式及配套技术；丘陵山区小流域综合治理模式及配套技术；设施生态农业模式及配套技术；观光生态农业模式及配套技术。

二、猪场风险控制要点

猪场经营风险是指猪场在经营管理过程中可能发生的风险。而风险控制是指风险管理者采取各种措施和方法，消灭或减少风险事件发生的各种可能性，或风险控制者减少风险事件发生时造成的损失。但总会有些事情是不能控制的，风险总是存在的。作为管理者必须采取各种措施降低风险事件发生的可能性，或者把可能的损失控制在一定的范围内，以避免在风险事件发生时带来难以承受的损失。

（一）猪场的经营风险

猪场的经营风险通常主要包括以下八种：

1. 猪群疾病风险

这种因疾病因素对猪场产生的影响有两类。一是生猪在养殖过程中或运输途中发生疾病造成的影响，主要包括：大规模的疫情导致大量猪只的死亡，带来直接的经济损失。疫情会给猪场的生产带来持续性的影响，净化过程将使猪场的生产效率降低，生产成本增加，进而降低效益。内部疫情发生将使猪场的货源减少，造成收入减少，效益下降。二是生猪养殖行业暴发大规模疫病或出现安全事件造成的影响，主要包括：生猪养殖行业暴发大规模疫病将使本场暴发疫病的可能性随之增大，给猪场带来巨大的防疫压力，并增加在防疫上的投入，导致经营成本增加。

2. 市场风险

导致猪场经营管理的市场风险很多，如“猪周期”引起的价格低谷，短暂的低谷大部分猪场可以接受，长时间的低谷对很多经营管理差的猪场来说就是灾难。生猪存栏大量增加，特别是能繁母猪数量增加过快，也会带来市场风险。价格的变化其实是由生猪供求数量的变化决定的，数量增长过快，将直接导致生猪价格的降低，进而影响到猪场的效益。生猪养殖行业出现食品安全事件或某个区域暴发疫病，将会导致全体消费者的心理恐慌，降低相关产品的总需求量，直接影响猪场的产品销售，给经营者带来损失。饲料原料供应紧张导致价格持续上涨，如玉米、豆粕、进口鱼粉等主要原料上涨过快，导致生产成本上升。经济通胀或通缩导致销售数量减少，消费者购买力下降等。这些市场风险因素都是猪场难以承受的风险。

3. 产品质量风险

猪场的主营业务收入和利润主要来源于生猪产品，如果猪场的种猪、育肥猪、仔猪等不能适应市场消费需求的变化，就存在产品风险。如以出售种猪为主的猪场，由于待售种猪的品质退化、产仔率不高，就存在销售市场萎缩的风险。对商品猪场而言，由于猪肉品质不好，如脂肪过多、瘦肉率低、不适合消费者口味，并且药物残留和违禁使用饲料添加剂的问题没有得到有效控制，出现猪肉安全问题，导致生猪销售不畅。对以销售仔猪为主的猪场，如果仔猪价格过高，直接导致育肥猪价格过高，如果养猪场预期育肥猪价格降低，此时仔猪将很难销售。还有品种不良，生长速度慢，饲料转化率低，或者仔猪哺乳期或保育期患病，猪只不健康，同批仔猪体重不均匀、大小不一等，也很难销售。

4. 经营管理风险

经营管理风险即由于猪场内部管理混乱、内控制度不健全、财务状况恶化、资产沉淀等造成重大损失的可能性。猪场内部管理混乱、内控制度不健全会导致防疫措施不能落实。暴发疫病造成生猪死亡的风险；饲养管理不到位，造成饲料浪费、生猪生长缓慢、生猪死亡率增长的风险；原材料、兽药及低值易耗品采购价格不合理，库存超额，使用浪费，造成猪场生产成本增加的风险；对差旅、用车、招待、办公、产品销售费用等非生产性费用不能有效控制，造成猪场管理费用、营业费用增加的风险；猪场的应收款较多，资产结构不合理，资产负债率过高，会导致猪场资金周转困难、财务状况恶化的风险。

5. 投资及决策风险

投资风险即因投资不当或决策失误等造成猪场经济效益下降。决策风险即由于决策不民主、不科学等造成决策失误，导致猪场重大损失的可能性。如果在生猪行情高潮期盲目投资办新场，扩大生产规模，会产生因市场饱和、猪价大幅下跌的风险；投资选址不当，生猪养殖受自然条件及周边卫生环境的影响较大，也存在一定的风险；对生猪品种是否更新换代、扩大或缩小生产规模等决策不当，会对猪场效益产生直接影响。

6. 人力资源风险

人力资源风险即猪场对管理人员任用不当，无充分授权或精英人才流失，无合格员工或员工集体辞职造成损失的可能性。有丰富管理经验的管理人才和熟练操作水平的工人对猪场的发展至关重要。如果猪场地处不发达地区，交通、环境不理想难以吸引人才。饲养员的文化水平低，对新技术的理解、接受和应用能力差，会削弱猪场经济效益的发挥。长时间的封闭管理、信息闭塞，会导致员工情绪不稳，影响工作效率。猪场缺乏有效的激励机制，员工的工资待遇水平不高，制约了员工生产积极性的发挥。

7. 安全风险

安全风险既有自然灾害风险，也有因猪场安全意识淡漠、缺乏安全保障措施等而造成猪场重大人员或财产损失的可能性。自然灾害风险即因自然环境恶化如地震、洪水、火灾、风灾等造成猪场损失的可能性。猪场安全意识淡漠、缺乏安全保障措施等原因而造成的风险较为普遍，如用电或用火不慎引起的火灾，不遵守安全生产规定造成人员伤亡，购买了有质量问题疫苗、兽药等，引起猪只流产、死亡等。

8. 政策风险

政策风险即因政府法律、法规、政策、管理体制、规划的变动，税收、利率的变化或行业专项整治，造成损害的可能性。其中最主要的是环保政策给猪场带来的风险。

（二）控制风险对策

在猪场经营过程中，经营管理者要牢固树立风险意识，既要有敢于担当的勇气，在风险中抢抓机会，在风险中创造利润，化风险为利润；又要有防范风险的意识、管理风险的智慧、驾驭风险的能力，把风险降到最低程度。

1. 加强疫病防治工作，保障生猪安全

首先要树立“防疫至上”的理念，将防疫工作始终作为猪场生产管理的生命线；其次要健全管理制度，防患于未然，制订内部疾病的净化流程，同时，建立饲料采购供应制度和疾病检测制度及危机处理制度，尽最大可能减少疫病发生概率并杜绝病猪流入市场；再次要加大硬件投入，高标准做好卫生防疫工作；最后要加强技术研究，为防范疫病风险提供保障，在加强有效管理的同时加强与国内外牲畜疫病研究机构的合作，为猪场疫病控制防范提供强有力的技术支撑，大幅度降低疾病发生所带来的风险。

2. 及时关注和了解市场动态

及时掌握市场动态，适时调整猪群结构和生产规模。同时做好成品饲料及饲料原料的储备供应。

3. 调整产品结构，树立品牌意识，提高产品附加值

以战略的眼光对产品结构进行调整，大力开发安全优质种猪、安全饲料等与生猪有关的系列产品，并拓展猪肉食品深加工，实现产品的多元化。保持并充分发挥生猪产品在质量、安全等方面的优势，加强生产技术管理，树立生猪产品的品牌，巩固并提高生猪产品的市场占有率和盈利能力。

4. 健全内控制度，提高管理水平

根据国家相关法律、法规的规定，制定完备的企业内部管理标准、财务内部管理制度、会计核算制度和审计制度。各项制度的制定、职责的明确及其良好的执行，使猪场的内部控制得到进一步完善。重点要抓好防疫管理、饲养管理，搞好生产统计工作。加强对饲料原料、兽药等采购、饲料加工及出库环节的控制，节约生产成本。加强财务管理工作，降低非生产性费用，做到增收节支；加强生猪销售管理，减少应收款的发生；调整资产结构，降低资产负债率，保障资

金良性循环。

5. 加强民主、科学决策，谨防投资失误

经营者要有风险管理的概念和意识，猪场的重大投资或决策要有专家论证，要采用民主、科学决策手段，条件成熟了才能实施，防止决策失误。现在和将来投资猪场，应将环保作为第一限制因素考虑，从当前的发展趋势看，如何处理猪粪水使其达标排放的思维方式已落伍，必须考虑走循环农业的路子，充分考虑土地的承载能力，达到生态和谐。

6. 参加生猪保险

生猪保险是以种猪、肉用猪为保险标的的养殖业保险。家庭农场可以将种猪和肉用猪及时进行投保，发生火灾、爆炸、雷击、空中运行物体坠落、胎死、猪瘟、猪丹毒、猪肺疫、猪水疱病、口蹄疫造成保险生猪死亡及因患上述传染病，经当地县级（含县级）以上政府捕杀、掩埋、焚烧所造成的损失向承保的保险公司进行索赔。参加生猪保险可减轻家庭农场的部分损失。

三、千方百计减少浪费，降低养猪的生产成本

家庭农场养猪的日常支出繁杂，涉及种猪及仔猪购买、饲料采购和加工费用、兽药费、水电费、人工费、圈舍维护费、通风降温设备购置维护费用、饲养工具购置费用等方方面面。这些方面也是构成养猪成本的项目，都是家庭农场养猪必需的支出，是不能节省的开支。但是，支出的多与少，却大不一样，也能反映出家庭农场在管理上的好与差。管理好的家庭农场，支出就少一点，管理差的相对支出就多一些。因此，要降低养猪的成本，就要在家庭农场的管理上下功夫，通过实施精细化管理，精打细算，千方百计地减少浪费，不花冤枉钱，把

钱花在刀刃上，不该花的钱一分也不花。如果能这样去做，养猪的成本就能降低了。

（一）减少水浪费

水的浪费主要有水管的接头不严、供水管线破损、饮水器损坏等造成的长流水、漏水、滴水，长期下去浪费，水费增加，猪场的废水也同时增加，处理废水的开支相应也要增加。漏水还能造成猪舍内潮湿，潮湿会使病原微生物滋生，冬季舍内潮湿导致温度下降，猪只饲料消耗增加，生长缓慢，潮湿还使猪只的生存环境更为恶劣，增加医药费支出，严重时甚至会引发恶性传染病或死亡等一系列由水浪费引起的连锁浪费。因此，所有养殖场都要格外注意饮水器的漏水现象。

解决猪场漏水问题，一是要选用杯式饮水器或 Swing 饮水器，尽量不用鸭嘴式饮水器。与鸭嘴式饮水器对比，杯式饮水器和 Swing 饮水器起到一定的节水作用。二是安装饮水器时应将猪的饮水器改成高度随猪只的生长可调节，饮水器的底部增加一个接水的水碗，经常检查饮水器内的弹簧，及时更换损坏的弹簧等，就可以解决漏水问题，减少水的浪费。三是在给猪供水上，还要保持水压的稳定。研究表明，水的流速会明显地影响猪的生产表现。如果水流太快，饮水时水就会溅得到处都是，使栏舍潮湿阴冷并且增加了废水。如果水流太慢，猪就会减少采食，降低生长速度。所以，饲养员要经常检查猪栏内每一个饮水器的水流速，时刻保持水流速正常。

（二）减少用电浪费

电的浪费也是一种猪场常见的现象，如长明灯，充电器充完了不拔，多个电脑同时用，电视没看时不切断电源，长期处于待机状态，声控灯感应器坏了，灯没日没夜地亮着，线路老化也是对电的浪费，还有就是输电过程中的电能损耗，路灯照明开得早等。虽然一个小的用电器不会用多少电，可数量多以后，加上日积月累，就会出现令人吃惊的数目。

（三）减少用药浪费

猪场要科学用药，避免用药上的浪费。在药品购买时，要购买大厂家的兽药和疫苗。现在药品市场很混乱，同一产品因生产厂家不同，价位相差很大，有的甚至相差几倍，使用不同价位的药品效果是不同的。如果购买了劣质药品，不但会浪费药物，更主要的是延误治疗时间，甚至丧失治疗时机。

药品使用时，不能长期大剂量用药物来控制猪的疾病，尽管这种做法会起到一定作用，但会增加用药成本，降低饲养效益，更主要的是长期大剂量用药后，猪群一旦停药就可能引起疾病暴发，更为可怕的是一旦猪群发病，很有可能出现无药可治的现象。正确的做法是定期做好药物保健，而且预防用药要用预防的剂量，不能用治疗的剂量，还有注意药物之间的作用和配伍禁忌。

用药时要根据猪群的状况科学用药，如对拒绝采食的猪要用饮水加药的方法，不溶于水的药物要用拌料的方法，要保证药物与饲料搅拌均匀。

做好防疫工作也是减少浪费的重要环节。在一定的范围内，只要消除了某种病原的易感动物，就能防止这种病原引起的动物疫病。消除易感动物的方法，除了加强饲养管理，提高动物本身的体质外，按照免疫程序给动物普遍接种相应的疫苗，是最重要、最有效的办法。免疫预防是动物防疫工作的重中之重。具体给本场的猪群接种哪些疫苗，除了国家要求强制免疫的，可根据当地发生动物疫病的种类、发展趋势和周围动物疫病流行态势来确定。免疫过程中，还要注意疫苗的质量、免疫操作的规范性。平时注重做好免疫监测工作，利用血清中抗体水平动态和消长规律，可优先选择疫苗，并对多种疫苗制定合理的免疫程序，避免不同种疫苗相互干扰，达到全面免疫。

定期给猪群驱虫也是不可忽视的工作。在养猪生产中，每年均有相当数量的猪因患慢性疾病和寄生虫病而造成饲料隐性浪费。

（四）减少饲料使用上的浪费

正确使用饲料。在养猪实际中经常会看到大猪吃小猪料、小猪吃乳猪料、中猪吃小猪料、大猪吃中猪料现象（这些现象在小型的家庭养猪生产中更为严重），这些都会造成饲料浪费。而更严重的是让后备猪吃育肥猪料，这不仅仅是造成饲料浪费的问题，更为严重的是大大推迟后备母猪初情期，影响正常配种。这些看似很平常的问题，但如果仔细算一算账，浪费是惊人的。

正确的饲槽管理也是减少饲料浪费的关键环节之一。饲槽的设计要考虑到不同生长期猪的体宽与饲料槽尺寸之间的关系，设计最佳的落料出口，饲料槽必须让猪只容易接近，能够有正常的采食行为，料槽的空间、深度和高度相协调，正确地调整饲槽中饲料的流量，过量的饲料无法刺激采食，并且会因猪只拱掘撒漏而造成损失，做好猪群三点定位，避免猪到料槽排泄而造成饲料污染。如果饲槽内饲料有发生变质，要及时清理，以避免猪只采食量下降，危害猪群健康。此外，料槽底部加拣料盘是避免饲料散落到漏缝地面而浪费的有效方法。饲喂时要看猪食欲填料，避免造成剩料或喂料不足，看种猪膘情给料，避免种猪过肥或过瘦，影响发情和配种等。

（五）减少饲料保管上的浪费

猪场购入的饲料，都需要贮存一定的时间，贮存过程中可能会因发霉变质或长期存放失效等造成浪费。比较常见的比如离墙面太近，直接放到没有经过防潮处理地面上，仓库漏雨、渗水等都会引起饲料发霉变质。夏天饲料贮存过程中可能会出现虫蛀现象，如玉米就很容易生虫，虫蛀的饲料营养价值会降低，饲料也容易霉变。此外，鼠害也是引起饲料损失的一个重要原因。据有关资料显示，一个万头猪场，若晚上经常看到老鼠，表明可能存在1000只老鼠。1只老鼠1年可消耗饲料11.4千克，1000只老鼠1年则会引起11.4吨的饲料浪费，这个损失是令人震惊的。炎热、潮湿的天气里，维生素如果长时间与矿物质元素接触就会失效，会导致猪群缺乏维生素，生长性能低下。如果预混料中既含维生素又含矿物质元素，那么购买后应在30天内用掉。维生素与微量元素预混料应贮存在凉爽、干燥、阴暗的地方。

（六）减少因猪应激造成的浪费

在饲养管理过程中，猪因各种不良刺激而造成应激，由此会造成浪费，这是很多猪场管理者容易忽视的问题，应尽量避免猪过多的应激。如不正常的免疫应激可使饲养周期延长3～5天，浪费饲料10千克左右，成本增加30元；母猪生产繁殖应激导致仔猪初生重小，28日龄断奶重6～7千克，使饲养周期延长10天，直接浪费饲料20～25千克；断奶应激延长饲养周期5天以上，浪费饲料10千克以上；饮水不足导致饲料转化率比饮水充足时低50%左右，无形中造成浪费。

（七）不饲养无效猪，育肥猪及时出栏

种猪一般正常情况下，母猪年产2.2胎，胎产活仔10头以上，每头公猪应保证20～30头母猪的配种任务。如果猪场没有达到上述指标，很有可能是饲养了无效种猪。这些种猪应及时淘汰，如果不能及时发现或发现以后还继续饲养就是一种浪费。所以，对长期不发情的母猪，屡配屡返情的母猪，习惯性流产的母猪，产仔数少或哺乳性能差的母猪；有肢蹄病不能使用的公猪，使用频率很低的公猪，精液质量差、配种受胎率低的公猪等均应及时淘汰。

对病、弱、僵猪，和兽医认为“五不治”（无法治愈的猪，治愈后经济价值不大的猪，治疗费工费时的猪，传染性强、危害性大的猪，治疗费用过高的猪）的病猪，都属无继续饲养价值的猪，应及时淘汰。

育肥猪要及时出栏，因每多养一天，猪的维持饲养就要多1天。如果按维持饲养需每天1千克饲料来计算，多养20天就需多用20千克饲料，这对一个规模猪场来说，是一笔不小的

浪费。

（八）减少饲料采购和加工方面的浪费

在饲料购买和加工上减少浪费，要从饲料的配方设计、原料采购、饲料加工、贮存保管、饲喂等各个环节入手，减少浪费。

根据饲养的品种和季节的不同，适时调整饲料配方。因为品种不同、所处的生长阶段、季节等不同，营养需要也不一样。一般认为，在相同的条件下，瘦肉型猪较肉脂型猪需要更多的蛋白质，三元杂交瘦肉型比二元杂交瘦肉型猪又需要更多的蛋白质。因此，在设计饲料配方时，不仅要根据不同经济类型猪的饲养标准和所提供的饲料养分，而且还要根据不同品种特有的生物特点、生产方向及生产性能，并参考形成该品种所提供的营养条件的历史，综合考虑不同品种的特性和饲料原料的组成情况，对猪体和饲料之间营养物质转化的数量关系，以及可能发生的变化做出估计后，科学地设计配方中养分的含量，使饲料所含养分得以更加充分利用。不同生产阶段要选用不同的营养水平。猪在不同的生理阶段，对养分的需要量各有差异。虽然猪的饲养标准中已规定出各种猪的营养需要量，是配方设计的依据，但在配方设计时，既要充分考虑到不同生理阶段的特殊养分需要，进行科学的阶段性配方，又要注意配合后饲料的适口性、体积和消化率等因素，以达到既提高饲料的转化率，又充分发挥猪的生产性能的效果。如早期断奶仔猪具有代谢旺盛、生长发育迅速、饲料转化率高的生理特点，但也处于消化器官容积小、消化功能不健全等时期，在配方设计时，既要考虑其营养需要，又要注意饲料的消化率、适口性、体积等因素。绝不能不加区分地用一个配方配制所有的猪料，特别是公猪和母猪饲料，最容易犯因公猪数量少不愿意单独配制，母猪无论是后备、空怀、妊娠、哺乳等都用一种配方的错误，要严格区分，分别根据其生长特点单独设计配方。原料质量发生变化了，配方也要适时调整。如秋冬季玉米水分相对较大，而此季节猪对能量的需要量要大于春夏季节，如果直接用新收获水分含量在 20% 以上的玉米配制饲料，就要在其他原料不变的情况下，加大玉米比例，同时加大饲喂量，或者在用湿玉米配制需要能量浓度大的乳猪料或仔猪料时，配合高能量饲料如油脂等。如果不做这样的调整，就会出现能量不足的现象，影响猪的正常生长。

采购原料时要到信誉好、供应稳定的厂家采购，要检测营养成分、水分、杂质等质量等，避免购买到质次价高的饲料。还要重点注意饲料添加剂，饲料添加剂因用量少、价格高，更容易出现以次充好，甚至造假的问题。

按照配方及饲料原料的特点进行加工，避免出现营养成分损失和成品质量差的问题。饲料加工时，为了达到最佳的生产性能，一定要严格按照说明进行配制。有时候，采用替代的谷物（小麦、大麦等）可能更划算，而配制说明上却没有包括这种替代饲料。这种情况下，要向预混料、浓缩料的生产厂家或当地经销商进行咨询，让他们提供配制方案。

准确对饲料称重，配制日粮的时候必须对饲料原料进行称重。只有称重后才能保证每次配出的日粮精确、一致。而且，只有称重之后才能精确掌握饲料的重量，根据这些重量计算饲料的成本以及饲料转化率。称重时还要注意有些饲料混合设备计量的不是饲料的重量，而是容积。这种情况下就需要随饲料原料的容重以及流动性的变化而经常校正。比如，豆粕和商品浓缩料的容重可在 590 ～ 800 千克 / 米 ^{3} 之间。谷物和预混料的容重也都会发生变化。

粉碎粒度要合理。据报道，断奶仔猪饲粮粒度由 900 微米减至 500 微米时，饲粮加工成本的增加，小于饲料转化率提高所产生的补偿。生长猪饲粮中玉米粉碎粒度在 509 ～ 1026 微米变化时，对猪的日增重无显著影响；但随粒径的减小，饲料转化率提高，使生产性能达最佳的粒径范围为 509 ～ 645 微米。育肥猪饲粮中玉米粉碎粒度在 400 ～ 1200 微米时，粒度每减小 100 微米，则饲料转化率提高 1.3%。玉米粉碎粒度从 1200 微米减至 400 微米时，泌乳母猪采食量与消化能进食量、饲粮干物质、能量与氮的消化率及仔猪的窝增重均随之提高，粪中干物质与氮的含量分别减少21%与31%。组成简易的饲粮中玉米粒度从1000微米降至500微米时，仔猪日增重显著提高，而组成复杂的饲粮，猪日增重受玉米粉碎粒度的影响较小。仔猪断奶后0～14天与14～35天饲料粉碎的适宜粒度为300微米与500微米；生长育肥猪与母猪分别为500～600微米与400～600微米。要注意谷物饲料不宜粉碎得太细。粉碎得太细易导致猪胃溃疡，同时增加粉尘，还容易在料仓和喂料器当中粘连。

注意混合时间，混合时间过短会造成原料混合不充分，日粮不均匀。垂直搅拌机要把全部饲料混匀，需要大约15分钟的时间。水平搅拌机和鼓式搅拌机，最后一种原料添加完毕后需搅拌5～10分钟才能混匀。还要注意影响混合均匀的因素，如果绞龙、传动带以及桨片磨损，那么混合效果就会显著降低，需要更长的时间才能混匀。搅拌机装料过多也会造成混合不均匀。各种原料装填的顺序也会影响混合效果。要先加入一半的谷物原料，或先加入所有的浓缩料，然后再加其他的原料。为了避免出栏猪出现药残，应该先配加药饲料，然后配60千克以下的生长猪料，最后再配不加药饲料。多数垂直搅拌机“排空”之后，仍会有几斤饲料沉积在底部，这些剩余的饲料会对下一批混合的饲料造成污染。为了避免造成出栏猪只的胴体药残，生产完加药饲料之后一定要对搅拌机进行清扫。

四、做好家庭农场的成本核算

家庭农场的成本核算是指将在一定时期内家庭农场生产经营过程中所发生的费用，按其性质和发生地点，分类归集、汇总、核算，计算出该时期内生产经营费用发生总额和每种产品的实际成本和单位成本的管理活动。其基本任务是正确、及时地核算产品实际总成本和单位成本，提供正确的成本数据，为企业经营决策提供科学依据，并借以考核成本计划执行情况，综合反映企业的生产经营管理水平。

（一）规模化养猪场成本核算对象

会计学对成本的解释是：成本是指取得资产或劳务的支出。成本核算通常是指存货成本的核算。规模化养猪场虽然都是由日龄不同的猪群组成，但是由于这些猪群在连续生产中的作用不同，应确定哪些是存货，哪些不是存货。

养猪场的成本核算的对象具体为猪场的每头种猪、每头初生仔猪、每头育成猪。

猪在生长发育过程中，不同生长阶段可以划分为不同类型的资产，并且不同类型资产之间在一定条件下可以相互转化。根据《企业会计准则第5号——生物资产》可将猪群分为生产性生物资产和消耗性生物资产两类。养猪场饲养种猪的目的是产仔繁殖，能够重复利用，属于生产性生物资产。生产性生物资产是指为产出畜产品、提供劳务或出租等目的而持有的生物资产。即处于生长阶段的猪，包括仔猪和育成猪，属于未成熟生产性生物资产，而当育成猪成熟为种猪时，就转化为成熟性生物资产，当种猪被淘汰后，就由成熟性生物资产转为消耗性生物资产。

养猪场外购成龄种猪，按应计入生产性生物资产成本的金额，包括购买价款、相关税费、运输费、保险费以及可直接归属于购买该资产的其他支出。待产仔的成龄猪，达到预定生产经营目的后发生的管护、饲养费用等后续支出，全部由仔猪承担，按实际消耗数额结转。

（二）规模化养猪场成本核算内容

① 分群、分栋、分批进行成本核算，猪群分为公猪、配怀母猪、哺乳母猪、仔猪、保育猪、育肥猪、后备种猪（祖代育成前期、后期，父母代育成前期、后期），以产房出生仔猪为批次起点，建立栋舍批号，按批次记录“料、药、工、费”

饲养成本，当本批次生猪转群或销售时结转成本。

② 种猪种群折旧成本原值：购入种猪原值 = 买价 + 运杂费 + 配种前发生的饲养成本；内部供种原值 = 转出的成本 + 配种前发生的饲养成本。

③ 配怀舍种群的待摊销种猪成本（含断奶母猪、空怀母猪、妊娠母猪、公猪）：生产公猪和生产母猪当期耗用的“料、药、工、费”全部归集到待摊销种猪成本。

④ 仔猪落地成本：当期配怀舍种群的待摊销种猪成本按月按窝产数比例结转到产房出生仔猪成本中。

⑤ 批次断奶仔猪成本：以每单元产房为一个批次，建立栋舍批号，“本单元的哺乳母猪成本（包括临产母猪成本）+ 出生仔猪成本 + 本期仔猪饲养成本”作为本批次仔猪断奶成本。

⑥ 批次保育猪成本：断奶仔猪转入保育舍进行转群称重，断奶仔猪转入保育舍应按批次分栏饲养，原则上是一批次转一栋保育舍，分批记录成本，当栏舍紧张时每栋不超过两批次，保育猪在保育舍一般饲养 35 ～ 42 天，销售或转群称重转入育成舍，“断奶仔猪结转成本 + 本期保育饲养成本”就是本批次保育猪成本。

⑦ 种猪场如纯种、二元选留种猪，保育转育成阶段应将超过标准猪苗（以三元猪苗为标准）的成本部分转移分摊到选留种猪，分别按公母各占 50%、纯公选留 30%、纯母选留 60%、二元母猪选留 70%的比例或按实际选留数分摊到选留种猪成本。

⑧ 青年种猪育成舍经常销售种猪，一般每批次猪每 3 ～ 4 个月清栏一次，落选的种猪作育肥猪饲养，经常出现并栏，并入的猪群都要清群称重，成本结转并入到合并的育肥猪群。

⑨ 每次转群时，应由车间交接双方签字确认，生产场长和财务会计签字确认，财务会计及时进行成本结转。

⑩ 由于养殖行业的特点，猪只生产会有超过正常的死亡率，规定哺乳仔猪、保育猪、育肥猪、后备猪超正常死亡的损

失按平均重量核算其成本，计入当期损益，淘汰猪只成本比照销售成本计算。

⑪ 仔猪落地成本（出生仔猪成本）：

配怀舍总饲养成本＝期初配怀阶段总成本＋本期配怀发生的总饲养成本。

本期出生仔猪成本＝固定资产折旧摊销＋生产性生物资产折旧摊销＋间接费用摊销＋（本期转入产房待产母猪怀孕总天数 ÷ 本期怀孕母猪怀孕总天数）× 配怀车间总饲养费用，以月为周期计算本期出生仔猪成本。

出生仔猪头成本＝本期出生仔猪成本 / 本期总健仔数。

⑫ 断奶仔猪成本转入保育猪成本：

断奶仔猪成本＝出生仔猪成本＋本期仔猪发生的饲养成本＋本期临产及哺乳母猪发生的饲养成本。

断奶仔猪头成本＝批次断奶仔猪成本 /（批次断奶仔猪数＋本期批次淘汰数＋本期批次超正常死亡数）。

⑬ 保育猪成本转入育成猪成本：

保育猪成本＝断奶仔猪成本＋本期发生的饲养成本。

保育猪头成本＝批次保育猪成本 /（批次保育猪转出数＋本期批次淘汰数＋本期批次超正常死亡数）。

⑭ 保育、育成猪只转群的饲养成本：以重量（千克）为单位计算。

转群猪只的饲养成本＝（期初饲养成本＋本期饲养成本）× 转群猪只重量 /（转群猪只重量＋销售猪只重量＋死亡淘汰猪只重量＋期末存栏猪只重量）。

⑮ 猪苗、育成猪只销售的饲养成本：以重量（千克）为单位计算。

销售猪只的饲养成本＝（期初饲养成本＋本期饲养成本）× 销售猪只重量 /（转群猪只重量＋销售猪只重量＋死亡淘汰猪只重量＋期末存栏猪只重量）。

⑯ 保育、育成猪只超标死亡的饲养成本：以重量（千克）为单位计算。

超标死亡猪只的饲养成本＝（期初饲养成本＋本期饲养成

本）× 死亡猪只重量 /（转群猪只重量 + 销售猪只重量 + 死亡淘汰猪只重量 + 期末存栏猪只重量）。

⑰ 转群猪只的“料、药、工、费”的分项成本核算

转群猪只的饲料成本 =（期初饲料成本 + 本期饲料成本）× 转群猪只重量 /（转群猪只重量 + 销售猪只重量 + 死亡淘汰猪只重量 + 期末存栏猪只重量）。

转群猪只的兽药成本 =（期初兽药成本 + 本期兽药成本）× 转群猪只头数 /（转群猪只头数 + 销售猪只头数 + 死亡淘汰猪只头数 + 期末存栏猪只头数）。

转群猪只的人工成本 =（期初人工成本 + 本期人工成本）× 转群猪只头数 /（转群猪只头数 + 销售猪只头数 + 死亡淘汰猪只头数 + 期末存栏猪只头数）。

转群猪只的制造费用 =（期初制造费用 + 本期制造费用）× 转群猪只头数 /（转群猪只头数 + 销售猪只头数 + 死亡淘汰猪只头数 + 期末存栏猪只头数）。

⑱ 销售、淘汰猪只的“料、药、工、费”的分项成本核算方法相同。

（三）家庭农场账务处理

家庭农场在做好成本核算的同时，也要将整个农场的整个收支过程做好归集和登记，以全面反映家庭农场经营过程中发生的实际收支和最终得到的收益，使农场主了解和掌握本农场当年的经营状况，达到改善管理、提高效益的目的。

家庭农场记账可以参考山西省农业农村厅《山西省家庭农场记账台账（试行）》（晋农办经发〔2015〕228 号）。

山西省家庭农场记账台账（试行）的具体规定如下：

1. 记账对象

记账单位为各级示范家庭农场及有记账意愿的家庭农场。记账内容为家庭农场生产、管理、销售、服务全过程。

2. 记账目的

家庭农场以一个会计年度为记账期间，对生产、销售、加工、服务等环节的收支情况进行登记，计算生产和服务过程中发生的实际收支和最终得到的收益，使农场主了解和掌握本农场当年的经营状况，达到改善管理、提高效益的目的。

3. 记账流程

家庭农场记账包括登记、归集和效益分析三个环节。

（1）登记　家庭农场应当将主营产业及其他经营项目所发生的收支情况，全部登记在《山西省家庭农场记账台账》上，要做到登记及时、内容完整、数字准确、摘要清晰。

（2）归集　在一个会计年度结束后将台账数据整理归集，得到收入、支出、收益等各项数据。归集时家庭农场可以根据自身需要增加、减少或合并项目指标。

（3）效益分析　家庭农场应当根据台账编制收益表，掌握收支情况、资金用途、项目收益等，分析家庭农场经营效益，从而加强成本控制，挖掘增收潜力；明晰经营方向，实现科学决策；规范经营管理，提高经济效益。

（4）计价原则

① 收入以本年度实际实现的收入或确认的债权为准。

② 购入的各种物资和服务按实际购买价格加运杂费等计算。

③ 固定资产是指单位价值在500元以上，使用年限在1年以上的生产或生产管理使用的房屋、建筑物、机器、机械、运输工具、役畜、经济林木、堤坝、水渠、机井、晒场、大棚骨架和墙体以及其他与生产有关的设备、器具、工具等。

购入的固定资产按购买价加运杂费及税金等费用合计扣除补贴资金后的金额计价；自行营建的固定资产按实际发生的全部费用扣除补贴资金后的金额计价。

固定资产采用综合折旧率为10%。享受国家补贴购置的固定资产按扣除补贴金额后的价值计提折旧。

④ 未达到固定资产标准的劳动资料按产品物资核算。

（5）台账运用

① 作为评选示范家庭农场的必要条件。

② 作为家庭农场承担涉农建设项目、享受财政补贴等相关政策的必要条件。

③ 作为认定和审核家庭农场的必要条件。

附件：山西省家庭农场台账样本。

台账样本见表 8-1 山西省家庭农场台账——固定资产明细账、表 8-2 山西省家庭农场台账——各项收入、表 8-3 山西省家庭农场台账——各项支出和表 8-4（ ）年家庭农场经营收益表。

表 8-1 山西省家庭农场台账——固定资产明细账 单位：元

记账日期	业务内容摘要	固定资产原值增加	固定资产原值减少	固定资产原值余额	折旧费	净值	补贴资金
上年结转							

续表

记账日期	业务内容摘要	固定资产原值增加	固定资产原值减少	固定资产原值余额	折旧费	净值	补贴资金
合计							
结转下年							

说明：1. 上年结转——登记上年结转的固定资产原值余额、折旧费、净值、补贴资金合计数。

2. 业务内容摘要——登记购置或减少的固定资产名称、型号等。

3. 固定资产原值增加——登记现有和新购置的固定资产原值。

4. 固定资产原值减少——登记减少的固定资产原值。

5. 固定资产原值余额——固定资产原值增加合计数减去固定资产原值减少合计数。

6. 折旧费——登记按年（月）计提的固定资产折旧额。

7. 净值——固定资产原值扣减折旧费合计后的金额。

8. 补贴资金——登记购置固定资产享受的国家补贴资金。

9. 合计——上年转来的金额与各指标本年度发生额合计之和。

10. 结转下年——登记结转下年的固定资产原值余额、折旧费、净值、补贴资金合计数。

表 8-2　山西省家庭农场台账——各项收入 单位：元

记账日期	业务内容摘要	经营收入		服务收入	补贴收入	其他收入
		出售数量	金额			

续表

记账日期	业务内容摘要	经营收入		服务收入	补贴收入	其他收入
		出售数量	金额			
合计						

说明：1. 业务内容摘要——登记收入事项的具体内容。

2. 经营收入——家庭农场出售种植养殖主副产品收入。

3. 服务收入——家庭农场对外提供农机服务、技术服务等各种服务取得的收入。

4. 补贴收入——家庭农场从各级财政、保险机构、集体、社会各界等取得的各种扶持资金、贴息、补贴补助等收入。

5. 其他收入——家庭农场在经营服务活动中取得的不属于上述收入的其他收入。

表 8-3　山西省家庭农场台账——各项支出　单位：元

记账日期	业务内容摘要	经营支出	固定资产折旧	土地流转（承包）费	雇工费用	其他支出

续表

记账日期	业务内容摘要	经营支出	固定资产折旧	土地流转（承包）费	雇工费用	其他支出
	合计					

说明：1. 业务内容摘要——登记支出事项的具体内容或用途。

2. 经营支出——家庭农场为从事农牧业生产而支付的各项物质费用和服务费用。

3. 固定资产折旧——家庭农场按固定资产原值计提的折旧费。

4. 土地流转（承包）费——家庭农场流转其他农户耕地或承包集体经济组织的机动地（包括沟渠、机井等土地附着物）、“四荒”地等的使用权而实际支付的土地流转费、承包费等土地租赁费用。一次性支付多年费用的，应当按照流转（承包、租赁）合同约定的年限平均计算年流转（承包、租赁）费计入当年成本费用。

5. 雇工费用——因雇佣他人（包括临时雇佣工和合同工）劳动（不包括发生租赁作业时由被租赁方提供的劳动）而实际支付的所有费用，包括支付给雇工的工资和合理的饮食费、招待费等。

6. 其他费用——家庭农场在经营、服务活动中发生的不属于上述费用的其他支出。

表 8-4 （　　）年家庭农场经营收益表

代码	项目	单位	指标关系	数值
1	各项收入	元	1=2+3+4+5[①]	
2	经营收入	元		
3	服务收入	元		
4	补贴收入	元		
5	其他收入	元		
6	各项支出	元	6=7+8+9+10+11[①]	

续表

代码	项目	单位	指标关系	数值
7	经营支出	元		
8	固定资产折旧	元		
9	土地流转（承包）费	元		
10	雇工费用	元		
11	其他费用	元		
12	收益	元	12=1−6[①]	

①数字均为代码。

五、做好农产品的“三品一标”认证

“三品一标”是指无公害农产品、绿色食品、有机农产品和农产品地理标志（图 8-1、图 8-2）。

图 8-1 “三品一标”标志图

图 8-2 “三品”等级

无公害农产品是指产地环境、生产过程和产品质量符合国家有关标准和规范的要求，经认证合格获得认证证书并允许使用无公害农产品标志的优质农产品及其加工制品。绿色食品是指遵循可持续发展原则，按照特定生产方式生产，经专门机构认证，许可使用绿色食品标志的无污染的安全、优质、营养类食品。有机农产品是指纯天然、无污染、高品质、高质量、安全营养的高级食品，也可称为“AA 级绿色”。它是根据有机农业原则和有机农产品生产方式及标准生产、加工出来的，并通过有机食品认证机构认证的农产品。农产品地理标志是指标示农产品来源于特定地域，产品品质和相关特征主要取决于自然生态环境和历史人文因素，并以地域名称冠名的特有农产品标志。

安全是这三类食品突出的共性，它们从种植、养殖、收获、出栏、加工生产、贮藏及运输过程中都采用了无污染的工艺技术，实行了从土地、农场到餐桌的全程质量控制，保证了食品的安全性。但是，它们又有不同点。

目标定位上，无公害农产品是规范农业生产，保障基本安全，满足大众消费；绿色食品是提高生产水平，满足更高需求、增强市场竞争力；有机农产品是保持良好生态环境，人与自然的和谐共生。

质量水平上，无公害农产品达到中国普通农产品质量水平；绿色食品达到发达国家普通食品质量水平；有机农产品达到生产国或销售国普通农产品质量水平。

运作方式上，无公害农产品为政府运作，公益性认证；认证标志、程序、产品目录等由政府统一发布，产地认定与产品认证相结合。绿色食品为政府推动、市场运作，质量认证与商标转让相结合。有机农产品为社会化的经营性认证行为，因地制宜、市场运作。

认证方法上，无公害农产品和 A 级绿色食品依据标准，强调从土地到餐桌的全过程质量控制。检查检测并重，注重产品质量。有机农产品和 AA 级绿色食品实行检查员制度。国外通常只进行检查。国内一般以检查为主，检测为辅，注重生产方式。

标准适用上，生态环境部有机食品发展中心制定了有机产品的认证标准。我国的绿色食品标准是由中国绿色食品中心组织制定的统一标准，其标准分为A级和AA级。A级的标准是参照发达国家食品卫生标准和国际食品法典委员会（CAC）的标准制定的，AA级的标准是根据国际有机农业联盟（IFOAM）有机食品的基本原则，参照有关国家有机食品认证机构的标准，再结合我国的实际情况而制定的。无公害食品在我国是指产地环境、生产过程和最终产品符合无公害食品的标准和规范。这类产品中允许限量、限品种、限时间地使用人工合成化学农药、兽药、鱼药、肥料、饲料添加剂等。

级别区分上，有机农产品无级别之分，有机农产品在生产过程中不允许使用任何人工合成的化学物质，而且需要3年的过渡期，过渡期生产的产品为“转化期”产品。绿色食品分A级和AA级两个等级。A级绿色食品产地环境质量要求评价项目的综合污染指数不超过1，在生产加工过程中，允许限量、限品种、限时间地使用安全的人工合成农药、兽药、鱼药、肥料、饲料及食品添加剂。AA级绿色食品产地环境质量要求评价项目的单项污染指数不得超过1，生产过程中不得使用任何人工合成的化学物质，且产品需要3年的过渡期。无公害食品不分级，在生产过程中允许使用限品种、限量、限时间的安全的人工合成化学物质。

认证机构上，有机农产品的认证由国家认监委批准、认可的认证机构进行，有中绿华夏、南京国环、五岳华夏、杭州万泰等机构。另外亦有一些国外有机食品认证机构在我国开展有机食品的认证工作，如德国的BCS。我国唯一一家绿色食品的认证机构是中国绿色食品发展中心，该中心负责全国绿色食品的统一认证和最终审批。无公害食品的认证机构较多，目前有许多省、区、市的农业农村主管部门都进行了无公害食品的认证工作，但只有在国家市场监督管理总局正式注册标识商标或颁布了省级法规的前提下，其认证才有法律效力。

家庭农场通过实施“三品一标”认证，可以规范家庭农场的生产秩序，提升农产品质量安全水平，提高农产品的附加值和市场竞争力，进而提高家庭农场的经济效益，使家庭农场长久发展。

六、创立家庭农场自己的猪肉品牌

美国市场营销协会定义品牌为“一个名称、术语、标志、符号或设计，或者是它们的结合体，以识别某个销售商或某一群销售商的产品或服务，使其与它们的竞争者的产品或服务区别开来”。品牌就是知名度，有了知名度就具有凝聚力与扩散力，就成为发展的动力。

品牌的好处很多。对企业来说，企业通过给品牌赋予不同的名称、标志、风格等，将自己与其他品牌区别开来，有助于消费者识别产品的来源，从而使自己与竞争对手区别开来。品牌有溢价作用，增加产品的附加值。品牌不仅能使产品卖更高的价格，同时还可以避免单纯的价格竞争，保持产品价格的稳定性。品牌可以为企业带来更多的利润。大家都有这样的体会，农贸市场猪肉摊床上出售的猪肉和品牌猪肉专卖店出售的猪肉价格相差很大，专卖店就可以卖出更高的价格。而猪肉多数都是来自规模化养猪场，区别在于由谁来销售。品牌可以获得消费者的忠诚度。当消费者对某一品牌形成偏爱，充分信任之后，消费者就会习惯性地购买这个品牌的产品或服务。品牌可以利用其已有的知名度和美誉度降低新产品投入市场的风险及难度，可以吸引优秀的人才、供应商、合作伙伴、社会资金、政府政策等来为企业服务，可以得到分销商、批发商、零售商以及其他中间商的积极响应和支持，可以超越产品的生命周期，始终保持其市场地位，即使其产品已历经改良和替换。品牌并不仅仅是一个名称或者一个象征，它是企业与顾客关系中一个关键的要素；品牌是一种无形资产，也是企业最持久的资产。品牌资产作为无形资产，不但不会折旧和损失，反而会通过消费者一次次的购买而不断增值。

家庭农场创立自己的品牌，有利于拓展家庭农场农产品市场，建立消费者忠诚度，获得更好的规模效益。家庭农场创立品牌需要品牌定位、品牌名称选择、品牌持有和品牌开发等步骤。

（一）品牌定位

家庭农场需要在目标顾客心目中为其品牌进行清晰的定位。进行品牌定位时，家庭农场应当建立品牌使命和该品牌必须成为什么以及做些什么的愿景。品牌承诺必须简练、诚实。

如“壹号土猪”定位为香和安全，以“狠土狠香狠安全”作为广告语。“湘村黑猪”定位为吃到童年的味道，以“湘村的猪，儿时的味”作为广告语，使消费者勾起对乡村和童年的记忆，儿时的东西总是好的，儿时的吃食总是那么香甜，回味无穷。“雏牧香”的定位为安全放心食品，以“全自养，更安全”作为广告语。

（二）品牌名称选择

一个好名字可以极大地促进一种产品的成功。因此，在为品牌选择名称时，需要认真地评价产品及其利益、目标市场以及拟实施的营销战略。为一个品牌命名部分是科学，部分是艺术，也是对营销者直觉的一种考量。

理想的品牌名称具有以下几个属性：一是应当表明产品的质量及其所带来的利益。例如，“壹号土猪”，该品牌打出的是土猪的概念，土猪有别于洋猪，洋猪不香了，土猪来了。并且土猪前还有“壹号”，这就是土猪当中的极品了，同时也显示了自己的行业地位，这个名字特点鲜明，霸气十足。二是应当易于发音、识别和记忆。如湖南湘村高科的“湘村黑猪”。黑猪前面有“湘村”二字，湘村和乡村谐音，同时也和企业所在省份湖南也产生了联系，这个名字特点突出，情感丰富，最能击中消费者的情感软肋。三是应当独特。如“精气神山黑猪”，用了“精气神”与猪肉品质联系不大的三个字，非常独特。四是应当便于品牌延伸。如双汇、得利斯和金锣起初都是火腿肠的品牌，经过多年发展成了一个可以扩展到其他品类的名称。五是应当易于翻译成其他语言。六是应当能够注册并得到法律保护。如果一个品牌名称对现有的品牌构成侵权，就无法注册，当然也无法得到法律的支持和保护。

家庭农场的品牌名称一经选定，就必须严加保护。

（三）品牌持有

家庭农场有四种品牌所有权形式可供选择。一是产品可以用一个全国性品牌（或制造商品牌）推出，由家庭农场自己掌握品牌运营的全过程。二是家庭农场把产品出售给经销商，由经销商给产品标识商店品牌或经销商品牌。研究显示，消费者现在倾向于购买商店品牌，平均节约30%。节俭时代对私有品牌而言是发展的大好时机，因为如今的消费者价格意识更高，而品牌意识更低。最近的研究表明，80%的购物者相信，商店品牌的质量相当于或者优于全国性品牌。消费者甚至愿意为那些一直定位于美食或溢价的商店品牌支付更高的价格。如大型商超的猪肉专柜，既有品牌猪肉的柜台，也有自有品牌的柜台，而自有品牌的柜台销售的猪肉在价格上更加灵活，为零售商带来较高的利润率。三是通过品牌许可的方式，授权其他企业使用该品牌，并收取一定的费用。如可以将品牌肉品专卖店外包，由承包者在保证品牌信誉的前提下，使用该品牌自主经营。四是与另外的企业联合对一种产品使用合作品牌。合作品牌可以利用两个品牌的互补优势，帮助家庭农场将其现有品牌扩展到新的产品类别。如某品牌的肉包子，在店铺的显著位置标示：包子所用猪肉为某某品牌猪肉。

（四）品牌开发

家庭农场品牌开发方面，可以采用产品线延伸、品牌延伸和新品牌策略。产品线延伸就是家庭农场将现有的品牌名称运用于现有产品类别中的新样式、新颜色、新型号、新成分或者新口味。例如，家庭农场以饲养地方品种猪为主，已经形成了品牌特色。如果接下来利用当地自然资源特色开设以特色猪肉餐饮为主的休闲旅游，同时生产各种猪肉制品出售，这些产品都可以使用原来的品牌。

家庭农场可以将产品线延伸作为一种低成本、低风险的推出新产品的方法，以此来满足消费者多样化的需求，利用过剩的生产能力，或者只是从分销商那里争取更多的货架空间。不过，产品线延伸也有风险。品牌名称延伸过度，会失去品牌特定的内涵。

品牌延伸就是使用已有的品牌在新产品类别中推出新产品或者改进的产品。品牌延伸使新产品能够迅速被人们识别，而且更快地被接受。如双汇、金锣等公司大家最早了解的，都是生产火腿肠的食品公司，后来将品牌延伸到屠宰加工、冷鲜肉等方面。但品牌延伸战略也有风险，可能会混淆主导品牌的形象。

品牌延伸一旦失败，会损害消费者对同一品牌的其他产品的态度。尝试着把品牌"嫁接"到新产品上的家庭农场，必须研究品牌联想能否很好地与新产品相互匹配，以及母品牌能够在多大程度上促进市场扩张的成功。

新品牌策略是家庭农场认为现有品牌的影响力正在衰减，从而有必要引入一个新的品牌名称。或者当家庭农场进入一个新的产品类别，而现有的品牌名称又都不适合的情况下，可以树立一个新的品牌名称。例如，家庭农场可以为新增加的畜禽产品创立一个新的品牌，以区别原有的老品牌，借此提高产品的档次。如日本丰田汽车的雷克萨斯品牌，就是为了拉开档次，摆脱一直以平民车为主的格局，而重新定位的新产品品牌。当然，注意新品牌不可建立得过多，品牌建立过多会导致企业资源过度分散。

在做好品牌创立工作以后，接下来还要进行品牌管理。家庭农场应该谨慎地管理自己的品牌，必须持续地与顾客沟通品牌的定位。如经常在媒体上做广告宣传，以创造顾客知晓以及顾客偏好和忠诚。尽管广告可以帮助家庭农场创造品牌名称识别、品牌知识，甚至品牌偏好。但是，广告的费用通常较高，不是一般家庭农场能够承受的。实际上，维护品牌依赖的不是广告，而是品牌体验。如今，顾客通过广泛的联系和接触点来了解某个品牌，既包括广告，也包括对该品牌的亲身体验、口碑传播、企业网页以及其他很多方式。家庭农场必须像对待广告一样，谨慎地管理好这些接触点。要求家庭农场必须树立“以顾客为中心”的思想，为消费者提供优质服务。品牌之路不可能一蹴而就，要求我们持续做好规划和运营。

七、做好家庭农场的产品销售

目前我国家庭农场的畜禽产品普遍存在出售的农产品多为初级农产品，产品大多为同质产品、普通产品，原料型产品多，而特色产品少、优质产品少的现象。农产品的生产加工普遍存在仅粗加工、加工效率低、产品附加值比较低的现象。多数家庭农场主不懂市场营销理念，不能对市场进行细分，不能对产品进行准确的市场定位，产品等级划分不确切，大多以统一价格销售；很少有经营者懂得为自己的产品进行包装，特色农产品品牌少，特色农产品的知名品牌更少。在产品销售过程中存在流通渠道环节多，产品流通不畅，交易成本高等问题，也不能及时反馈市场信息。

所以，家庭农场要做好产品销售，就要避免这些普遍存在的问题在本场发生。不仅要研究人们的现实需求，更要研究消费者对农产品的潜在需求，并创造需求。同时要选择一个合适的销售渠道，实现卖得好、挣得多的目的。否则，产品再好，销售不出去，一切前期的努力都是徒劳的。家庭农场销售必须做好本场的产品定位、产品定价、销售渠道等方面工作。

（一）销售渠道

销售渠道的分类有多种方法，一般按照有无中间商进行分类，家庭农场的销售渠道可分为直接渠道和间接渠道。

1. 直接渠道

直接渠道是指生产者不通过中间商环节，直接将产品销售给消费者。如家庭农场直接设立门市部进行现货销售、农场派出推销人员上门销售、接受顾客订货、按合同销售、参加各种展销会、农博会、在网络上销售等。直接销售以现货交易为主要的交易方式。可以根据该地区销售情况和周边地区市场行情，自行组织销售。可以控制某些产品的价格，掌握价格调整的主动权，同时避免了经纪人、中间商、零售商等赚取中间差价，使家庭农场获得更多的利益。此外通过直接与消费者接触，可随时听取消费者反馈意见，促使家庭农场提高产品质量和改善经营管理。

但是，直接销售很难形成规模，销量不够稳定。经营者受自身能力的限制，对市场需求缺乏深入的了解，无法做好市场预测，经常会出现压栏滞销。

2. 间接渠道

间接渠道是指家庭农场通过若干中间环节将产品间接地出售给消费者的一种产品流通渠道。这种渠道的主要形态有家庭农场－零售商－消费者、家庭农场－批发商－零售商－消费者、家庭农场－代理商－批发商－零售商－消费者等三种。

这类渠道的优点在于接触的市场面广，可以扩大用户群，增加消费量；缺点在于中间环节多，会引起销售费用上升。由于信息不对称的影响，销售价格很难及时与市场同步。议价能力弱。

家庭农场经济实力不同，适宜的销售渠道会有所不同，生产者规模的大小、财务状况的好坏直接影响着生产者在渠道上的投资能力和设计的领域。一般来说，能以最低的费用把产品保质保量地送到消费者手中的渠道是最佳营销渠道。家庭农场只有通过高效率的渠道，才能将产品有效地送到消费者手中，从而刺激家庭农场提高生产效率，促进生产的发展。

渠道应该便于消费者购买、服务周到、购买环境良好、销售稳定和满足消费者欲望。并在保证产品销量的前提下，最大限度地降低运输费、装卸费、保管费、进店费及销售人员工资等销售费用。因此，在选择营销渠道时应坚持销售的高效率、销售费用少和保证产品信誉的原则。

家庭农场采取直接销售有利于及时销售产品，减少损耗、变质等损失。对于市场相对集中、顾客购买量大的产品，直接销售可以减少中转费用，扩大产品的销售。由于农场主既要组织好生产，又要进行产品销售，精力分散，对农场主的经营管理能力要求较高。

在现代商品经济不断发展过程中，间接销售已逐渐成为生产单位采用的主要渠道之一。同时，家庭农场将主要精力放在生产上，更有利于生产水平的提高。

家庭农场的产品销售具体采取直接销售模式还是间接销售模式，应全面分析产品、市场和家庭农场的自身条件，然后做出选择。

（二）营销方法介绍

1. 饥饿营销法

饥饿营销是指商品提供者有意调低产量，以期达到调控供求关系、制造供不应求“假象”，以维护产品形象并维持商品较高售价和利润率的营销策略。

如养地方品种猪的小孙，当他发现自己精心饲养的特色猪肉卖不上好价格时，果断采取特色必须单独经营的办法，决定不能和大众化的猪肉在一起销售。于是他自己在县城开设了直销超市，直销超市开张后，他将猪肉的其他销售点撤掉，只在自己的超市里出售，猪肉的定价要高出以前其他销售点 5 ～ 10 元。

直销超市开业之后，生意一直很好，猪肉卖得也很火爆。每天早上只要超市门一开，猪肉一到，买肉的人都很急地站在那里等了。可是，开业不到一个月，有一天，负责卖肉的员工却发现，小孙带来的猪肉少了。员工提醒他猪肉既然这么好卖，为什么不多带一点卖，反而东西带少了，这样后面不是许多顾客就买不到了吗，让他多上一些。可是，第二天小孙带来的猪肉居然更少。他之所以这样做是有目的的。原来，猪肉在直销超市里卖，尽管排骨和猪后腿价格高，卖得也很好，但有的部位虽然价格低，但也很难卖出去。时间一长，看似生意火爆，利润并不高。为了解决这一问题，他使出了一招欲擒故纵，限量供应猪肉。这样一来，买不到的就会买一点其他的回去吃。实际效果正如小孙想的那样，猪肉供应数量少了以后，买肉的人都来抢，直销超市里的猪肉很快卖得干干净净。而且顾客形成习惯了，每天都定点来，生怕来晚了就没有了。小孙用这种饥饿营销法，不仅保证了利润的最大化，也培养了长期定点购买特色猪肉的消费群体。

2. 体验式营销

体验一词有通过亲身实践来获得经验的意思。营销学专家伯恩德·H·施密特在其著作《体验式营销》中说明：体验式营销就是通过消费者亲身看、听、用、参与的手段，充分刺激和调动消费者的感官、情感、思考、行动、关联等感性因素和理性因素，重新定义、设计的一种思考方式的营销方法。

对于采用特殊的品种、特殊的饲料、特殊的饲养方法和特殊的饲养环境等有别于常规养猪方法的猪场，如养殖地方特色品种猪，或者采用生态放养的方法，或者使用有机饲料、牧草、生物饲料喂猪等方式饲养生猪的，由于生产周期比普通饲养方法长，资金投入上要高于常规养殖方法，这种养殖方法“酒香也怕巷子深”。而体验式营销方式消费者看得见、吃得着、买得放心、宣传效果好。如经常性地组织消费者参观猪场的养殖全过程、亲身体验养猪的乐趣、组织特色猪肉品鉴、免费试吃、提供猪肉赞助大型活动等体验式营销方式，提高消费者对猪肉产品的认知，扩大知名度。只有让消费者充分了解了饲养的过程，知道特色究竟“特”在哪里，才能做到优质优价。如果再与休闲农业充分地融合，则会给投资者带来丰厚的回报。

3. 微信营销

微信是腾讯公司于2011年1月21日推出的一个为智能终端提供即时通信服务的免费应用程序。微信营销就是利用微信基本功能的语音短信、视频、图片、文字和群聊等，以及微信支付和微信提现功能，进行产品点对点网络营销的一种营销模式。

微信营销具有潜在客户数量多、营销方式多元化、定位精准、音讯推送精准、营销更加人性化、营销成本低廉等优势。微信营销突破了距离的制约、空间的限制，只要注册成微信的用户，就能够与周围同样注册的“朋友”建立联系，对于自己感兴趣的信息，用户也可以进行订阅。同样，商家也可以通过微信点对点的方式来推广自己的产品或服务。商家可以快速建立本企业的微信官网，全方位展现企业品牌；多门面连锁店管理；微活动多种营销互动方式，更贴近用户，提升人气；微信即时支付，帮助销售；微信调研收集用户信息，为企业活动提供决策依据；微信投票即时了解用户需求、收集用户反馈，增加互动；微信统计实时反馈微官网流量；微信团购，重复消费；微信一键轻松报名，人气火爆；微信留言良性互动，传播企业口碑；微信会员查消费、兑积分、看特权，会员功能管理系统；微信电商在线销售，用户群庞大，方便快捷；人工咨询客服能快速接入人工客服，智能快捷；听众多维度进行听众搜索管理；轨迹分析能快速掌握听众来源与行为动态；用户信息保存使信息数据永久保存，帮助更精准的营销行为。

正是看到微信营销的诸多优点，很多养殖场也纷纷采用微信营销来推广销售本场的畜禽产品，并取得了很好的成绩。

4. 网络营销

网络营销是基于互联网及社会关系网络连接企业、用户及公众，向用户传递有价值的信息和服务，实现顾客价值及企业营销目标所进行的规划、实施及运营管理活动。

网络营销以互联网为技术基础，以顾客为核心，以为顾客创造价值作为出发点和目标，连接的不仅仅是电脑和其他智能设备，更重要的是建立了企业与用户及公众的连接，构建一个价值关系网，成为网络营销的基础。可见，网络营销不仅是“网络+营销”。网络营销既是一种手段，同时也是一种思想，具有传播范围广、速度快、无时间地域限制、无时间约束、内容详尽、多媒体传送、形象生动、双向交流、反馈迅速等特点，可以有效地降低企业营销信息传播的成本。

如今，网络使用和网上购物迅猛发展，数字技术快速进步，从智能手机、平板电脑等数字设备，到网上移动和社交媒体的暴涨。很多企业纷纷在各种社交网络上建立自己的主页，以此来免费获取巨大的网上社群中活跃的社交分享所带来的商业潜力。

八、重视食品安全问题

《中华人民共和国食品安全法》第十章附则第九十九条规定：食品安全，指食品无毒、无害，符合应当有的营养要求，对人体健康不造成任何急性、亚急性或者慢性危害。

食品安全的含义有三个层次：第一层为食品数量安全，即一个国家或地区能够满足民族基本生存所需的膳食需要。要求人们既能买得到又能买得起生存生活所需要的基本食品。第二层为食品质量安全，指提供的食品在营养、卫生方面满足和保障人群的健康需要，食品质量安全涉及食物的污染、是否有毒、添加剂是否违规超标、标签是否规范等问题，需要在食品受到污染界限之前采取措施，预防食品的污染和遭遇主要危害因素侵袭。第三层为食品可持续安全，这是从发展角度要求食品的获取需要注重生态环境的良好保护和资源利用的可持续。

食品安全关系到全社会，千家万户的生命安全，是关系国计民生的头等大事。而养猪业食品安全的源头在养殖环节，源头不安全，加工、流通、消费等后续环节当然不会安全。源头管理是1，后面的都是0，食品安全没有严格的源头管理，就输在了起跑线上！食品安全不仅需要政府部门肩负起监管职责，更需要食品生产企业主动承担起责任，从食品的源头做好把控，实现对消费者的安全承诺。

因此，作为负有食品安全责任的养殖者，有责任、有义务做好生产环节的食品安全工作。

（一）主动按照无公害食品生产的要求去做，建立食品安全制度

一个企业规模再大、效益再好，一旦在食品安全上出问题，就是社会的罪人。养猪场要视食品安全为生命线。坚决不购买和使用违禁药品、饲料及饲料添加剂，不使用受污染的饲料原料和水源，不购买来历不明的饲料兽药。

（二）生产环节做好预防工作

做好粪便和病死猪的无害化处理、饲料的保管、水源保护工作，避免出现环境、饲料原料和饮水的污染。严格执行停药期的规定，避免出现药物残留。

（三）积极落实食品安全可追溯制度，建立生产过程质量安全控制信息

主要包括：饲料原料入库、贮存、出库、生产使用等相关信息；生产过程环境监测记录，主要有空气、水源、温度、湿度等记录；生产过程相关信息，主要有兽药使用记录、免疫记录、消毒记录、药物残留检验等内容，包括原始检验数据并保存检验报告；出栏生猪相关信息，包括舍号、体重、数量、生产日期、检验合格单、销售日期、联系方式等内容（图8-3）。做好食品安全可追溯工作，不仅是食品安全的要求，同时还可以提高猪场的知名度和经济收益，一个食品安全做得好的猪

场，其猪肉很容易受到消费者的欢迎。

图 8-3　国家农产品质量安全追溯管理信息平台

（四）主动接受监督，查找落实食品安全方面的不足

如主动将猪肉产品送到食品监督检验部门做农兽药和禁用药物残留检测。

参考文献

[1] 王佳贯，肖冠华 . 高效健康养猪关键技术 [M]. 北京：化学工业出版社，2010.

[2] Holden P J，Ensminger M E. 养猪学：第7版 [M]. 王爱国，译。北京：中国农业大学出版社，2007.

[3] 肖冠华 . 养猪高手谈经验 [M] . 北京：化学工业出版社，2015.

[4] 肖冠华 . 这样养猪才赚钱 [M] . 北京：化学工业出版社，2018.

[5] 王晶 . 略谈畜牧养殖业的成本核算方法 [J] . 中国农业会计，2011 (3): 8-9.

[6] 菲利普·科特勒，加里·阿姆斯特朗 . 市场营销原理与实践：第 16 版 [M]. 北京：中国人民大学出版社，2015.

[7] 程高峰，郑利华，马恒泽． 我国农产品营销渠道的分析及建议 [J] . 江苏农业科学，2013，41 (10): 408-411.

[8] 王春梅，王庆林 . 饲料中霉菌毒素对猪的危害与控制 [J] . 饲料博览，2010 (2): 26-38.

[9] 张乃锋 . 母猪分阶段营养与日粮配制技术 [J] . 猪业科学，2013 (4): 36-38.

[10] 吴小玲，葛大兵，张杰 . 规模化养猪场粪便处理技术研究进展 [J] . 现代农业科技 .2008 (21): 272-274.

[11] 吴荣杰 . 规模猪场精准合理成本核算的方法 [J]. 猪业观察，2014(7): 58-65.